인류의 운명을 바꾼 화학

인류의 운명을 바꾼 화학

초판1쇄 발행 2022년 11월 30일
초판2쇄 발행 2023년 9월 15일

지은이 하상수
펴낸이 한균태
책임편집 최정미
표지디자인 최혜인
내지디자인 양송희

펴낸곳 경희대학교 출판문화원
주소 서울시 동대문구 경희대로 26
전화 02-961-0106~8
팩스 02-961-0291
설립 1960년 9월 16일 제5-8호
등록 1977년 11월 8일 제6-5호
홈페이지 www.khupress.com
전자우편 press@khu.ac.kr

ISBN 978-89-8222-736-3 03430

화학자가 들려주는 원자와 분자, 세포 이야기

인류의 운명을 바꾼 화학

하상수 지음

경희대학교 출판문화원

우리가 사는 세상은
어떤 물질로 이루어져 있을까?

우리가 사는 세상은 모두 물질로 이루어져 있다. 이러한 물질의 성질과 변화를 연구하는 과학이 화학이다. 생명과 물질의 세계에서 일어나는 온갖 현상을 화학으로 설명할 수 있기에, 화학은 무궁무진한 가능성을 안고 있다.

고등학교 시절, 화학을 통해 우리 생활 속 물질의 원리와 법칙들을 알게 되면서 화학의 매력에 흠뻑 빠지고 많은 궁금증이 생겼다. '원소'와 '원자'가 어떻게 다른지, 왜 뜻이 비슷한 용어들이 사용되는지, 그리고 이것들은 '기본 입자'와 어떤 관계가 있는지 이해하기가 어려웠다. 교과서나 참고서, 서적을 찾아봐도 원자들의 결합으로 분자가 형성된다고 하면서도 원자의 성질과 분자의 성질 사이에 어떤 인과관계가 있는지는 나와 있지 않았다. 개별 분자들의 성질이나 특징 등은 체계적으로 정리되어 있지 않고 백과사전적 지식처럼 나열되어 있기만 할 뿐이었다. 체세포 핵이식 등과 관련된 연구로부터 세포가 물질들의 단순한 집합체일 뿐이라는 결론을 도출할 수 있는지, 이러한 연구가 가지는 사회적·과학적 의미는 무엇인지에 관한 역사적·종합적인 정보를 접하기가 너무나 어려웠다. 나의 수많은 궁금증에 답해줄 책의 필요성이 절실했다.

오랜 시간이 지난 지금, 화학을 연구하면서 느낀 점 중 하나는 많은 화학 관련 과학지식 사이에 존재하는 연관성을 종합적으로 인식하기가 너무나도 어렵다는 점이다. 화학을 공부하는 학생들 역시 나와 같은 고민을 하고 있었다. 시중에서 쉽게 접할 수 있는 과학 교양서들은 물리학이나 생물학과 관련된 내용이 대부분이고, 깊이 있으면서도 알기 쉽게 화학의 원리와 세상과의 연관성을 설명한 책은 찾아보기 어려웠다. 대학교에서 사용되는 화학 교재 역시 많은 수학식이 등장하는 것은 차치하더라도, 화학지식을 역사적 · 종합적으로 설명하는 게 아니라 개념 정의 등 개별적 · 단편적인 서술에 치중해 어렵게 느껴진다.

이에 우리 몸과 세상을 구성하는 물질의 특성과 원리, 각 물질의 관계를 역사적 · 종합적으로 이해하기 쉽게 설명한 책의 필요성을 느껴 이 책을 쓰게 되었다. 이 책은 '환원주의'[1]를 토대로 우리 몸과 세상, 우주를 구성하는 원자와 분자, 세포의 특징과 화학의 역사를 풀어냈다. 고대 그리스의 철학자 탈레스에서부터 현재에 이르기까지 과학자들이 어떤 호기심을 가지고 어떻게 화학을 연구했는지, 그렇게 해서 알게 된 과학적 사실을 통해 화학이 어떤 발전을 이루었는지 화학의 과거와 현재, 미래를 들려준다.

1 reductionism: '환원주의'는 근대 과학을 이끌어온 기본 전략으로, 복잡하고 높은 단계의 사상이나 개념을 하위 요소로 세분화하여 명확하게 정의하거나 해석할 수 있다고 본다. 이러한 환원주의적인 접근에 대해 '환원주의는 본질에서 기계론적일 수밖에 없으며, 따라서 극단적인 결정론에 닿아있다' 또는 '환원주의 중 생물학적 환원주의 역시 물질론의 하나일 뿐이며, 자유 의지를 부정하고 우생학 등과 연결되어 현재의 사회적 불평등을 과학이라는 이름으로 정당화한다'라는 비판을 받기도 했다. 특히 생물학적 환원주의에 대한 이러한 논쟁은 '유전이냐 환경이냐(nature or nurture)'와 같은 오래된 질문의 연장선이라고 할 수 있다.

'현재 과학의 한계'로 우리가 '아직' 알지 못할 뿐이지, 앞으로 특정 분자의 성질과 혼합물 내의 상호작용 네트워크를 밝힘으로써 그 혼합물의 성질을 계산 또는 예측할 날이 언젠가는 올 것이다. 양자화학과 복잡계 이론(theory of complex systems) 등의 도움을 받아 특정 분자를 구성하는 원자들에 대한 정보를 활용해서 말이다. 생명체는 현재 상태를 유지하기 위해 에너지의 공급을 계속 필요로 하면서도 열역학 제2법칙을 따를 수밖에 없는 존재다. 질서를 존중하면서도 질서를 거스르고자 하는 이중적인 방향성을 가진 존재인 것이다. 이 책은 이러한 생명의 본질이라는 관점에서 세상을 구성하는 원자와 분자, 그리고 세포를 연구하는 화학자들의 성공과 실패의 역사를 살펴본다.

원자로부터 분자로, 그리고 세포로 이어지는 화학 이야기를 들려주는 이 책은 화학을 공부하면서 가졌던 질문 중에서 강의를 통해 학생들과 나눈 내용을 중심으로 엮었다. 웹사이트, 팟캐스트, 블로그, 팸플릿, 학술 과학 및 기술 연구보고서, 교양책, 대학교재, 저널과 컨퍼런스에 이르기까지 다양한 문헌을 참조했다. 많은 선배 과학자, 동료와 친구들에게 큰 빚을 졌다.

정보가 넘쳐나는 세상이다. 과학 교양서적을 포함해 과학과 관련된 정보 역시 쏟아져 나오고 있다. 수많은 가짜 정보의 홍수 속에서 어떤 것이 진짜 정보인지 가려낼 수 있는 분별력이 필요한 때다. 이러한 상황에서 화학물질에 대한 올바른 지식을 알려주고 세상을 구성하는 화학의 원리와 역사를 들려주는 이 책이 일반인과 학생들이 화학을 이해하는 데 도움을 주는 기초 학습서와 교양서로 유용하게 쓰일 것을 믿어 의심치 않는다.

목차

PART 5 생명을 살리는 화학: 생명체의 기본 단위로서의 세포 vs. 물질로 이루어진 세포

PART

1

화학은 우리 삶에 왜 중요할까?

1. 화학은 질문에서 시작한다

그리스 시대의 책 『역학(Mechanica)』에는 아리스토텔레스(Aristotle, BC 384~BC 322)가 고민했던 '아리스토텔레스의 바퀴' 역설이 실려 있다. 아래 그림에서 볼 수 있듯이, 마차의 바퀴나 자동차의 타이어와 같이 큰 원과 작은 원이 연결되어 붙어 있는 바퀴를 굴리면, 큰 원이나 작은 원 모두 똑같은 거리를 움직이게 되어 '두 원의 원둘레가 같다'는 결과가 나온다는 것이 그 내용이다.

물론 말도 안 되는 주장이다. 하지만 어떤 원리가 숨겨져 있어서 이런 이상한 일이 생기는 것일까?

이 역설에 대해서 갈릴레오(Galileo, 1564~1643)도 고민했다고 알려져

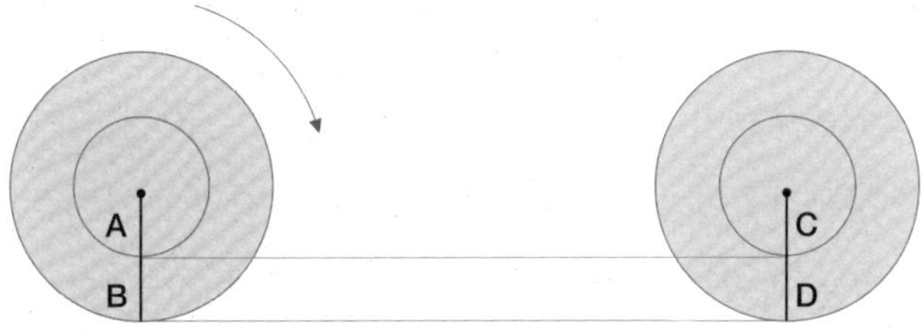

마차의 바퀴나 자동차의 타이어를 굴리면, 큰 원이나 작은 원이 움직인 거리만큼 움직여서 두 원의 원둘레가 같다는, 즉 AC=BD라는 결과를 얻게 된다는 '아리스토텔레스의 바퀴' 역설

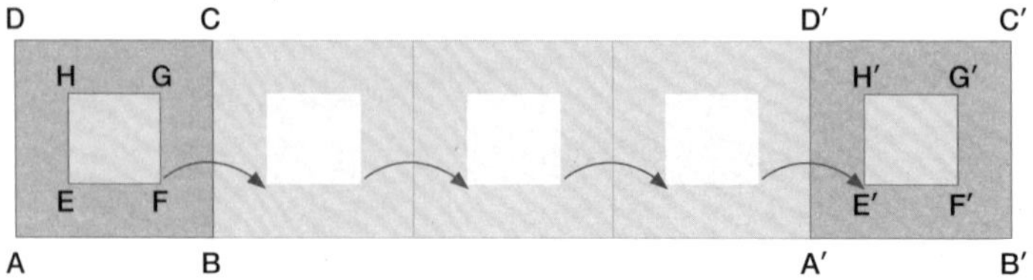

'아리스토텔레스의 바퀴' 역설에 대한 해답의 실마리를 제시하는 사각형 바퀴의 이동 흔적

있다. 이후 19세기 말에 칸토어(Cantor, 1845~1918)가 무한집합론에 관한 그의 논문에서 선분 혹은 직선 위의 점 숫자는 자연수를 하나씩 무한대로 셀 때 '하나씩 셀 수 있는 무한대'보다 많다는 것을 증명하면서 해결의 실마리가 보이기 시작했다. 즉 위 그림과 같이 다각형이 이동한 흔적을 이용하여 생각하면 '아리스토텔레스의 바퀴'에 대한 해답의 실마리를 찾을 수 있다. 그림을 보면 큰 정사각형은 네 개의 변이 직선 AA′에 밀착된 상태를 유지하며 움직이고 있으나 작은 정사각형의 변들은 직선 EE′에 밀착된 상태를 유지하지 않고 군데군데 점프하면서 움직이고 있다.

사각형을 굴린다고 가정해보자. 위 그림에서 볼 수 있는 것처럼, □EFGH가 굴러서 □E′F′G′H′로 옮겨가는 동안 4개의 선으로 표시한 점프하는 부분이 생기게 된다. 이 점프하는 구간의 길이의 합이 바로 큰 정사각형이 굴러간 거리와 작은 정사각형이 굴러간 거리의 차이다. 같은 방법으로 정오각형을 한 바퀴 굴리면 5개의 점프하는 구간이 생기고, 정n각형을 굴리면 모두 n개의 점프하는 구간이 생긴다. 변의 수를 무한히 늘려 다각형을 원에 가깝게 만들어 한 바퀴 돌리면, 이 원에 가깝게 만들어진 다각형은 무한히 점프하면서 한 바퀴를 돌게 된다. 즉 '아리스토텔레스의 바퀴'와 같이 두 동심원이 한 바퀴 돌아갈 때 내부의 작은 원은 쉴 새 없이 점프하면서 돌아간다고 이해할 수 있다. '아리스토텔레스의 바퀴' 역설은 직선을 따라 굴러가는 원의 안 또는 바깥에 위치한 한 정점(고정된 점)이 그리는 곡선을 의미하는 트로코이드(trochoid) 곡선으로도 설명할 수 있다.

'세상에 존재하는 물질들에 어떤 규칙이 있을까?'
'상변화와 화학반응 등의 물질 변화는 왜, 그리고 어떻게 일어나는 것일까?'
'전기는 무엇이길래 전기를 이용하면 전구에서 빛이 나오고 전열기에서는 열이 발생하는 것일까?'
'스마트폰의 원리는 무엇일까?'
'생명이란 무엇일까?'
'우리 몸속 생명 현상은 어떻게 일어나는 것일까?'

이런 것들이 궁금하지 않은가? 질문을 잘하면, 그리고 그 질문에 대한 올바른 답을 찾으려고 노력하고 또 성공한다면 어떠한 분야에서건 성공할 수 있다. 비록 수학에 관련된 내용이긴 하지만, '아리스토텔레스의 바퀴' 역설과 같이 이해가 잘 안 되거나 관찰한 현상이 기존의 이론과 모순될 때, 우리는 그러한 것들에 대해서 질문할 수 있다. 질문에 대한 답을 찾으려고 하는 호기심과 그 과정, 또는 오래된 질문이지만 새로운 답을 제시하고자 한다거나 완전히 새로운 것에 대한 탐구 열정, 그리고 인정받고자 하는 욕구 등은 모든 과학 분야의 발전 과정에서 공통으로 발견된다. 여기에 더해서, 자연에 대한 이해를 바탕으로 하는 '자연모방'이나 기존에 알려진 것들을 새롭게 묶는 '새로운 조합(new or novel combination)'이라는 방법 등을 통해서도 과학 분야는 발전에 발전을 거듭해왔다.

'(자연)과학'이 다루는 주제는 분야에 따라 그 복잡성이 상대적으로 다르다. 예를 들어 입자물리학이라는 학문은 우주에 존재하는 물질 중에서 가장 단순한 대상인 원자와 그 구성 요소를 다루지만, 생물학은 가장 복잡한 대상이라고 할 수 있는 수십억 개의 세포로 이루어진 생명체, 그리고 수많은 변수의 영향을 받는 생태계를 다룬다. 이 두 극단의 가운데쯤에 비교적 단순한 대상을 다루는 과학 분야인 화학이 존재한다. 화학이라는 과학 분야는 기본적으로 물리학과 화학이 만나는 지점에서부터 화학과 생물학이 만나는 지점 사이에 존재하는 대상들을 다루는 학문이라고 할 수 있다. 즉 화학은 물리학과 생물학 사이의 연계 위치에 존재하는 학문 분야로, 물질의 성질과 그 물질이 일으키는 변화를 연구하는 과학이다.

그렇다면 세상에 존재하는 모든 물질을 화학적인 관점에서 어떻게 이해할 수 있는지 살펴보도록 하자.

2. 화학물질로 이루어진 세상

화학물질이 없는 세상이 존재할 수 있을까? 화학이라는 학문이 없었다면 우리가 사는 세상은 과연 어떤 모습으로 이해될까?

화학이라는 학문은 물질의 성질, 조성, 구조, 변화와 그에 수반하는 에너지의 변화를 연구하는 자연과학의 한 분야다. 물리학 역시 물질을 다루는 학문이다. 하지만 물리학이 원소와 화합물을 모두 포함하는 물체의 운동과 에너지, 열적·전기적·광학적·기계적 속성을 다루고 이러한 현상으로부터 통일된 이론을 구축하는 것과 달리, 화학에서는 물질 자체와 그 물질의 변화를 연구 대상으로 한다. 이러한 학문적 성격으로 인해 화학은 이미 존재하는 물질을 이용하여 특정 목적에 맞는 새로운 물질을 합성하는 길을 제공한다. 이는 농작물 생산량 증가, 질병의 치료와 예방, 에너지 효율 증대, 환경오염 감소 등 여러 가지 이점을 제공한다.

화학은 이제 우리 삶의 일부라고 할 수 있다. 많은 사람의 목숨을 구하는 의약품, 액정으로 이루어진 스마트폰과 평면 텔레비전, 전기 또는 수소로만 움직이는 자동차를 생각해보라. 화학(화학물질 또는 화학반응) 없이는 인간 자체도 존재할 수 없다고 말할 수 있지 않을까? 실제로 우리 몸은 수많은 화학반응이 진행되는 복잡한 화학공장이다. 음식물 소화와 호흡, 사고와 감각조차도 우리 몸에서 일어나는 화학반응의 예다.

세상에 존재하는 물질은 모두 화학물질이다. 우리 몸을 예로 들어

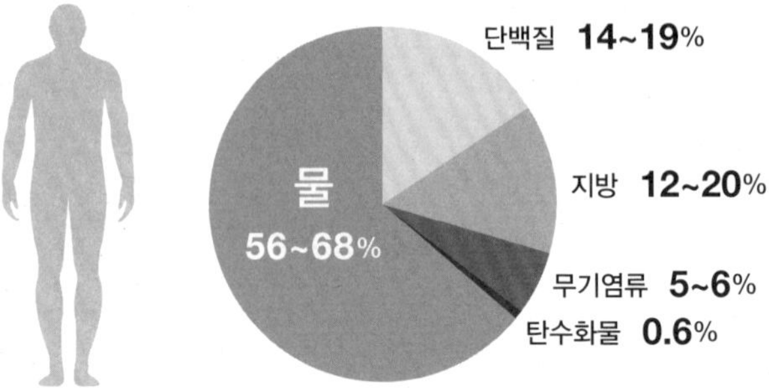

인체의 구성 성분. 우리 몸은 화학물질들로 이루어져 있다.

설명해보자. 우리 몸은 산소(O) 56.1%, 탄소(C) 28%, 수소(H) 9.3%, 질소(N) 2%, 칼슘(Ca) 1.5%, 염소(Cl) 1%, 인(P) 1%, 그리고 나머지 1.1%는 황(S), 철(Fe), 아연(Zn), 아이오딘(요오드, I), 플루오린(불소, F), 구리(Cu), 칼륨(포타슘, K), 나트륨(소듐, Na), 셀레늄(셀렌, Se), 코발트(Co) 등으로 이루어져 있다. 이처럼 화학적인 몇 개의 원소 기호와 그 수치를 이용해서 인간의 몸을 표현할 수 있다. 우리 몸은 간단한 형태의 기본적인 구성물질을 이용하여, 다양하면서도 부분적으로는 고도로 복합적인 형태로 '화학결합'이 되어 있는 물질들을 만들기도 한다. 화학물질들을 활용해서 우리 몸의 골격이 형성되고, 또 한편으로는 삶에 필수적인 화학반응이 일어난다.

한편, 간단하면서도 작은 화학물질인 물(H_2O)은 모든 생물이 생존하는 데 없어서는 안 되는 아주 중요한 역할을 한다. 물은 대부분의 화학물질과는 다른 물만의 독특한 성질을 가지고 있으며, 생물이 살아가는 데 꼭 필요한 물질이다. 태어났을 때는 대략 몸의 90%, 성인이 되면 70%, 죽을 때는 50% 정도가 물이다. 특히 가장 활동적인 부

우리 몸을 구성하는 성분 중 가장 높은 비율을 차지하는 물

분인 혈액, 심장, 간, 근육, 신장에 물이 많이 함유되어 있다. 그래서 사람은 체내의 지방과 단백질의 절반 가까이 잃고도 살 수 있지만, 수분은 10%만 잃어도 위험한 상태가 되고 20%가량을 잃으면 생명이 위태로워진다. 물은 몸의 개별 세포에서 일어나는 화학반응의 용매로 이용되며 피의 구성 성분들을 온몸에 실어 나르기도 한다. 음식물을 소화하고 그 안에 담긴 영양소들을 흡수하도록 돕고, 소변을 통해 신진대사(metabolism)의 노폐물과 독소(toxin)들을 몸 밖으로 배출하기도 하며, 땀으로 몸을 식혀주고 체온을 조절해주기도 한다. 외부의 충격으로부터 장기를 보호하고 체온을 조절하며 질병을 예방하고 몸의 비정상적인 기능을 바로잡는 역할도 한다. 우리 몸의 유일한 용매가 물이며, 인간의 몸에서 일어나는 거의 모든 반응은 37℃의 정상적인 대기압에서 이루어진다. 뒤에서 물의 독특한 성질에 대해 좀 더 자세히 살펴볼 것이다.

우리 몸에서 일어나는 화학반응은, 특별한 화학물질인 '효소'[1]가 없는 조건에서는 거의 진행되지 않거나 끝없이 천천히 진행된다는 점에서 특별하다. 우리 몸은 '반응 보조제' 역할을 하는 효소를 이용해 수많은 화학반응을 빠르고 효율적으로 진행한다. 이런 의미에서 효소를 '신이 주신 선물'이라고 말하는 이들도 있다. 효소는 단백질 또는 핵산의 일종으로서 주로 탄소, 수소, 질소로 이루어져 있다. 그 밖에 황과 인 등을 함유한 때도 있다. 생화학적 촉매 작용을 하는 효소는 우리 몸에서 일어나는 (생)화학반응에 관여해 이러한 반응들을 더 빨리 진행시킨다. 효소가 관여하는 화학반응에서 효소의 비단백질 성분인 조효소들의 도움이 필요한 때도 있다. 예를 들어 철, 아연, 셀레늄, 마그네슘(Mg)과 같은 금속 성분과 비타민 등이 그것이다. 우리 몸속에는 수만 개의 효소가 활동하고 있는데, 한 종류의 효소가 모든 생체 내의 화학반응 전체에 대해 촉매 작용을 하는 것이 아니라 특정 물질을 특정 생산물로 변환할 때 촉매 작용을 한다. 이처럼 한 종류의 효소가 오직 하나의 생체 내 화학반응에만 관여하는 특수한 경우가 많으므로, 복잡한 연쇄 반응일 때는 여러 개의 효소가 연쇄 반응을 단계적으로 변환시키는 촉매로 작용하는 경우가 대부분이다.

1 enzyme: 효소는 기질(substrate)과 결합해 효소-기질 복합체를 형성하여 화학반응, 즉 물질대사의 속도를 증가시키는 단백질 또는 핵산 형태의 생체 촉매(catalyst)를 의미한다. 여기서 촉매는 주어진 화학반응에서 자신은 변하지 않으면서 화학 변화율(즉 화학반응 속도)을 증가시키는 물질을 의미한다. 일반적인 촉매와 비교했을 때 효소의 또 다른 특징으로는 기질 특이성, 엄청난 반응 속도 증가, 최적화 온도, 활성 조절 가능성 등이 있다. 살아있는 생명체는 반응 과정 동안 그 개체 수 등이 변할 수 있으므로 효소에 포함되지 않는다. 참고로, 효소의 영문명은 접두사 'en-'에 살아있는 단세포 생명체인 효모를 뜻하는 '-zyme'이 결합된 형태로, 19세기 후반까지는 살아있는 생명체인 효모와 오늘날의 효소를 구별하지 못했다.

생체 내에서 일어나는 화학반응 역시 과학이 발견한 자연의 법칙 중 하나인 '열역학 법칙'[2]의 지배를 받는다. 우리의 삶에 필수적인 수많은 화학반응에는 에너지가 필요한 경우가 많다. 일반적으로 우리 몸은 이를 위해 아데노신삼인산(Adenosine Triphosphate, ATP, 아데노신은 RNA라는 물질을 이루는 구성 성분 중 하나다)이라는 분자(molecule)를 사용한다. ATP 분자에는 차례로 가수분해가 가능한 3개의 인산기가 포함되어 있다. 인산기가 가수분해되어 하나씩 떨어질 때마다 에너지를 발산하며, 각 인산기는 약 30kJ/mol의 에너지를 지니는 것으로 알려져 있다. ATP는 영양소가 연소(산화 또는 세포 내 호흡 과정)할 때 발생하는 에너지가 화학적 에너지 형태로 전환되면서 만들어지는 분자인데, 이를 위해 우리 몸은 공기 중의 산소를 이용한다.

우리 몸속에는 또 다른 화학적 에너지 형태의 화학물질이 존재한다. 당(또는 탄수화물)은 에너지 획득과 저장에 중요한 역할을 하는 화학물질 중 하나다. 당 단위체는 단위체가 서로 연결된 사슬 형태의 기다란 분자, 즉 글리코겐 등과 같은 중합체(또는 고분자)로 합성되어 존재할 수 있다. 몸에서 합성된 글리코겐의 경우 약 3분의 2는 근육이 사용하고 약 3분의 1은 간에 저장된다. 간은 이것을 적당한 혈당치를 유

2 열역학 법칙은 열역학 과정에서 열과 일에 관한 법칙이다. 고립된 계(시스템)의 에너지는 일정하다는 열역학 제1법칙, 만약 어떤 고립된 계의 엔트로피(entropy, 엔트로피는 다양하게 해석될 수 있는데, 일반적으로 무질서한 정도, 즉 무질서도를 의미한다)가 열적 평형 상태(평형 상태는 일반적으로 물체나 물질의 상태 변화를 일으키는 원인은 존재하지만, 그들의 효과가 서로 같아서 상쇄되는 상태를 말한다)에 있지 않다면 엔트로피는 계속 증가한다는 열역학 제2법칙, 계의 온도가 0K(즉 -273.15℃)이면, 계의 엔트로피는 0이 된다는 열역학 제3법칙이 있다. 그리고 만약 2개의 계가 다른 세 번째 계와 열적 평형 상태에 있으면 이 2개의 계는 반드시 서로에 대해 열적 평형 상태여야 한다는 열역학 제0법칙이 있다. 이 열역학 제0법칙은 20세기 들어 계의 온도 측정을 위한 일종의 공리로서 새롭게 추가된 것이다.

지하는 데 이용하기도 하고, 뇌의 에너지원으로 사용하기도 한다. 포도당이 최종적으로 물과 이산화탄소(CO_2)로 분해되는 '해당작용'[3]과 '시트르산 회로'[4]와 같은 화학반응은 우리의 몸이 ATP 형태의 화학적 에너지를 얻을 수 있는 가장 중요한 방법이다.

지방 역시 우리 몸에서 피하지방의 형태로 존재하는 중요한 에너지원인 화학물질이다. 에너지가 필요하면 피하지방도 포도당과 마찬가지로 산소가 있는 조건에서 물과 이산화탄소로 산화되며, 이때 화학적 에너지를 지니는 ATP와 같은 분자들이 생성된다. 지방의 또 다른 중요한 역할 중 하나는 세포의 외피인 세포막을 형성한다는 것인데, 세포막의 존재로 인해 세포는 주변 환경과 차단된다. 지방은 세포 내에서 일어나는 화학반응의 중요한 과정을 조절하는 특정 전달물질의 전 단계로 기능하기도 한다.

공기 중에 존재하는 산소가 우리 삶의 필수 요소라는 사실은 논란의 여지가 없다. 산소가 공급되지 않으면 몇 분 안에 죽기 때문이다. 산소는 음식물과 함께 섭취한 당과 지방 등을 세포 내 호흡 과정을 통해서 연소할 때 사용되고, 이로써 뇌와 근육의 활동, 신진대사 등에 필요한 화학적 에너지를 얻을 수 있다. 또한 산소는 우리 몸에서 '자유라디칼'[5]을 생성해 사람이 나이를 먹는 데 핵심적인 역할을 한

3 glycolysis: 해당작용은 세포의 세포질에서 일어나는, 당을 분해시켜 ATP와 함께 피루브산이나 젖산 등을 생산하는 과정을 의미한다.

4 citric acid cycle: TCA 회로(tricarboxylic acid cycle) 또는 발견자인 크렙스(Krebs, 1900~1981, 1953년 노벨 생리의학상 수상)의 이름을 따서 크렙스 회로(Krebs cycle)라고도 한다. 이 회로는 산소 호흡을 수반하는 전달계(또는 호흡사슬)와 함께 작용해서 탄수화물, 지방, 단백질 등을 물과 이산화탄소로 완전히 분해하여 ATP를 효율적으로 생산하는 역할을 한다.

5 free radical: 결합되지 않았거나 짝을 이루지 않은 전자를 가진 원자 또는 분자.

다고 알려져 있다. 우리는 영양소에서 에너지를 얻기 위해 산소를 이용하는데, 이때 우리 몸은 화학적 에너지를 생성하기 위한 화학반응의 중간 생성물로서 자유라디칼을 지속적으로 만들어낸다. 우리 몸속에는 '노화 현상'과 관련된 자유라디칼을 제어해 해롭지 않게 만드는 특수한 보호 시스템이 작동하고 있기는 하지만, 유감스럽게도 완전하지는 않다. 자유라디칼에 의해 수시로 일어나는 세포와 조직 손상이 쌓이면, 초기의 노화 현상이 몸 전체 기능의 붕괴로 이어질 수 있다. 카로틴과 비타민 E, 그 밖에 많은 과일과 채소에 들어있는 비타민 C와 같은 '산화방지제(anti-oxidant)'는 우리 몸속에서 자유라디칼을 해롭지 않게 만드는 중요한 작용을 한다.

몸속에 소량 존재하는 철, 칼슘, 아연, 아이오딘, 플루오린, 구리, 마그네슘, 칼륨, 나트륨, 셀레늄, 코발트 역시 우리 삶에 필수적이다. 예를 들어 철은 적혈구에 있는 헤모글로빈의 구성 요소인데 호흡을 통해 들어온 산소와 결합하여 산소를 세포까지 운반하고, 세포 호흡의 최종 결과물인 이산화탄소와 결합해 이산화탄소를 몸 밖으로 배출한다. 칼슘과 플루오린은 뼈와 치아의 형성에 관계하고, 아이오딘은 갑상선의 기능에 중요한 역할을 한다. 아연, 셀레늄, 코발트와 같은 미량 성분은 몇몇 효소의 구성 성분으로 작용한다.

이 책에서는 물질 자체, 그리고 그것의 변화를 연구 대상으로 하는 화학이란 어떤 학문인지, 물질을 구성하는 원자와 분자의 개념, 화학결합은 어떻게 이루어지는지 이야기한다. 화학과 관련된 생화학·생물 이야기를 살펴봄으로써 세상의 물질이 어떻게 이루어져 있고 어떻게 변화하는지, 화학 분야의 과학자들이 어떤 질문들에 호기심을 가지고 어떤 연구를 했는지, 그렇게 해서 알게 된 과학적 사실을 활용하여 현대 과학, 특히 화학 분야에서 어떤 발전을 이루었는지 살펴보자.

PART

2

인류의 운명을 바꾼 원자의 역사

PART 2

'물질은 무엇으로 구성되어 있나?'라는 질문은 물리학뿐만 아니라 화학의 기본적이고 핵심적인 문제 중 하나였다. 물질을 구성하는 입자에 대한 호기심에서부터 물리학과 화학의 새로운 시대가 시작되었다고 할 수 있다.

앞에서 세상에 존재하는 모든 물질이 바로 화학물질이라는 점을 살펴보았다. 잘 알려져 있듯이, 이러한 화학물질을 구성하는 기본 단위체는 원자(atom)다. 원자의 현대적 의미는 화학반응을 통해서는 더 이상 쪼갤 수 없는 단위를 말하는데, 이는 물리적인 방법으로 쪼개질 수 있는 단위라는 의미다. 현대 과학의 관점에서 원자는 '양성자'[1]와 '중성자'[2]로 이루어진 '원자핵'[3]과 원자핵 주위에 존재하는 '전자'[4]로 이루어져 있다. 그런데 양성자나 중성자 또한 쪼개질 수 있어서, 이러한 입자들이 쪼개지는 반응 등을 통해 더 작은 단위인 '기본 입자(elementary particle)'가 확인되었다. 기본 입자에 대해서는 뒤에 설명하겠다.

1 proton: 양(+)의 기본 전하(물체가 띠고 있는 정전기의 양)를 갖는 원자의 구성 입자.

2 neutron: 전하가 없는 원자의 구성 입자이며, 양성자보다 약간 무겁다.

3 atomic nucleus: 원자 중심의 핵자(양성자와 중성자)와 중간자로 이루어진, 원자에 비해 작고 밀도가 높은 부분을 뜻한다.

4 electron: 음(−)의 기본 전하를 띠는 입자다. 현재까지의 과학기술로는 더 작은 입자로 쪼갤 수 없으며, 따라서 물질을 이루는 가장 기본적인 입자 중 하나로 분류된다.

원자의 개념과 그 구조적 특징을 이해하려면 먼저 원자의 역사를 살펴봐야 한다. 원자라는 개념이 어떻게 생겨났고 발전했는지 시대별로 살펴보자.

1. 탈레스, 그리고 4원소설
– 고대 그리스 시대

오래전 고대 그리스 시대(일반적으로 BC 1100~BC 146년경)부터 많은 그리스 학자들이 우리 주위를 둘러싼 세계를 만들어낸 만물의 근원으로서 '원소'[5]가 존재하는지, 존재한다면 그것은 무엇인지에 대해 여러 가지 가설을 내놓았다.

아리스토텔레스가 '철학의 아버지'라고 부른 탈레스(Thales of Miletus, BC 624~BC 546)는 만물의 근원이 되는 원소는 물이라고 생각했다. 엠페도클레스(Empedocles, BC 495~BC 435)는 우주는 한 가지 원소만으로 이루어져 있지 않고 네 가지 원소, 즉 물과 공기와 불과 흙으로 이루어져 있다(소위 '4원소설')고 생각했다.

한편, 데모크리토스(Democritus, BC 460~BC 380년 무렵)는 스승의 원자론을 계승하고 발전시켜 물질은 보이지 않는 미립자로 구성되어 있다

5 element: 원소의 개념은 시대에 따라 다르게 정의되는데, 원소의 현대적인 의미는 화학적 방법으로 더 간단한 '순물질(pure substance)'로 분리할 수 없는 물질을 뜻한다. 개념적으로 원소와 구별되는 원자는 순물질의 구성 입자라는 의미다. 이 문장에서 원소는 만물의 근'원'이 되는 요'소'라는 의미로 사용되었다.

최초의 철학자이자 과학자로 알려진 탈레스

유물론의 형성에 영향을 끼친 것으로 평가받는 원자론을 체계화한 고대 그리스의 철학자 데모크리토스

고 주장했다. 그는 이 미립자를 '원자'[6]라고 이름 짓고 고대 '원자론'을 제시했으며, "진실로 존재하는 것은 원자와 공허뿐이다"라는 말을 남겼다. 데모크리토스의 이론은 100% 추측에 의한 것으로 실험적 근거가 전혀 없었고, 그 개념 역시 모호하긴 했지만, 그의 생각은 오늘날의 원자론과 비교했을 때 놀라울 정도로 닮은 점이 많다. 과학에서의 위대한 발견은 이러한 통찰에서 출발해 확실한 사실로 증명되어 완성되는 경우가 많다. 오늘날 우리가 접하는 많은 과학 이론은 사실 '수정 가능한 불완전한 신화'라고 할 수 있다.

6 데모크리토스가 사용한 그리스어는 아토모스(atomos)인데 '그 이상 쪼갤 수 없는 것'이라는 의미가 있다.

2. 원자 세기의 도래

– 17~18세기

연금술에서 화학으로

17세기 중엽에 오늘날의 관점에서도 과학적이라고 말할 수 있는 여러 가지 실험들이 행해지면서 물질의 변화에 관한 실험결과들을 얻었다. 이러한 실험결과를 바탕으로 연금술의 주술적 성격에서 벗어난 원소의 개념이 초보적이나마 형성되었다. 이 시기에 원소라는 개념에 대해서 처음으로 언급한 사람은 영국의 화학자 보일(Boyle, 1627~1691)이었다. 보일은 화학의 연구대상과 방법을 규정함으로써 화학을 독립적인 과학으로 선언했을 뿐만 아니라, 화학적 방법으로 더 이상 분해될 수 없는 가장 간단한 물질이 원소라고 정의 내렸다. 보일의 연구와 철학은 연금술적 전통에서 출발하긴 했지만, 합리적인 사고를 통한 근대 화학의 기초로 평가된다. 그의 실험에 바탕을 둔 자연과학은 철학자 로크(Locke, 1632~1704) 등에게 영향을 미쳤다. 보일이 발견한 리트머스이끼에서 추출한 용액에 종이를 담갔다가 말린 리트머스 시험지는 산과 염기를 그 색깔 변화로 쉽게 확인하는 방법으로 오늘날까지도 널리 이용되고 있다.

용기의 부피가 감소할 때 용기 내 기체의 압력이 증가하는 경향을 나타내는 실험 법칙인 '보일의 법칙'으로 널리 알려진 보일

보일에 이어, 1789년 프랑스의 라부아지에(Lavoisier, 1743~1794)는 원소란

화학혁명으로 유명한 라부아지에와 그의 부인 마리

"화학분석이 다다를 수 있는 종착점"이라고 정의함으로써 보다 발전한 원소의 개념을 제시했다. 라부아지에는 화학 연구에 있어서 정량 연구의 중요성을 강조하고 연소에 관한 새로운 이론을 주장해 플로지스톤[7]설을 폐기하고 화학을 크게 발전시킨 프랑스의 화학자였다. 플로지스톤에 관해서는 뒤에 살펴보도록 하겠다. 보일과 라부아지에를 비롯한 화학자들의 노력에 힘입어 18세기 말에는 원소를 물질세계를 구성하는 기초 요소로 받아들이게 되었다. 그런데 이 시대의 원자론(또는 원소론)은 '어떻게 물질세계가 구성되는가'라는 질문보다는 '어떻게 원자론(또는 원소론)에 기반하여 물리학과 화학의 기본 이론을 확립하느냐'라는 질문에 초점이 맞추어져 있었다.

18세기에 들어 생산기술이 빠르게 발전하면서 과학 실험기구 역시 크게 개선되었다. 특히 정밀 저울의 개발로 당시 막 시작된 근대 화학 연구가 엄청나게 발전했다. 물질의 성분과 성질을 측정하는 데

7 phlogiston: 17세기 말~18세기 초 연소설을 설명하기 위해 독일의 베허(Becher, 1635~1682)와 슈탈(Stahl, 1659~1734) 등이 가연성이 있는 물질이나 금속에 플로지스톤이라는 성분이 포함되었다고 주장했다.

비교적 정밀한 연구가 가능해지면서 화학이라는 과학 분야가 빠르게 발전했다. 그 대표적인 예 중 하나가 물질에 대한 성분·성질을 연구하는 과정에서 로모노소프(Lomonosov, 1711~1765)와 라부아지에 같은 화학자들이 화학에 정량적인 방법을 처음으로 도입함으로써 발견해낸 화학반응에서의 '질량 보존의 법칙'[8]이다.

참고로, 20세기 초 아인슈타인(Einstein, 1879~1955, 1921년 노벨 물리학상 수상)이 '상대성이론'[9]과 '질량-에너지의 관계에 관한 공식'[10]을 발견하면서 질량과 에너지에 대한 사람들의 인식은 한 단계 업그레이드되었다. 오늘날의 과학자들은 질량보존의 법칙과 에너지 보존의 법칙을 하나로 묶어서 '질량-에너지 보존의 법칙'이라고 부른다..

'근대 화학의 아버지'라고도 불리는 라부아지에에 관해 좀 더 살펴보자. 라부아지에는 질량 보존의 법칙을 발견하고, 산화 과정에서 산소(라부아지에는 주어진 물질의 산화(oxidation)에 필요한 물질이라는 의미에서 산소(oxygen)라는 이름을 붙였다)의 작용, 산화나 호흡 간의 정량적인 유사점을 발견하기도 했다. 그는 원소와 화합물을 구분하여 근대 화합물 명명법의 기초를 마련한 인물이기도 하다. 라부아지에는 세금징수원으로 활동하면서 프랑스 백성들을 수탈했다는 이유로 프랑스 대혁명 이후 처형당했다.

앞의 그림에서 볼 수 있는 라부아지에의 부인 마리 안느 라부아지

8 질량 보존의 법칙이 의미하는 바는 '닫힌 계'의 질량은 상태 변화에 상관없이 변하지 않고 계속 같은 값을 유지한다는 것이다.

9 theory of relativity: 아인슈타인이 주장한 인간, 생물, 행성, 항성, 은하 크기 이상의 거시 세계를 다루는 이론이다. 이 이론에 근거하여 시간과 공간을 시공간으로 통합하고, 물질과 에너지를 통합할 수 있게 되었다.

10 $E=mc^2$를 뜻하는데, 여기서 E는 에너지, m은 질량, c는 빛의 속도다. 아인슈타인의 특수 상대성이론에서 제시했으며 질량-에너지 등가 방정식이라고도 한다.

에(Marie Anne Lavoisier, 1758~1836)는 남편과 같이 실험에 참여했다고 알려져 있으며, 남편의 사후 그의 유고를 정리했다. 현재 라부아지에의 업적으로 알려진 것들은 그녀의 공로가 컸다. 한편, 라부아지에의 제자 중 한 명인 듀폰(Dupont, 1771~1834)은 프랑스 혁명 시기의 탄압을 피해서 미국으로 망명했는데, 이후 합성고무, 나일론, 테플론 등을 개발해 유명한 듀폰(2015년 다우케미컬과 합병되어 현재는 다우듀폰)사를 세웠다.

산소의 발견과 산화 이론

앞에서 이야기한 4원소설과 비슷하게, 고대사회에서 불은 물질을 구성하는 기본 원소 중 하나로 여겨졌다. 이와 비슷한 관점에서 18세기 화학자들은 불이 물질의 성질을 바꿀 수 있다는 사실에 주목했는데, 당시에는 플로지스톤이 그 연소과정을 좌우한다고 믿었다. 대표적인 예로, 독일의 슈탈은 1703년에 플로지스톤에 기반한 연소 이론을 제시했다. 연소와 관련 있는 모든 화학적인 변화는 물질이 플로지스톤을 흡수 또는 방출하는 과정으로 설명할 수 있으며, 물질이 쉽게 탈 수 있는지 여부는 그 물질 안에 얼마나 많은 플로지스톤이 포함되어 있느냐에 의해 결정된다는 것이다.

이와 같은 플로지스톤설이 제기된 후 화학계는 장장 50여 년 동안 이 학설을 과학적인 진리로 받아들였다. 이 학설의 진위를 의심하는 사람은 아무도 없었다. 그러나 18세기 후반에 질소, 탄산가스, 수소, 산소 등이 발견되고 그 물질들의 성질에 관한 연구가 이어지면서 플로지스톤설로는 설명하기 힘든 현상이 계속해서 발견되었다. 예를 들어 산소는 프랑스의 셸레(Scheele, 1742~1786)와 이미 질소를 발견한 영국의 프리스틀리(Priestley, 1733~1804)가 1774년에 각각 독립적으로 발견 또는 만들어낸 기체인데, 두 사람은 모두 산소가 연소 작용에 관계한다는 사실을 발견했다. 그런데 플로지스톤설을 옳다고 믿고 있었던 두 사람은 연소의 본질을 정확하게 이해할 수 없었다. 셸레는 산소를 '화기'라고 명명하고 공기 중의 화기 성분인 산소와 연소체의 플로지스톤이 결합하는 과정이 바로 연소라고 주장했다. 프리스틀리는 산소가 '탈플로지스톤 공기'의 일종이므로 플로지스톤을 흡수하는 능력이 매우 강하고, 그만큼 연소를 촉진하는 능력이 남다른 것이라고 주장했다.

플로지스톤설을 믿었던 프리스틀리

프리스틀리가 화학에 기여한 바도 적지 않다. 그는 미국의 정치가이자 과학자인 벤자민 프랭클린(Franklin, 1706~1790) 등의 도움으로 전기에 관한 책을 많이 구해 전기와 관련된 연구를 하고, 여러 종류의 공기에 관한 연구도 했다. 그가 살았던 곳이 양조장 근처였는데, 양조 과정에서 거품이 일어나는 것을 보고 이를 관찰하여 이산화탄소의 성질을 규명했고 최초의 인공 소다수(탄산수)도 개발해서 상업적으로 이용했다. 이전까지는 공기, 이산화탄소, 수소 정도만이 알려져 있었는데, 금속과 질산을 가지고 실험을 진행하다가 일산화질소(NO)가 발생하는 것을 발견했으며, 이어서 일산화이질소(N_2O), 염화수소(HCl) 등도 발견했다. 그러던 중, 1774년에 렌즈를 이용하여 적색 산화수은을 태양열로 가열해 얻은 기체를 '탈플로지스톤 공기'라고 이름 지었다. 그리고 파리에서 라부아지에를 만나 이에 관해 설명해준 것이, 라부아지에가 산소를 확인하고 산소설을 주장하는 결정적인 계기가 되었다. 프리스틀리는 산소를 발견하고 그에 관한 내용을 최초로 발표했지만 플로지스톤설을 믿어서 '탈플로지스톤 공기'라고 이름을 붙이는 등 플로지스톤설을 끝까지 신봉했기에 라부아지에의 산소설 또는 산화 이론에 그 영광을 넘기게 된다.

또한 프리스틀리는 고무를 지우개로 사용할 수 있다는 것을 최초로 발표하고 'rubber('문지르다'를 의미하는 단어 rub에서 파생됨)'라는 이름도 붙였다. 자신을 과학자라기보다는 성직자로 생각했지만, 프리스틀리는 산소의 발견자로 가장 널리 알려져 있으며, 오늘날 미국화학회(American Chemical Society)의 최고상인 프리스틀리 메달(Priestley Medal)에까지 자신의 이름을 남겼다.

프리스틀리에게는 아쉽겠지만, 앞에서 이야기한 것처럼 산소의 연소 촉진 작용에 관한 전면적인 연구를 수행해 플로지스톤설에 치명적인 타격을 입힌 '산화 이론'[11]을 확립한 화학자는 라부아지에였다. 밀폐용기 안에 주석과 납을 넣고 열을 가하면 표면에 금속재가 형성된다. 1774년 라부아지에는 가열 후 용기 안에 있는 물질의 전체 무게에는 변함이 없지만 주석과 납의 무게가 늘어난 반면 공기의 무게는 줄어들었다는 사실을 발견했다. 그는 공기 중의 어떠한 성분

11 산화반응의 현대적 의미는 산소와의 결합뿐만 아니라 전자가 내놓는 모든 반응을 포함한다. 전자를 받아들이는 화학반응을 환원반응이라고 하는데, 대부분의 경우 산화반응과 환원반응은 동시에 일어난다.

이 금속과 화학반응을 일으킨 것이 바로 이 현상의 본질임을 깨달았다. 그 후 라부아지에는 프리스틀리가 보고한 적 있는 실험을 재현하고 자신이 깨달은 바에 따라 재해석함으로써 금속과 결합한 공기 성분이 바로 산소임을 증명하는 데 성공한다. 그는 연소에 대한 수많은 실험을 통해 각종 물질의 연소 생성물을 연구해 1777년 현대 연소 이론의 기초가 된 산화 이론을 제시했다. 그로부터 얼마 후 물의 합성과 분해 실험이 성공하면서 그의 산화 이론은 세계적으로 인정받게 된다.

일정성분비의 법칙을 발견하다

자연적으로 존재하는 것이냐 또는 인공적으로 합성한 것이냐에 관계없이 모든 화합물은 그 물질을 구성하는 성분 원소의 질량비가 항상 일정하게 나타나는데, 우리는 이를 '일정성분비의 법칙'[12]이라고 부른다. 예를 들어 이산화탄소는 어떠한 방법으로 언제, 어떻게 얻은 것이든 상관없이 탄소와 산소의 질량비가 항상 3:8이다. 이러한 사실이 의미하는 바는 이산화탄소의 경우 그 구성 성분인 탄소와 산소의 질량비가 항상 일정한 값을 갖는다는 것이다.

이러한 현상은 일찍이 17세기 말부터 주목을 받았지만, 이를 체계화하고 과학적 엄밀함을 더해준 사람은 프랑스의 프루스트(Proust, 1754~1826)였다. 약사였던 프루스트는 오랜 연구와 실험을 통해 세계 각지에서 수집한 광물과 자신의 실험실에서 만들어놓은 광물의 구

12 하나의 화합물을 이루고 있는 성분 원소의 질량비는 일정하다는 법칙으로 정비례의 법칙이라고도 한다.

세상에는 오직 한 종류의 염화나트륨과 한 종류의 황산칼륨만이 존재하고, 인공적으로 합성한 탄산구리($CuCO_3$)와 천연의 탄산구리는 그 조성이 같다는 것을 발견한 프루스트

성 성분 등을 정량적으로 연구하여, 세상에는 오직 한 종류의 염화나트륨(NaCl)과 한 종류의 황산칼륨(K_2SO_4) 만이 존재함을 증명했다. 또한 천연 염기성 탄산이나 인공 염기성 탄산이나 그 구성 성분이 완전히 같다는 사실을 보여줬다. 즉 프루스트는 두 가지 화합물 사이에는 모든 중간적 단계가 가능하다고 본 당시의 이론에 반대하고, 8년간에 걸친 논쟁을 거치면서 두 가지 원소 사이에서 조성의 변화는 정비례한다는 사실을 증명했다. 그리하여 그는 1799년 하나의 화합물을 이루고 있는 성분 원소의 질량비는 항상 일정하다는 화합물의 일정성분비의 법칙을 제시했다. 일정성분비의 법칙은 미립자의 질량비에 따른 조합 방식을 밝혀 화학반응의 본질에 대한 사람들의 이해를 돕는 데 큰 역할을 했다. 이는 물질의 미시적 구조를 연구하는 이론적 근거로서 근대 화학의 기초인 돌턴(Dalton, 1766~1844)의 '원자설'[13]에 토대가 되었다.

13 원자설 또는 원자론은 모든 물질이 원자로 구성되어 있다는 이론이다.

3. 돌턴의 원자설

– 19세기 초

원자설의 제창자인 돌턴

18세기 말에서 19세기 초에 세 가지 중요한 화학 법칙, 즉 '질량 보존의 법칙,' '일정성분비의 법칙,' '배수비례의 법칙'[14]이 발견되었는데, 이러한 상황에서 돌턴의 원자설이 탄생했다. 돌턴은 근대 화학의 확립을 이끌었으며 현대 화학 교과서에서 비중 있게 다루는 내용인 '부분압력(또는 분압)의 법칙'[15]을 1801년에, 원자설을 1803년에, 배수비례의 법칙을 1804년에 발표한 과학자다. 돌턴은 자신이 보통 사람들이 볼 수 있는 색을 모두 구별하지 못한다는 것을 깨닫고 색각 이상에 대해 최초로 연구했다. 이러한 이유로 그의 이름은 적록색각이상(돌터니즘, daltonism)의 어원이 되었다.

돌턴은 공기의 3대 성분인 질소와 산소, 이산화탄소가 서로 다른 밀도를 가지기는 하지만 이들을 혼합하면 각 성분이 용기 내에 고르게 섞인다는 사실을 1801년에 발견했다. 즉 기체의 경우에는, 액체와는 달리, 무거운 쪽이 가라앉고 가벼운 쪽이 뜨는 현상이 나타나지

14 두 종류의 원소가 화학적으로 결합하여 두 종류 이상의 화합물을 만들 때, 한 원소의 일정한 질량과 결합하는 다른 원소의 질량비는 항상 간단한 정수비를 나타낸다는 법칙이다.

15 서로 반응하지 않는 기체의 혼합물에 가해진 총 압력은 기체 혼합물 내 기체의 부분압력, 즉 기체 각각의 압력의 합과 같다는 법칙이다. 돌턴은 이 법칙을 설명하기 위해서 원자설을 제안하게 된다.

않았다. 이는 기체가 아주 강력한 확산성을 가지고 있음을 뜻하는데, 당시의 이론으로는 이러한 기체의 강력한 확산성을 과학적으로 설명하기가 힘들었다. 그래서 돌턴은 이를 설명하기 위해 기체가 미세한 입자로 구성되어 있다고 가정했다. 이러한 가정을 통해서만 서로 다른 기체가 혼합되었을 때에도 층이 나뉘지 않고 서로 고르게 섞인 혼합기체가 될 수 있음을 설명할 수 있기 때문이었다. 그 후 돌턴은 혼합기체의 압력 측정 실험을 추가로 진행하여 혼합기체의 부분압력의 법칙을 확립했다. 부분압력의 법칙으로 기체의 확산성을 과학적으로 설명할 수 있었음은 물론 기체의 미립자성도 설명할 수 있었다. 이에 돌턴은 모든 물질은 미립자성을 가진다는 추론을 내놓았고, 이 미립자의 이름으로 원자라는 아주 오래된 단어를 선택했다. 돌턴은 같은 원자끼리는 서로 밀어내고 다른 원자끼리는 서로를 끌어당기기 때문에 기체에 확산성이 있는 것으로 생각했다.

돌턴은 1803년 영국의 맨체스터에서 자신의 원자설을 발표했는데, 주요 논점은 다음과 같다. ① 원소는 다시 분해될 수 없는 미립자 원자로 구성되어 있다. 모든 화학 변화에서 원소는 그의 불가분성을 유지한다. ② 같은 원소의 원자는 그 성질과 질량이 같으며, 반대로 다른 원소의 원자는 그 성질과 상대적 질량이 다르다. 원자의 상대적 중량은 모든 원소의 특징이다. ③ 화합물은 서로 다른 원소의 원자가 간단한 정수비에 의해 하나로 합쳐져 형성된 것이다.

돌턴의 원자설은, 과학이 발전하면서 일부 내용이 수정되거나 폐기되기는 했지만, 라부아지에의 산화 이론 이후 다시 한번 이론화학의 발전을 이끌었다. 돌턴은 화학자들이 실질적으로 문제를 해결하는 데 중요한 이론적 기초를 제공해주었고, 화학이 진정한 하나의 과학으로 거듭나는 데 중요한 역할을 했다. 원자의 상대적 중량을 원소의 기본적인 특성으로 간주하는 원자설은 화학 연구를 정성에서 정량으로 발전시키는 한편 이 둘을 유기적으로 결합해 새로운 원소를 발견하는 데 도움을 주었다. 이는 이어서 살펴볼 '원소 주기율'의 발견과 '원소 주기율표'의 탄생에 큰 영향을 미쳤다. 이처럼 원자설은 근대 화학의 기초가 되었다.

4. 화학적 성질에 따라 원소를 분류하다
– 19세기 중반

원소 주기율과 주기율표

18세기 중반에서 19세기 중반까지의 100여 년 동안, 원소에 관한 이론은 점차 완벽한 체계를 형성했다. 특히 원자-분자론[16]의 확립은 새로운 원소 발견의 지름길이 되었다. 18세기 중반에는 알려진 원소만 해도 60여 가지에 달했으며, 이들 원소의 물리적·화학적 성질에 관한 자료도 꽤 많이 축적되었다. 이를 토대로 알려진 원소들의 분류 작업에 대한 필요성이 대두되었는데 이에 따라 여러 학설이 탄생했다.

화학적 성질에 따라 원소를 최초로 분류한 사람은 라부아지에였

16 분자의 현대적인 정의는 2개 이상의 비(非)금속 원소가 화학결합에 의해 일정한 형태로 결합한 물질이거나 독립된 입자로 행동한다고 볼 수 있는 원소 그 자체(He, Ne, Ar 등 불활성기체)를 의미하는데, 분자는 일반적으로 '물질의 특성을 가지는 가장 작은 입자'를 뜻한다. 이러한 분자의 개념에 관해서는 Part 4에서 보다 상세히 살펴보도록 하겠다.

다. 그는 1789년 당시에 알려진 33종류의 원소(그중에는 원소가 아닌 것도 있었지만)를 크게 네 가지로 분류했다. 그 후 1829년 독일의 되베라이너(Döbereiner, 1780~1849)가 원소 성질의 유사성을 근거로 '삼조원소' 이론을 내놓았고, 1850년 독일의 또 다른 화학자가 '삼조원소' 이론을 보충해 비슷한 성질을 가진 원소가 꼭 3개만 있는 것은 아님을 밝혔다. 1862년에 이르러 프랑스의 한 화학자가 원소의 성질이 주기성을 가지고 반복적으로 나타난다는 점을 지적하면서, 나선형의 도표를 만들어 당시에 알려진 62개의 원소를 원자의 상대적 중량이 큰 순서대로 분류했다. 그 결과, 화학적 성질이 유사한 원소가 모두 같은 모선에 위치할 수 있음을 알게 되었다.

이러한 상황에서 1864년 마이어(Meyer, 1830~1895)는 '육원소표'를 발표했다. 이 표는 화학 원소 주기율표의 특징을 몇 가지 갖추고 있었다. 그는 소위 원소 주기율이라고 불리는 놀라운 과학의 법칙을 거의 밝힐 뻔했지만, 아쉽게도 그러지는 못했다. 1865년 뉴랜즈(Newlands, 1837~1898)는 기존의 62개 원소를 원자의 상대 질량에 따라 작은 것에서 큰 순서로 배열했는데, 어떠한 원소에서부터 계산하더라도 여덟 번째마다 성질이 비슷한 원소가 나타난다는 사실을 발견했다. 마치 음악의 옥타브와 같은 이 규칙성을 그는 '옥타브 규칙'이라 명명했다. 하지만 그의 발견은 당시의 과학계에서 받아들여지지 않았다. 오히려 많은 과학자가 그를 비난하고 우롱했다. 옥타브 규칙이 당시의 과학계에서 인정받지 못한 이유는 뉴랜즈가 당시 원자의 상대 질량 측정값이 잘못되었을 수도 있다는 생각을 하지 못했을 뿐만 아니라 아직 발견되지 않은 원소가 있을 가능성을 배제했기 때문이었다. 그는 그저 기계적으로 원자의 상대적 중량 크기에 따라 원소를 배열했을 뿐이어서 원소 사이에 존재하는 내재적 규칙을 밝혀내지 못했다.

원소 주기율을 발견할 절호의 기회는 러시아의 멘델레예프(Mendeleev, 1834년~1907)에게 주어졌다. 기존의 연구 결과를 비판·계승하는 의미에서 멘델레예프는 1869년에 원소에 관한 연구 결과를 수정·분석·정리했다. '원소의 상대 질량 값'이라는 원소의 기본 특징을 놓치지 않고 원소의 상대 질량 값과 원소 성질의 관계를 연구하던 멘델레예프는 기존의 모든 원소를 원소의 상대 질량 값의 크기순으로 나열하면 성질이 주기적으로 변한다는 사실을 발견했다. 그는 원소와 원소로 구성된 단체 화합물의 성질은 원소의 상대 질량에 따라 주기적으로 변화하는데, 이것이 바로 원소 주기율이라는 결론을 내렸다. 물음표와 이런저런 메모, 지우고 다시 쓴 흔적 등이 빼곡한 멘델레예프의 주기율표 초안을 보면 과학자들이 암흑 속에서 얼마나 어렵게 물질과 물질의 규칙성을 예측하고 발견해왔는지 느낄 수 있다. 그 후 그는 원소 주기율에 따라서 원소 주기율표를 작성하며 그때까지 발견된 원소 63개를 전부 정리했다. 이 원소 주기율표를 근거로 그는 붕소, 알루미늄, 규소와 유사한 미지원소(당시에는 알려지지 않았지만 이후 발견된 스칸듐, 갈륨, 게르마늄과 같은 원소)의 성질을 예측했다. 또한 그는 일부 원소의 상대 질량 값

카드 게임에서 원소 주기율에 관한 영감을 떠올리고 당시에 알려져 있던 63개 원소들의 규칙성을 제시한 멘델레예프

이 잘못되었음을 지적하기도 했다. 몇 년 후 멘델레예프의 설명과 예측은 모두 과학적 사실임이 입증되었고, 그의 이러한 성과는 과학계에 센세이션을 일으켰다. 이러한 과학적 예측과 수정은 과학 분야에서의 가장 획기적인 성과 중 하나다. 아무런 근거 없이 앞날을 예언하는 것이 아니라, 철저하게 '과학적 근거'에 바탕을 두고 미래에 발견될 사항 등을 예측하는 대표적인 역사적 사례 중 하나로 평가받고 있다. 그러나 물질을 구성하는 원자의 구조를 알기는커녕 원자라는 것이 실제로 존재하는지조차 많은 과학자가 의심하던 당시의 시대적인 한계로 인해 멘델레예프가 밝힌 원소의 내재적 연관 법칙에 대한 이해는 초보적인 단계에 머물러 있었다. 그래서 원소의 성질이 주기적으로 변화하는 원소 주기율의 근본적인 원인을 이해할 수는 없었다.

멘델레예프는 1906년 노벨 화학상 후보에 올랐으나, '플루오린(플루오르, 불소)에 대한 연구와 분리 및 전기 난로 제작'의 업적을 남긴 프랑스의 무아상(Moissan, 1852~1907, 1906년 노벨 화학상 수상)에게 단 1표 차이로 패했다. 그다음 해에 멘델레예프는 세상을 떠났다. 그가 좀 더 오래 살았다면 노벨상을 받았겠지만, 그런 기회가 영원히 사라진 것이다. 현재 멘델레예프의 위업을 기려 모스크바에는 '멘델레예프 역(Mendeleyevskaya)'이 있고, 달 뒤쪽의 화구(크레이터) 중 하나에도 '멘델레예프'라는 이름이 있다. 또한 1955년에 발견된 101번 원소에는 '멘델레븀'이라는 이름을 붙였다. 철학과 경제학에도 관심을 가졌던 멘델레예프는 러시아 도량형국 국장으로 일하는 동안 보드카의 표준 도수를 40도로 정하기도 했다.

멘델레예프가 주기율표를 제안한 이후, 과학기술이 더욱 발전함에 따라 사람들은 원자의 구조에 대해 더욱 잘 이해하게 되었다. 멘델레예프는 원소가 '원소의 상대 질량'이라는 기본 속성을 가지고 있음을 지적했고, 원소 간의 차이는 주로 원소의 상대 질량 값의 차이로 드러난다고 주장했다. 이러한 멘델레예프의 견해는 1913년 영국의 소디(Soddy, 1877~1956, 1921년 노벨 화학상 수상)가 제시한 '동위원소(isotope)'라는 개념에 의해 폐기된다. 동위원소란 핵전하 개수는 같지만 '원자량'[17]이 다른 동일 원소의 이체를 말한다. 이들은 주기율표상에서 동일한 위치에 자리하고 있어서 동위원소로 불렸다. 그 후 영국의 애스턴(Aston, 1877~1945, 1922년 노벨 화학상 수상)은 1921년에 원소 대부분이 동위원소를 가진다는 사실을 증명했다. 그리고 소디가 동위원소의 개념을 제시했을 때, 영국의 모즐리(Moseley, 1887~1915)는 원소 주기율이 해당 원소의 상대 질량 값이 아니라 원자핵 전하 개수(오늘날의 원자번호)에 의존한다고 지적했다.

모즐리는 러더퍼드(Rutherford, 1871~1937, 1908년 노벨 화학상 수상)의 지도를 받으면서 연구를 했고, 원자에 의해 방출되는 특징적인 X-선을 측정해 '모즐리의 법칙'이라고 불리는 X-선의 파장과 원자핵 속의 양성자수, 그 원자의 원자번호 사이의 관계에 관한 실험법칙을 발견했다. 이러한 발견으로 그는 X-선 분광학의 개척자가 되었다. 당시에는 멘델레예프의 제안에 따라 원소를 원자량의 순서에 따라 번호를 매길 경우 니켈(28번)과 코발트(27번) 등에서는 이 순서가 원소 주기율과는 맞지 않는다는 문제가 있었다. 모즐리는 원자의 원자번호가 원자핵

17 앞에서 언급한 원소의 상대 질량 값과 비슷한 의미로 볼 수 있다. 특정 환경하에서 해당 원소의 동위원소 존재 비율에 따라 가중 평균한 질량을 뜻한다.

의 양전하 개수에 비례한다는 것을 실험을 통해 입증함으로써, 당시 과학적으로 입증되지 않아 선불리 받아들이지 못하던 '원자 중심에 양전하를 띤 원자핵이 있다'라는 원자구조를 증명했다. 그의 실험결과 등을 근거로 당시의 주기율표를 원자번호 순서에 맞게 재배열할 수 있게 되었다.

모즐리는 오늘날의 이공계 대체복무제도와도 관련이 있는 과학자이기도 하다. 모즐리가 한창 중요한 연구 성과를 내고 있을 무렵 제1차 세계대전이 시작되었는데, 모즐리는 오스트리아에서 학회에 참석한 후 연구실로 돌아가지 않고 바로 지원 입대했다. 이로 인하여 모즐리는 연구에 지장을 받았을 뿐 아니라, 결국에는 목숨마저 잃게 되었다. 만약 제1차 세계대전이 없었고 따라서 그가 죽지 않았다면 1916년에 노벨 물리학상을 받을 수 있었을 정도로 그는 그 성과를 인정받고 있었다. 참고로, 제1차 세계대전으로 인해 1916년에는 노벨상 수상자가 발표되지 않았으며, 실제로 모즐리의 연구를 바탕으로 주기율표를 최종 완성한 스웨덴의 시그반(Siegbahn, 1886~1978, 1924년 노벨 화학상 수상)이 1924년 노벨 물리학상을 받았다. 한편, 모즐리의 참전을 간곡히 만류했던 스승 러더퍼드는 큰 충격과 슬픔에 빠졌다. 이와 같은 일이 반복되면 안 된다는 생각에 러더퍼드는 영국 의회에 편지를 보내는 등 여러 활동을 이어갔고, 결국 영국 의회와 정부가 러더퍼드의 제안을 받아들였다. 이후 다른 나라들에도 러더퍼드의 제안이 반영된 이공계 대체복무제도가 퍼졌다.

원소에 대한 모즐리의 정의는 여러 과학 분야 종사자의 인정을 받았다. 1923년 국제원자량위원회는 "화학 원소는 원자핵 전하의 크기에 따라 원자를 분류하는 방법으로, 핵전하와 같은 종류의 원자를 일종의 원소라고 한다"라고 결정했다. 이처럼 과학자들은 원소의 성질이 주기적으로 변화하는 이유가 원자의 상대 질량의 증가라는 단순한 이유가 아니라 핵전하의 수가 늘어났기 때문이라는 사실을 확인했고, 기존의 주기율표에 0족을 포함하는 등 원소 주기율표를 대대적으로 수정·보완하여 지금의 주기율표를 완성했다.

'모즐리의 법칙'을 발견하고 주기율표의 원소를 원자번호 순서로 배열해 현대의 주기율표를 완성하는 데 기여한 모즐리

즉 주기율표는 원소들을 원자번호 순서대로 열거하되, 반복되는 주기적·화학적 성질에 따라 배열한 표다. 멘델레예프가 주기율표를 처음 만들었을 때는 63개 원소만으로 구성됐었는데, 오늘날의 주기율표에는 자연계에 존재하는 98개와 실험실에서 인공적으로 합성한 20개를 합쳐 총 118개로 이루어져 있다. 주기율표에 포함된 모든 원소는 1부터 118까지의 정수인 원자번호로 정의된다. 가로줄은 '주기(period)'라고 부르고 세로줄은 '족(family, 현재는 group이라고도 불린다)'이라고 하는데, 같은 족에 있는 원소들은 성질이 유사한 원소들이다. 같은 주기는 그 원소에 대응하는 '원자가 전자(valence electron)'[18]가 몇 개인지에 의존한다. 이에 따라 특정 원소가 주기율표의 어느 위치에 있는지를 확

18 화학과 물리학에서, 원자가 전자는 원자의 바깥 껍질 전자 중 바깥 껍질이 닫혀 있지 않으면서 화학결합에 참여할 수 있는 전자를 뜻한다.

인하면 원소의 특성을 알 수 있다. 예를 들어 나트륨 등의 1족 원소들은 반응성이 강한 금속들이고, 헬륨(He) 등 18족 원소들은 '비(非)활성 기체(inert gas)'들이다. 금속 원소들은 왼쪽에 배치돼 있고 비금속 원소는 오른쪽, 전이금속들은 중앙 아래쪽에 배치돼 있다. 이 원소들이 결합하는 방식은 무한한데, 어떤 원소들을 어떤 방식으로 결합하는지에 따라 수많은 화합물이 탄생할 수 있다. 인류의 생존에 필수 불가결한 물이나 일상생활 속 필수품인 플라스틱(plastic), 의약품 등 수많은 물질은 모두 원소들이 결합해 만들어졌다.

주기율표의 원소 중에서 우주 대부분을 차지하는 것은 1번 원소 수소와 2번 원소 헬륨이다. 나머지 원소들은 이들에 비하면 아주 작은 부분을 차지하고 있지만, 인간을 비롯한 생물이 태어나는 데 중요한 역할을 한다.

대표적인 예로 주기율표에서 1번에 있는 수소는 가장 가벼우면서 우주 질량의 75%를 차지하는 원소다. 수소가 만드는 물은 생명계에 필수적이며, 모든 유기화합물에는 수소가 결합해 있다. 수소는 탄소, 질소, 산소 등과 결합해 모든 유기체의 혈액과 몸을 연결하는 역할도 한다. 하지만 최근 들어 수소는 새로운 역할로 주목받고 있다. 중량을 기준으로 에너지양이 휘발유의 세 배나 되고 유해물질을 배출하지 않는다는 점에서 수소경제 시대의 핵심으로 꼽히고 있다.

또 다른 예로, 원소번호 3번 리튬(Li)은 매우 가볍고 밀도가 낮은 고체 원소로 반응성이 높은 금속 중 하나다. 리튬은 이 같은 특성으로 컴퓨터, 휴대폰, 자동차에 이르기까지 많은 제품에 활용되고 있는데 리튬이온 배터리가 대표적이다. 모든 생명체의 기초가 되는 구성 원소인 원자번호 6번 탄소는 인체 무게의 약 18.5%를 차지한다. 대기에서는 주요 온실가스인 이산화탄소 형태로 주로 존재하며, 석탄, 석유, 천연가스와 같은 화석연료의 주된 구성 원소다. 그리고 지구 대기의 약 78%는 질소로 이루어져 있다. 원자번호 7번 질소는 공기 중에서 주로 이원자 분자(N_2)를 이루고 냄새, 색깔, 맛이 없는 기체 상태로 존재한다.

이처럼 원소 주기율은 자연과학의 기본 법칙이자 화학의 기초라고 할 수 있다. 즉 원소 간의 내재적 관계를 밝히고, 원소의 성질과 그 원자구조의 관계를 반영하는 것은 철학, 자연과학 등 각 분야에서 모두 중요한 의미가 있다. 원소 주기율의 발견은 화학 발전사의 중요한 이정표로서 지난 몇백 년 동안 인간이 축적해온 잡다하고 혼란스러운 지식들을 체계화하여 내재적 관계를 가진 하나의 과학적 체계로 탄생시킨 것이다. 더 나아가 독립된 새로운 이론으로 발전해 현대화학의 새로운 시대를 열었다. 원소 주기율이 발견되기 전까지만 해도, 원소를 발견하는 일은 순전히 우연에 불과했다. 하지만 원소 주기율이 발견된 후, 화학자들은 목적을 가지고 계획적으로 원소를 찾기 시작했고, 이로써 한때 새로운 원소 발견과 화학 이론 연구의 붐이 일기도 했다.

원소와 이러한 원소 주기율의 발견으로 우리는 거시적인 우주에서 미시적인 분자에 이르기까지, 또 생명이 있는 동·식물에서 생명이 없는 광물에 이르기까지 모두 화학원소로 구성되어 있다는 사실을 알게 되었다. 이러한 인식은 복잡하고 잡다했던 화학지식을 보다 체계적이고 단순하게 바꿔놓았고, 더 나아가 다양한 '핵융합(nuclear fusion)'[19] 반응이나 화학반응을 통한 물질의 가공 전환에도 유리한 조건을 마련해주었다.

스펙트럼 분석법의 발전

1665년에 뉴턴(Newton, 1643~1727)은 태양광을 이용한 스펙트럼 실험을 통해 태양광이 일곱 가지 성분으로 이루어져 있으며, 이들 성분은 저마다 하나의 색을 만들어 일정한 순서에 따라 빛의 띠를 만든다는 사실을 밝혔다. 이러한 발견은 빛의 본질에 대한 이해를 높여 광학 역사에 길이 남을 금자탑을 쌓았을 뿐만 아니라, 스펙트럼에 기반한 과학적 분석법이 확립될 수 있는 조건을 마련하여 화학 발전에도 중요한 역할을 했다. 스펙트럼에 기반한 분석법은 물질이 주어진 조건에서 만들어내는 스펙트럼을 분석함으로써 물질을 감별하고, 그 물질의 화학성분과 상대적 함량을 확인하는 방법이다. 스펙트럼에 기반한 분석법이 발명되기 전, 사람들은 분광학을 광학의 일부분이라고만 여기고 이를 연구 도구로 사용할 생각을 하지는 못했다.

분광학에 관련된 이야기를 이어가기 전에, 뉴턴에 대해서 몇 가지 더 언급하고 싶은 것이 있다. 뉴턴이 1687년에 출간한 『자연철학의 수학적 원리(Philosophiae Naturalis Principia Mathematica)』는 세 가지의 뉴턴 운동 법칙을 포함한 고전역학과 만유인력의 기본 원리를 제시해 케플러(Kepler, 1571~1630)의 행성운동 법칙과 그의 중력 이론 사이의 지속성을 증명하고 태양중심설에 대한 마지막 의문점을 제거한 과학 역사상

19 핵융합은 고에너지의 플라스마 상태에서 원자핵들이 더 무거운 원자핵으로 되는 것을 뜻한다. 뒤에서 좀 더 자세히 살펴보겠다.

가장 영향력 있는 저서 중 하나로 꼽힌다. 이는 과학사학자 쿤(Kuhn, 1922~1996)의 『과학 혁명의 구조(The Structure of Scientific Revolutions)』에서 소위 '과학 혁명'을 설명할 때 언급된 예이기도 하다. 이외에도 뉴턴의 과학적 업적은 너무나 많아서 몇 줄로 요약하기도 힘들 정도다. 그는 실용적인 반사 망원경을 제작했고, 빛이 프리즘을 통과할 때 파장의 차이에 의해 굴절되면서 분해되는 현상인 스펙트럼을 관찰한 결과를 바탕으로 빛에 대한 이론도 발전시켰다. 그는 프리즘 2개를 이용하거나 프리즘에 이어 렌즈를 둠으로써 빛이 가시광선의 집합체를 포함한다는 것을 증명했고 무지개색을 일곱 가지로 정의했으며, 빛을 입자로 보는 '빛의 입자설'을 주장했다. 또한 그는 실험에 따른 냉각 법칙을 발견했고 음속에 관해서 연구했으며, 유체의 개념도 고안했다.

뉴턴은 라이프니츠(Leibniz, 1646~1716)와 함께 미적분학을 발명하고 과학적으로 응용한 것으로 유명한데, 이는 과학 분야에서의 우선권 논쟁과 관련해서 의미가 크다.

인류 역사상 가장 영향력 있는 사람 가운데 한 명으로 꼽히는 뉴턴

한편, 뉴턴에 관해서는 다양한 일화가 남아 있다. 사사건건 대립했던 훅(Hooke, 1635~1703)에게 보낸 서신에서 "내가 다른 사람보다 더 멀리 내다볼 수 있었다면, 그것은 거인의 어깨 위에 서 있었기 때문이다"라고 썼다는 일화는 유명하다. 당시에도 천재로 유명했지만 남해회사에 투자해 2

만 파운드의 손실을 보고 "나는 천체의 운동은 계산할 수 있지만, 인간의 광기는 계산할 수 없다"라고 말하기도 했다. 조폐국에서 일하는 동안 위조 주화 제조를 근절시킬 목적으로 동전 옆면을 톱니바퀴 모양으로 디자인하기도 했다. 그 외에도 뉴턴이 자연과학보다도 성서 해석이나 오컬트(occult) 연구에 더 많은 시간을 쏟았다는 이야기, 1년간 국회의원 생활을 하는 동안 유일하게 한 말이 수위에게 말한 "문 좀 닫아주시오!"였다는 이야기 등이 알려져 있다.

뉴턴의 수많은 업적 중에서 태양광 스펙트럼에 관한 연구를 이어받은 과학적 사건은, 1853년에 분젠(Bunsen, 1811~1899)이 자신의 이름을 딴 분젠 버너를 발명한 것이다. 분젠 버너의 불꽃 온도는 2,300℃에 달했지만 색깔이 없었는데, 바로 이러한 특징 덕분에 분젠은 각기 다른 성분의 화학물질이 분젠 버너에서 연소될 때 저마다 다른 불꽃색을 나타낸다는 사실을 발견할 수 있었다. 분젠은 분젠 버너를 이용한 각종 화학물질의 색깔 반응에 많은 관심을 가졌고, 이에 관한 그의 연구는 훗날 스펙트럼에 기반한 분석법으로 확립된다. 예를 들어, 분젠은 자신이 발명한 분젠 버너에 각종 화학물질을 연소시키는 과정에서 칼리암염(sylvite)은 보라색을, 나트륨(Na)염은 노란색, 스트론튬(Sr)염은 연분홍색, 바륨(Ba)염은 황록색, 구리(Cu)염은 청록색, 칼슘(Ca)염은 붉은 벽돌색을 띤다는 사실을 발견했다. 그는 이러한 발견을 통해서 더욱 쉽고 간단한 화학적 분석이 가능하리라 생각했다. 화학물질을 연소시켜 불꽃색을 판별함으로써 그 물질의 화학성분에 관해 판단 내릴 수 있다고 보았기 때문이다.

하지만 그는 이어진 연구를 통해 자신이 잘못 생각하고 있었음을 깨달았다. 혼합 물질을 연소시킬 때는 여러 가지 색이 뒤섞여 관찰되므로 불꽃색만으로는 물질의 화학성분을 분별해내기가 어려울 뿐만 아니라 때에 따라서는 아예 불꽃색 분별이 불가능했기 때문이다. 예를 들어 나트륨의 노란색은 거의 모든 물질의 불꽃에 숨겨져서 눈으로는 판별하기가 힘들었다.

19세기에 화학 분야에서 하나의 발전이 천문학이나 물리학을 진보시킬 수 있음을 보여준 분젠

분젠은 키르히호프(Kirchhoff, 1824~1871)와 함께 훗날 스펙트럼 분석법이라고 불리게 되는, 원소를 조사하고 확인하는 방법을 마침내 발견했다. 이 방법에 따라 어떤 물질에서 나오는 빛을 프리즘으로 분석함으로써 그것이 어떤 원소인지, 또는 어떤 원소로 이루어져 있는지를 알 수 있게 되었다. 이 방법은 작은 양의 물질이라도 찾아내고 확인하는 데 편리해서 천문학이나 물리학을 진보시키는 데 크게 공헌했다.

앞에서 언급했듯이, 1859년에 불꽃색 판별에 기반한 화학 분석방법을 모색하던 분젠과 물리학자 키르히호프는 스펙트럼을 계측할 수 있는 장치를 만들었다. 일자 망원경과 프리즘을 연결해 광선이 좁은 틈을 지나 프리즘에서 분광되도록 고안한 이 장치가 바로 최초의 '분광기'였다. 분광기를 만든 후 그들은 여러 물질이 연소될 때 나타나는 스펙트럼을 분석해 그 결과를 기록했다. 이러한 과정을 통해서 분젠과 키르히호프는 각종 물질의 성분을 정확히 분별해내는 데 성공했으며, 당시에는 알려지지 않았던 원소인 세슘(Cs)과 루비듐(Rb)을 발견하는 쾌거를 이뤘다.

그 후 스펙트럼에 기반한 분석법은 과학 연구에 광범위하게 응용되었다. 1861년 영국의 크룩스(Crookes, 1832~1919)는 스펙트럼에 기반한 분석법을 이용해 탈륨(Tl)을 발견했다. 1863년 독일의 라이히(Reich, 1799~1882) 역시 스펙트럼에 기반한 분석법으로 인듐(In)을 비롯해 갈륨(Ga), 스칸듐(Sc), 게르마늄(Ge)과 같은 새로운 원소를 발견했다. 이처럼 높은 정밀도와 정확도를 자랑하는 스펙트럼에 기반한 분석법을 지질 탐사에 이용하면 광석에 포함된 미량의 귀중한 금속과 희귀 원소, 방사성 원소 등을 검출해낼 수 있다. 스펙트럼에 기반한 분석법 덕분에 물질의 화학성분 측정은 물론 원소의 함량까지 확인할 수 있게 되었고, 분석 시간을 단축함으로써 연구 효율을 크게 높였다. 특히 놀라운 점은 분젠과 키르히호프가 고안한 방법으로 태양과 기타 항성의 화학성분까지 연구할 수 있다는 사실이다. 스펙트럼에 기반한 분석법의 발견은 훗날 천체화학 연구 등에 탄탄한 토대를 마련했다.

전자기파와 맥스웰 방정식

가시광선이 빨간색에서 시작해 무지개색을 거쳐 보라색까지 색의 스펙트럼으로 이루어져 있다는 것은 19세기에도 잘 알려져 있었다. 그러던 중, 1801년에 독일계 영국인 허셜(Herschel, 1738~1822)은 스펙트럼의 빨간색 부분의 빛이 열 효과를 가진다는 사실을 발견했다. 더욱 놀라운 사실은 스펙트럼의 빨간색 영역에서 떨어진 곳에서 훨씬 더 큰 열이 관찰된다는 것이었다. 이 열 효과를 만들어내는 복사는 눈으로는 볼 수 없었는데, 허셜은 눈에 보이지 않는 그 파를 적외선이라고 불렀다. 한편 독일의 리터(Ritter, 1776~1810)는 스펙트럼의 자외선 바깥 부분에서도 눈으로는 보이지 않는 자외선 복사 현상이 있음을 발견했다. 이처럼 19세기 초 빛에 관한 스펙트럼은 적외선에서 무지개색을 통과해서 자외선까지 펼쳐져 있었다.

이러한 상황에서 전자기파에 관한 연구로 유명한 맥스웰(Maxwell, 1831~1879)의 방정식이 등장한다. 맥스웰은 전자기파에 관한 연구를 통해 새로운 전자기파의 진동수가 전류의 진동률에 의해 결정된다고 주장했다. 그는 "전류의 진동수가 높아질수록 발생하는 전자기파의 진동수는 커져야 한다," "새로운 유형의 보이지 않는 광선이 적외선이나 자외선 바깥쪽에도 존재해야 한다"라고 말했다. 하지만 당시의 많은 과학자는 '맥스웰 방정식'이 예견하는 이러한 가능성에 대해서 진지하게 고려하지 않았다. 맥스웰은 1879년에 암으로 죽었는데, 이로부터 거의 10년이 지난 1888년에 맥스웰이 예견했던 새로운 유형의 전자기파가 발견되어 '맥스웰 방정식'의 혁명적인 의미가 제대로 인정받게 된다.

전기와 자기, 그리고 빛의 삼각 관계를 밝혀내 20세기 물리학에 가장 큰 영향을 끼친 19세기 과학자 중 한 명으로 평가받는 맥스웰

서로 다른 현상들의 본질을 찾아 이들을 하나로 통일하는 것은 과학자들의 꿈이라고 주장하는 과학자들이 여전히 많다. 이러한 관점에서, 아인슈타인은 맥스웰 탄생 100주년

을 기념하여 "그의 업적은 뉴턴 이후 가장 심원하고 풍성한 물리학의 성과"이며, "물리학은 맥스웰 이전과 이후로 나뉜다"라고 말했다. 영국 BBC는 2000년을 맞아 가장 큰 업적을 남긴 과학자 100명을 선정하면서 아인슈타인과 뉴턴에 이어 맥스웰을 3위로 꼽았다. 맥스웰의 가장 중요한 과학적 업적은 전기 및 자기 현상에 대한 통일적 기초를 마련했다는 것인데, 전기와 자기를 단일 이론으로 통합하여 뉴턴 역학과 함께 과학 발전의 중요한 초석으로 인정받고 있다. 수학에 뛰어났던 그가 기존에 존재했던 패러데이(Faraday, 1791~1867)의 유도 법칙과 쿨롱(Coulomb, 1736~1806)의 법칙 등 전자기 이론을 수식으로 정리하여 나타낸 식이 바로 '맥스웰 방정식'이다. 맥스웰은 전기장과 자기장이 공간에서 빛의 속도로 전파되는 파동을 이룰 수 있음을 증명했다. 또한 빛이 전기와 자기에 의한 파동, 즉 전자기파임을 증명했다. 이러한 연구 결과는 아인슈타인이 빛의 속도는 항상 일정하다는 가정을 하는 가장 중요한 근거 중 하나가 되었다. 눈에 보이는 가시광선은 특정한 진동을 가진 전자기 파동의 일부일 뿐임을 이야기하는 '맥스웰 방정식'은 이후 다양한 전자기파를 발견하는 근거가 되었다. 맥스웰은 컬러 사진을 최초로 만든 과학자이기도 하다. '맥스웰 방정식'은 고전 물리학의 완성으로 볼 수 있다. 그 후 물리학 분야에서는 과학사학자 쿤 등이 말하는 소위 '과학혁명'이 일어나게 된다.

'맥스웰 방정식'에 대한 확증은 헤르츠(Hertz, 1857~1894)가 1888년에 실험실에서 전파를 만들어내고 그것을 검출해냄으로써 이루어졌다. 헤르츠는 1883년부터 맥스웰의 전자기 이론과 관련된 연구를 하기 시작했다. 그는 계획한 실험의 한 단계에서 유도 코일이라는 장치를 사용했는데, 이 유도 코일을 이용해서 전자기 유도 현상과 관련된 연구를 했다. 이와 같은 연구 과정에서 헤르츠는 간격이 벌어진 두 도선에 이 유도 코일이 접속되면 그 간격을 가로질러 스파크가 발생하는 현상을 관찰했다. 그는 놀랍게도 이 장치에서 발생한 스파크가 옆에 놓인 다른 도선에도 스파크를 일으키는 것을 알게 되었다. 즉 떨어져 있는 전원에 연결되지 않은 상태의 두 번째 도선 고리가 첫 번째 도선 고리와 일정한 거리 간격으로 떨어져 있음에도, 첫 번째 도선 고리가 있는 회로의 전원 스위치가 켜질 때 두 번째 도선 고리에도 스파크가 나타났다. 이러한 연구를 통해 헤르츠는 공기를 통해 전달될 수 있는 전자기파를 실험적으로 발견했다. 이것이 맥스웰이 예견한 전자기파의 증거임을 확신한 그는 첫 번째 도선 고리에서 나오는 신호가 맥스웰이 예견한 바로 그러한 성질을 가진 것임을 확인할 수 있었다. 헤르츠가 발견한 전자기파는 마치 전자기파의 복사처럼 행동했는데, 그것은 직선으로 진행했고 거울에서 빛이 반사되듯이 금속판에서 반사되었다. 그가 만들어낸 전자기파들은 오늘날 '전파'라고 불리게 된다.

이처럼 헤르츠는 실험을 통해 전기 신호가 공기를 통해 전달될 수 있다는 패러데이와 맥스웰의 예견을 실증했다. 이는 오늘날 무선통신의 기초가 되는 것으로, 그 중요성을 강조할 필요조차 없을 것이다. 헤르츠는 후에 아인슈타인이 이론적으로 설명한 광전효과[20]를

20 phoroelectric effect: 광전효과는 금속 등의 물질이 한계 진동수(문턱 진동수)보다 큰 진동수를 가진(높은 에너지를 가진) 전자기파를 흡수했을 때 전자를 내보내는 현상을 뜻한다. 플랑크(Planck, 1858~1947, 1918년 노벨 물리학상 수상)의 양자가설 등과 함께 아인슈타인의 광전효과에 대한 설명은 현대의 양자론이 시작된 결정적인 계기 중 하나인데, 아인슈타인은 자신의 이론으

처음으로 발견한 과학자이기도 하다.

라디오파를 만들어내는 장치를 만들고 그 라디오파를 송수신하는 데 성공해 가시광선 이외 전자기파의 존재를 처음으로 실증한 헤르츠

이러한 발견이 무선통신 수단으로 응용될 가능성은 그 당시엔 분명하지 않았다. 헤르츠는 그의 장치를 원거리 통신의 수단으로 개발하는 일은 어려운 과학적 과제일 거라고 생각했고, 다만 자신이 맥스웰의 이론을 확증했다는 사실을 많이 기뻐했다. 헤르츠의 장치를 무선 전신의 수단으로 발전시키는 과학적 과제는 마르코니(Marconi, 1874~1937, 1909년 노벨 물리학상 수상)에 의해 주로 이루어졌다. 마르코니는 헤르츠의 전자기파 이론을 기초로, 전압을 높이는 유도 코일과 불꽃 방전기, 그리고 수신기가 달린 기구로 실험을 하여, 영국과 미국에서 무선 전신 장치에 관한 특허(patent)를 취득했다. 이를 바탕으로 마르코니 회사를 창립해서 한동안 무선 전신 사업을 독점했다. 마르코니는 말년에 무솔리니(Mussolini)의 사상에 찬동해 검은 셔츠단에 가입하여 이탈리아의 에티오피아 병합을 지지하는 등 파시스트 활동을 했는데, 이는 그의 업적에 크나큰 오점으로 남아 있다.

로 시작되었다고 할 수 있는 양자론에 대해서 끝까지 의심을 가졌다.

대서양을 뛰어넘는 무선통신을 성공시켜 무선통신을 실용화한 마르코니

5. 원자론을 체계화하다
– 19세기 말~20세기 초

음극선관의 발전

패러데이는 1838년에 전지의 두 극이 봉해진 유리관 속의 공기를 약간 빼면 음극은 맞은편 구역을 빛나게 하지만 양극은 그런 일을 못함을 발견했다. 바로 이 장치가 소위 '음극선관'의 최초 형태라고 할 수 있는데, 그 후 수많은 변형이 고안되었다. 특히 영국의 크룩스가 고안한 장치(또는 크룩스 관)는 반대쪽 끝에 음극과 양극이 있는 봉해진 유리관으로 이루어져 있었는데, 유리관에서 빠져나온 출구는 다른 기체를 관 안으로 주입하거나 채워져 있는 기체를 빼내는 데 사용되었

다. 이 장치는 오늘날의 형광등이나 네온사인의 선조 격이라고 할 수 있다. 그것은 외부 신호를 전기적 자극으로 바꾸어 화면에 그래프로 나타내는 음극선 오실로스코프[21]의 필수 성분이다. 음극선 오실로스코프는 현재까지도 과학 연구, 산업, 엔지니어링에 가장 광범위하게 사용되는 도구 중 하나다.

패러데이는 오늘날 많은 과학자에게 본보기가 되고 있다. 패러데이는 전자기장에 대한 기본적인 개념을 확립한 직류가 흐르는 도체 주위의 자기장에 관한 연구를 했다. 그는 자성이 광선에 영향을 미칠 수 있다는 것과 그들 사이에 근본적인 관계가 있다는 사실을 알아냈고, 전자기 유도 현상, 반자기 현상, 전기분해 법칙의 원리도 발견했다. 그가 발명한 전자기 회전 장치는 오늘날 전기 모터의 근본적인 형태가 되었다. 이를 계기로 인류는 전기를 실생활에 사용하는 획기적인 변화를 경험했다. 또한 패러데이는 벤젠(benzene, C_6H_6)을 발견했으며, 산화 상태들의 체계와 양극, 음극, 전극, 이온과 같이 오늘날에도 널리 쓰이는 전문 용어들을 처음으로 도입했다. 화학적인 방법으로 합성한 금 나노입자를 발견하기도 했으며, 화학에서 중요한 전기분해에 관한 연

어린 시절 정식 교육을 거의 받지 못했지만 물리학과 화학 분야, 특히 전자기학과 전기화학에 큰 기여를 한 패러데이

21 oscilloscope: 파동과 같은 주기적인 변화를 시각적으로 보여주는 장비로, 특히 전압의 변화를 신호로써 시각적으로 표시해주는 장치.

구도 했다. 맥스웰은 당시 전자기학 분야 과학자들의 업적 중에서 특히 패러데이의 업적을 모아 현대 전자기학에서 기초적인 이론으로 받아들여지고 있는 '맥스웰 방정식'을 이끌어냈다.

패러데이는 "과학적 성과는 세상 모든 사람이 함께 누려야 한다. 그것은 어느 한 개인의 것이 되어서는 안 된다. 모든 사람의 행복을 위해 유익하게 쓰여야 한다."라는 말로 그의 성과물에 대해 특허를 취득해서 돈을 벌라고 하는 제안을 거절했다. 한평생을 검소하게 사는 패러데이를 보다 못한 영국의 빅토리아 여왕(Queen Victoria, 1819~1901)이 직접 런던에 큰 저택을 마련해주었지만 그것도 사양했고, 귀족 신분을 주겠다는 것도 사양했으며, 영국왕립학회 회장직을 2번이나 권유받았지만 모두 사양했다. 과학 공부를 시작한 지 3년 만인 1813년에 처음으로 과학 논문을 한 편 발표하여 영국왕립학회 회원이 되었는데, 산업혁명의 바람이 세차게 불었지만 여전히 신분제 사회였던 당시 영국에서 학벌이 아닌 능력으로 사람을 평가했음을 알 수 있다.

다시 음극선관 이야기로 돌아오면, 이 장치를 이용한 연구를 통해서 음극에서 나온 무언가가 직선으로 이동해서 맞은편의 양극을 때린다는 것이 19세기 말경에 밝혀졌다. 양극이 음극의 정반대 쪽에 놓이지 않았을 때 음극에서의 방출물은 양극을 빗나가 대신 음극 정반대 쪽의 유리 벽을 때려서 유리 위에 밝은 점을 만들어낸다는 것이 관찰되었다. 이때 물체가 관 내부의 음극 앞에 놓이면 그 물체의 그림자가 관의 벽면에 나타난다는 것도 알게 되었다. 몇몇 과학자들은 이러한 특성을 통해 음극이 일종의 복사선을 방출하고 있다고 믿었고, 이러한 믿음에 기반해서 이 복사선은 이후부터 음극선으로 불리게 되었다. 음극선이 전기의 입자라고 생각한 과학자들도 있었다. 이는 음극선이 자석의 극에 의해 굽어졌지만 보통 빛은 자석에 영향을 받지 않는다는 것이 알려졌기 때문이었다. 현재 우리는 음극선이 원자의 보편적 구성 성분이고, 전기를 운반하는 역할을 하는 음으로 대전된 입자인 '전자'의 빔이라는 것을 알고 있다. 음극선은 유리관의 벽에 만들어진 금속막의 작은 창문을 통해 음극선관 밖으로 통과해 나올 수도 있다. 그것은 금속막의 창으로부터 가까운 거리에 놓인 '형광'[22]을 야기하는 성질을 가진 특정 화학물질(형광물질)에 의해 관 밖에서도 검출될 수 있었다. 형광은 형광물질이 복사선에 노출된 결과로(즉 복사선의 에너지를 흡수한 결과로) 빛을 발하는 현상인데, 그 복사가 중단되면(즉 복사선의 에너지를 더는 흡수하지 못하게 되면) 형광물질은 더는 빛을 내지 못한다. 이러한 원리를 이용하여 당시의 물리학자들은 음극선이 보통의 공기를 겨우 2~3센티미터만 통과할 수 있다는 것을 입증했다. 이 거리를 넘어서면 음극선은 공기 중의 입자들에 의해 흡수되어 소실되기 때문이다. 뢴트겐(Röntgen, 1845~1923, 1901년 노벨 물리학상 수상)이 X-선을 발견한 것은 이러한 지식을 활용했기 때문이다. 뢴트겐은 음극선에 의해 발생한 형광에 관심이 있었고, 음극선이 음극선관의 유리 벽을 통과할 수 있는지도 알고자 했다.

20세기 과학에 대한 시대 구분을 할 때 과학사가들은 1895년을 그 기준으로 잡는 경우가 많다. 바로 뢴트겐이 X-선이라는 새로운 종류의 광선을 발견한 해이기 때문이다. 뢴트겐이 이 새로운 광선을 발견

22 fluorescence: 형광은 일반적으로 물질이 특정 파장의 전자기파(빛도 포함)를 흡수해서 파장이 좀 더 긴 전자기파를 내놓는 현상을 의미한다.

한 후, 그 이듬해에 베크렐(Becquerel, 1852~1908, 1903년 노벨 물리학상 수상)은 우라늄에서 최초의 방사선을 발견했다. 1897년에는 톰슨(Thomson, 1856~1940, 1906년 노벨 물리학상 수상)이 음극선의 전하량과 질량의 비를 측정하는 데 성공했다. 뢴트겐이 발견한 X-선의 본성에 대한 논쟁이 불거지고 톰슨이 음극선의 입자성을 발견함에 따라 파동-입자 이중성이라는 빛에 대한 새로운 인식이 시작되고 20세기에 상대성이론이 출현하는 계기가 되었다. 빛에 대한 이중성 개념은 물질파 개념과 함께 양자론[23]이 성립되는 데 커다란 역할을 했다. 방사선의 발견은 핵변환의 발견으로 이어졌고, 급기야 '핵분열'[24]이 발견되어 오늘날 우리는 핵에너지를 이용할 수 있게 되었다. 결국 20세기 과학은 X-선의 발견을 계기로 그 새로운 모습을 드러냈다.

X-선을 발견한 업적으로 1901년 최초의 노벨 물리학상을 받은 뢴트겐

23 quantum theory: 양자론은 분자, 원자, 전자, 소립자 등 미시적인 계의 현상을 다루는, 즉 작은 크기를 갖는 계의 현상에 대한 이론이다. 여기서 양자는 더 이상 나눌 수 없는 에너지의 최소량의 단위이며(즉 양자론이 적용되는 계에서는 에너지의 증가가 불연속적이라는 의미다), 물리학에서 상호작용과 관련된 모든 물리적 독립체의 최소 단위다.

24 nuclear fission: 질량이 무겁고 큰 원자핵이 둘 이상의 다른 원자핵으로 쪼개지는 현상을 뜻한다. 우라늄이나 플루토늄의 경우, 둘 이상의 다른 원자핵으로 쪼개지면서 매우 큰 에너지와 2~3개의 중성자를 내놓는다.

X-선을 발견하다

'맥스웰 방정식'은 가시광선보다 낮은 진동수로 진동하는 전파뿐만 아니라 자외선보다 높은 진동수를 갖는 전자기 복사 역시 존재해야 함을 예견했다. 이러한 상황에서 독일의 뢴트겐은 검은 종이로 둘러싸인 크룩스 관의 방전 실험으로 세계를 놀라게 하고 의학계에 큰 충격을 준 새로운 종류의 광선인 X-선을 발견했다.

뢴트겐은 당시에는 미스터리였던 크룩스 관에서 관찰되는 녹색의 형광 빛에 관심을 가졌고, 이 형광 빛은 음극선이 유리관을 투과하면서 생기는 것이라는 가설을 세웠다. 이런 뢴트겐의 생각은 과학적으로 잘못된 가설이었다. 당시에도 음극선은 유리관을 투과하지 못한다는 것이 널리 알려져 있었기 때문이다. 하지만 뢴트겐은 '아주 적은 양의 음극선이 나올 수도 있지 않을까'라고 생각했다. 그가 이런 가설을 세우게 된 것은 레너드(Lenard, 1862~1947, 1905년 노벨 물리학상 수상)가 만든 실험장치 때문이었다. 이 실험장치에서 생성되는 광선이 아주 얇은 금속(알루미늄) 판도 투과할 수 있음을 레너드가 보여줬기에 뢴트겐은 '음극선이 유리관도 투과할 수 있지 않을까'라고 생각했다. 유리관을 투과한 음극선은 세기가 아주 약할 것이라고 가정한 뢴트겐은 광선을 차단하기 위해 검은색 마분지로 음극선관을 완전히 감쌌는데, 유리관 벽의 작은 일부분은 덮지 않은 채로 남겨두고 이 부분 근처에 형광물질들을 놓아두었다. 그리고 실험실을 완전히 어둡게 만든 후 실험장치에 고압의 전류를 흘렸다. 뢴트겐은 실험장치를 유심히 관찰했는데 어떠한 광선도 검은색 마분지로 감싼 부분의 유리 밖으로는 나오지 않았다. 그런데 실험장치를 살피던 중 어디선가로부터 언뜻 희미한 형광 빛을 본 것 같았다. 혹시 음극선관이 덜 가려졌나 하는 생각에 검은색 마분지를 꼼꼼히 차단하고 다시 실험했을 때 그 희미한 깜박임은 실험장치 맞은편 의자 쪽에서 나오는 것으로 확인되었다. 도대체 의자 쪽에서 왜 빛이 나는지 궁금했던 뢴트겐은 실험실 불을 밝히고 의자를 살피기 시작했다. 의자 옆 책상 위에 놓아둔 물건을 확인한 그는 충격에 빠졌다. 그것은 바로 유리관을 관통해서 나온 음극선을 확인하려고 준비했던 형광물질인 백금시안화바륨 용지였다. 공기 중에서도 겨우 2~3센티미터 정도밖에 날아갈 수 없는 음극선이 1미터 이상 떨어진 책상 위에까지 도달할 수 있을지 확신할 수 없었던 뢴트겐은 백금시안화바륨 용지와 반응한 것은 음극선이 아닌 다른 빛이라고 직감했다. 그는 그 빛의 근원에 대해 고민했고, 이전에 한 번도 연구된 적이 없었던 무언가가 음극선관에서 나와서 1미터 이상의 공기를 통과하여 1미터 이상 떨어진 물체가 빛을 내게 된 것이라는 사실을 깨달았다.

이러한 발견에 매우 흥분한 뢴트겐은 이후 6주 동안 실험실에 틀어박혀 밤낮으로 연구를 했다. 이 짧은 기간 동안 그는 음극선과는 다른, 극히 투과성이 좋은 새로운 유형의 복사선을 발견했음을 확신했다. 뢴트겐은 알려지지 않은 복사선의 특별한 성질 때문에 X-선이라고 이름 지었다. 비록 이 광선은 납을 통과하지는 못했지만, 종이, 주석 박판, 나무, 고무, 그 외의 많은 물질을 통과할 수 있음을 알게 되었다. 또한 그는 손이 이 복사선과 백금시안화바륨 용지 사이에 놓여 있으면 뼈의 어두운 그림자가 손 자체의 희미한 그림자 상 안에 좀 더 뚜렷하게 보이는 것도 관찰했다. 이처럼 살아있는 사람의 뼈를

본 것은 이것이 처음이었다. 그는 계속해서 X-선이 사진 건판을 검게 하는 것을 발견하고, 아내의 손뼈와 결혼반지가 찍힌 유명한 X-선 사진을 촬영했다. 또한 그는 X-선이 나무 상자 안에 싸여 있는 금속 물체를 알아내는 데도 사용될 수 있다는 것을 입증했다. 헤르츠가 전자파의 존재를 증명하고 그 파장을 계산했던 것처럼 뢴트겐 역시 X-선의 파장을 계산했는데, 놀랍게도 X-선의 파장은 1마이크로미터(㎛)보다 훨씬 작은 것으로 계산되었다. 이는 적색광 파장의 팔백분의 일에 불과한 수치다. 헤르츠의 전자파는 적색광의 파장보다 훨씬 긴 파인 반면, X-선은 자색광의 파장보다 훨씬 짧은 파로 밝혀졌다.

음극선과 달리 X-선은 자석에 의해 구부러지지 않으며 공기를 직·간접적으로 전리시킬 수 있는 능력이 있어서 공기 중의 분자들을 대전시킬 수 있다는 사실도 알게 되었다. 뢴트겐은 X-선의 많은 성질이 광파나 다른 전자기 복사선과 비슷한 측면도 있음을 알았지만 X-선을 렌즈로 초점에 모이게 할 수 없었고, 그것이 회절할 수 있다는 것도 입증할 수 없었다. 10년이 지나서야 물리학자들은 X-선의 파동성을 적절하게 입증할 수 있었고 전자기 스펙트럼의 정확한 위치에 그것을 놓을 수 있게 되었다. X-선은 그 파장이 짧아서, 분자를 구성하는 원자들의 배열이 공간적으로 반복된 패턴을 보이는 결정(crystal) 속의 원자 사이에 존재하는 간격처럼 극히 좁은 간격을 통해서만 회절한다는 사실도 곧 확인되었다. 실제로 결정에 의한 X-선의 회절 덕분에 금속이나 단백질 등을 포함하는 많은 물질의 분자 구조가 결정될 수 있었다. X-선 결정학은 현대 화학과 생화학의 막강한 도구로서, 세포와 유기체의 많은 생물학적 과정을 수행하는 단백질인 효소의 이해에 크게 기여했다. 특히 생명체의 유전정보를 담고 있는 분자인 데옥시리보핵산(DNA)의 구조를 결정하는 데도 주된 역할을 했다.

X-선의 발견은 과학자들이 연구에 착수해 실험해나가는 과정에서 예상하지 못했던 새로운 현상에 직면한 많은 예 중 하나다. 뢴트겐이 X-선을 발견하고 겨우 한 달 정도의 시간이 흐른 후, 그 발견의 결과로서 또 다른 획기적인 발견이라고 할 수 있는 '방사선'[25]을 발견했다. 이로써 물리학과 화학은 커다란 변환을 경험하고, 인류는 원자 시대로 돌입하게 된다.

또 다른 방사선의 발견

X-선의 발견으로 많은 과학자가 이와 관련된 분야의 연구를 진행했다. 그중에서도 음극선으로 유리에 충격을 주어 X-선을 만들어낼 때, 유리 벽에 녹색 형광이 생기는 현상에 과학자들이 주목했다. 뢴트겐은 X-선이 유리 벽에 나타나는 형광과 모종의 관계가 있을지 모른다고 언급했다. 베크렐 역시 이러한 현상에 호기심을 가졌고, 곧 관련 연구에 착수했다.

베크렐은 1895년에 프랑스 파리의 에콜 폴리테크닉의 물리학 교수로 임명되었다. 그는 어떤 물질에 가시광선이나 다른 전자기 복사선을 가했을 때 빛을 내는 성질인 형광과 인광에 관심이 많았다. 형광물질은 조사(照射)를 받을 때만 빛을 내는 반면, 인광 물질은 조사 이

25 방사능은 공기를 직·간접적으로 전리시킬 수 있는 능력으로 정의되는데, 방사선은 이러한 방사능을 가진 원자에서 발생하는 빛 또는 물질을 뜻한다. X-선도 방사선의 일종이다.

후 얼마의 시간 동안 빛을 낼 수 있다. 베크렐은 음극선과의 충돌에 의해 음극선관의 유리 벽면에서 X-선이 방사된다는 뢴트겐의 관찰 결과를 알게 된 후, 형광이나 인광 물질이 일반적으로 엑스선을 방출할지도 모른다고 생각했다. 만약 그렇다면 음극선관을 사용하지 않고도 X-선을 만드는 것이 가능할 것이라는 가설을 세웠다. 이 가설을 시험하기 위해 베크렐은 밝은 태양 빛에 노출했을 때 인광을 내는 특정한 우라늄염을 선택했다. 그의 가설이 옳다면 그 우라늄염이 몇 시간 동안 태양 아래 놓인 후에 그것으로부터 엑스선이 나오는 것을 감지할 수 있으리라고 그는 생각했다.

베크렐은 어떤 빛도 닿지 못하도록 사진 건판을 검은 종이로 포장한 후, 이 포장 위에 우라늄염의 결정들을 놓았다. 우라늄염은 인광을 낼 수 있도록 몇 시간 동안 햇빛에 노출되었고, 사진 건판이 인화되었다. 그런데 베크렐은 그 필름 위에서 우라늄염의 선명한 상을 발견했다. 그것은 우라늄염이 방출한 방사선이 종이를 관통하여 감광액을 검게 만들었음을 의미했다. 이 결과는 인광을 내는 우라늄염이 X-선을 방출하고 있다는 그의 가설과

방사선을 발견해 1903년 퀴리 부부와 함께 노벨 물리학상을 공동 수상한 베크렐

완전히 일치했다. X-선은 종이를 통과해서 사진 건판에 이러한 효과를 낸다는 것이 뢴트겐의 실험결과였기 때문이다. 베크렐은 그의 발견을 확증하기 위해 그 실험을 반복했는데, 당시의 파리 기후가 역사의 흐름을 더 나은 쪽으로 바꾸어놓은 일련의 운명적인 사건이 발생했다. 베크렐은 다시 검은 종이로 사진 필름을 싸고 그 종이 위에 우라늄염을 놓았다. 그러나 그가 우라늄염을 태양에 노출하러 갔을 때 구름이 태양을 덮어버렸다. 그는 햇볕이 다시 비추기만을 기다렸지만 그날은 태양이 구름에서 고개를 내밀지 않았다. 베크렐은 다음에 다시 실험을 계속할 생각으로 염과 사진 건판을 그의 실험실 서랍에 넣어두었다. 그렇지만 다음 3일 동안에도 여전히 파리의 태양은 구름에 가려 있었다. 실험을 계속하기를 열망한 베크렐은 비록 우라늄염이 태양에 완전히 노출되지는 않았지만, 그동안 우라늄염이 올려져 있었던 사진 건판의 필름을 현상해보기로 결심했다. 우라늄염이 약한 빛에나마 노출되어 약간만 인광을 낼 수도 있을 것으로, 그래서 우라늄염이 필름 위에 희미한 상을 남겼을 것으로 기대했기 때문이었다. 그런데 놀랍게도 우라늄염들이 몇 시간 동안이나 매우 강한 햇볕에 노출했을 때보다 훨씬 강하게 감광액을 짙은 검은색으로 변색시킨 것을 알게 되었다. 그래서 베크렐은 우라늄염이 햇볕과는 무관하게 광선을 방출할 수 있음을 깨달았다. 그는 그 염이 빛에 전혀 노출되지 않았고 어둠 속에서 사진 건판 위에 놓였을 때조차 감광액을 검게 하는 것을 확인함으로써 이것을 확증했다. 이에 대해 베크렐은 "그 방사선들은 우라늄염들이 빛에 노출되었을 때뿐만 아니라 어둠 속에 보관되었을 때도 방출되었다. 두 달 동안 같은 염들은 이 새로운 방사선을 눈에 띄게 양이 줄어드는 일 없이 계속 내놓았다."라고 했다.

베크렐은 계속해서 방사선을 자발적으로 내놓는 것이 모든 우라늄염의 공통된 성질임을 입증했다. 그리고 순수한 우라늄이 우라늄염들보다 더 강한 방출 물질임을 보임으로써 그 염의 다른 성분이 아니라 우라늄 자체가 방사선의 근원이라고 결론지었다. 그는 방사선들이 투과력, 감광액을 검게 하는 성질, 공기 중의 분자들을 대전시키는 성질 등에서 X-선을 닮았다는 사실도 발견했다.

몇 종류의 방사선이 베크렐이 관찰한 이런 현상과 연관이 있는데, X-선보다 더 큰 진동수를 가진(즉 더 짧은 파장의) 전자기 복사선인 감마선이 베크렐이 발견한 방사선과 연관 있음이 나중에 확인되었다. 이것은 당시의 물리학자들에게는 설명하기 어려운 현상이었다. 그 어떤 과학자도 방사선이 자발적으로 물질에서 방출될 수 있다는 것을 확인한 적이 없었기 때문이다. 베크렐도 우라늄에 의해 방출되는 방사선이 우라늄의 화학적 상태나 온도 등과 같은 물리적 조건에 영향받지 않는다는 것을 확인했는데, 방사선의 방출은 주변 환경의 변화에 영향을 전혀 받지 않는 것 같았다.

당시의 과학자 중에서 베크렐의 발견이 지닌 엄청난 의미를 제대로 이해한 사람은 거의 없었다. 그런데 파리에서 공부하던 마리 퀴리(Curie, 1867~1934, 1903년 노벨 물리학상 수상, 1911년 노벨 화학상 수상)는 그것의 중요성을 알아보는 데 필요한 통찰력을 갖고 있었다. 그녀는 '방사능'이라는 이름을 그 현상에 붙여주었고, 남편인 피에르 퀴리(1959~1906, 1903년 노벨 물리학상 수상)와 함께 새로운 두 종류의 방사성 원소를 발견해서 분리해냈다.

잘 알려진 것처럼, 방사능 연구에서 선구적인 업적을 남긴 마리 퀴리는 노벨상을 받은 첫 번째 여성 과학자다. 스승인 베크렐, 그리고 남편인 피에르 퀴리와 함께 방사능이 우라늄 원자와 밀접한 관련이 있다는 사실을 발견하고 토륨(Th)에서도 같은 현상이 일어난다는 것을 증명한 후 방사능이라는 새로운 용어를 만들어냈다. 퀴리 부부는 폴로늄과 라듐이라는 새로운 방사능 원소를 발견했고, 우라늄 광석에서 순수한 염화라듐을 추출하는 데도 성공했다. 마차 사고로 남편을 잃은 후에도 마리 퀴리는 연구를 이어갔는데, 염화라듐을 전기분해시켜 금속 라듐(Ra)을 얻은 연구 성과로 1911년에 노벨 화학상을 받아 노벨상을 두 번 수상한 최초의 인물이 된다.

퀴리 부부는 딸만 두 명을 두었다. 큰딸인 이렌 졸리오-퀴리(Joliot-Curie, 1897~1956, 1935년 노벨 화학상 수상)는 남편인 프레데리크 졸리오-퀴리(1900~

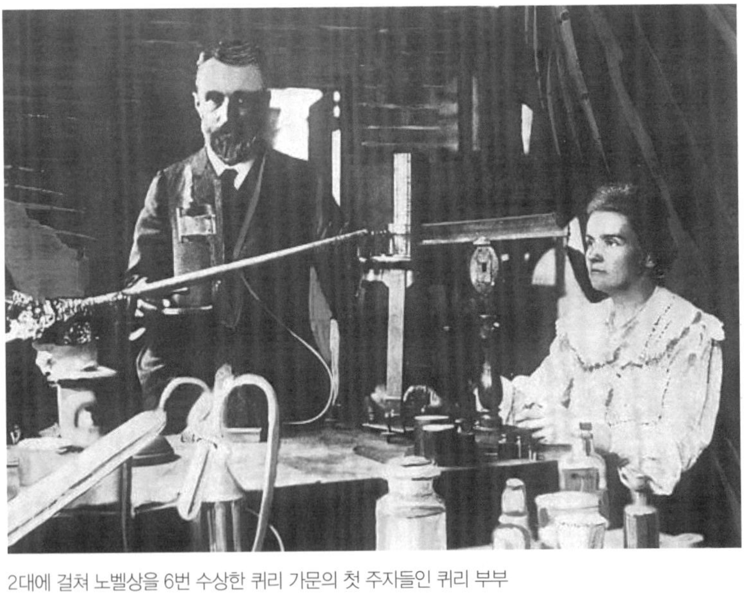

2대에 걸쳐 노벨상을 6번 수상한 퀴리 가문의 첫 주자들인 퀴리 부부

1958, 1935년 노벨 화학상 수상)와 함께 폴로늄에서 나오는 강력한 알파입자를 알루미늄에 충돌시켜 인공 방사성 원소를 합성한 공로로 1935년 노벨 화학상을 받았다. 한편 둘째 딸인 이브 퀴리(1904~2007)는 가문에서 유일하게 과학자가 아닌 피아니스트이자 극작가로 성장했는데, 그녀의 남편인 라부이스 주니어(Labouisse Jr., 1904~1987, 1965년 노벨 평화상 수상)가 1965년에 유니세프(Unicef) 대표 자격으로 노벨 평화상을 수상했다.

참고로, 2022년 현재까지 영광의 노벨상을 두 번 이상 받은 과학자나 단체는 모두 7명(곳)이다. 국제적십자위원회가 1901년, 1917년, 1944년, 1963년 무려 네 번에 걸쳐 전쟁과 재해에서 인간을 보호하고 구제하기 위한 활동을 펼친 공로를 인정받아 노벨 평화상을 받았으며, 유엔난민기구도 노벨 평화상을 두 번 받았다. 과학자 중에서는 퀴리가 1903년 방사선 연구로 노벨 물리학상, 1911년 라듐과 폴로늄 발견으로 노벨 화학상을 수상해 두 번 받았다. 그리고 폴링(Pauling, 1901~1994, 1954년 노벨 화학상 수상, 1962년 노벨 평화상 수상)이 1954년 화학결합의 성질에 관한 연구로 노벨 화학상을 받은 후 1962년에는 노벨 평화상을 받았다. 핵실험 반대운동을 펼친 공로였다. 바딘(Bardeen, 1908~1991, 1956년과 1972년 노벨 물리학상 수상)은 1956년 반도체 연구와 트랜지스터 발명으로 노벨 물리학상을, 1972년 초전도 현상의 연구로 다시 노벨 물리학상을 받았다. 생어(Sanger, 1918~2013, 1958년과 1980년 노벨 화학상 수상)는 1958년 인슐린(insulin)의 아미노산 서열에 관한 연구로 노벨 화학상을, 1980년 핵산의 염기서열에 관한 연구로 역시 노벨 화학상을 받았다. 그리고 샤플리스(Sharpless, 1941~ , 2001년과 2022년 노벨 화학상 수상)는 2001년 비대칭 금속촉매를 이용한 비대칭 유기화합물 합성법에 관한 연구로, 2022년 분자의 구성단위들을 빠르고 선택적이면서 효율적으로 결합시키는 '클릭 화학(click chemistry)'과 '생체직교 화학(bioorthogonal chemistry)'에 관한 연구로 노벨 화학상을 두 번 받았다.

마리 퀴리의 딸로 역시 노벨상을 받은 이렌 졸리오-퀴리는 여러 가지 점에서 엄마와 닮은 점이 많다. 대학을 최우등으로 졸업한 후 동료 과학자와 결혼했고, 부부가 공동으로 연구하여 노벨상을 함께 받은 점, 방사능 실험 연구의 후유증인 백혈병으로 사망한 것, 그리고 과학 사상 매우 중요한 발견들을 아깝게 놓쳐버리는 불운 등에서 닮았다. 졸리오-퀴리 부부는 비(非)방사성 원소가 실험실에서 방사성 원소로 변환될 수 있음을 입증하는 인공 방사능을 발견했는데, 이것은 과학과 의학, 산업에 큰 가치가 있는 새로운 수백 종의 방사성 물질을 만들어내는 길을 열어놓았다. 예를 들면 인공 방사능 물질인 요오드-131은 갑상선 질병을 진단하는 데 사용될 수 있으며, 비타민 B_{12}를 코발트-60으로 꼬리표를 달아 소변 속 코발트-60의 배설을 조사함으로써 악성 빈혈을 진단할 수 있다. 특히 졸리오-퀴리 부부는 '중성자' 발견의 실마리가 된 중요한 실험결과를 채드윅(Chadwick, 1891~1974, 1935년 노벨 물리학상 수상)보다 먼저 얻었다. 한(Hahn, 1879~1960, 1944년 노벨 물리학상 수상)은 우라늄에 중성자를 충돌시킨 후 얻은 새로운 원소에 관한 졸리오-퀴리 부부의 연구 결과를 들은 후, 졸리오-퀴리 부부와는 다른 화학분석 방법을 사용하여 우라늄 핵변환 과정에서 새롭게 생성된 원소가 원소번호 56인 바륨(Ba)임을 발견해내 핵분열의 원리를 밝혀냈다.

앞에서 이야기한 것처럼, 마리 퀴리는 라듐을 연구하는 데 평생을 바쳤기에 엄청난 양의 방사능에 노출되었다. 불행히도 1945년 8월 히로시마와 나가사키 원자폭탄의 희생자들과 1986년 4월 체르노빌 핵 누출 사고의 희생자들에게 나타났던 방사선병이 마리 퀴리의 건강을 해쳤다. 그녀는 방사선 노출의 후유증으로 백혈병에 걸려서 1934년에 병사했다. 그녀의 큰딸 역시 방사능 실험 연구의 후유증인 백혈병으로 사망하자, 라듐 등 방사성 물질을 연구하는 많은 과학자가 방사성 물질을 제대로 취급하지 않으면 잠재적으로 위험한 물질이 될 수 있다는 사실을 인식하기 시작했다. 오늘날 우리가 누리는 방사능의 혜택 중 하나가 백혈병을 포함한 암 종양의 치료에 사용된다는 점은 아이러니하다.

베크렐과 퀴리 일가의 연구 이후, 보다 심화된 방사선 연구를 통해 원자가 더는 쪼개질 수 없는 최소의 단위라는 기존의 학설(예를 들면 돌턴의 원자설)은 그 기반이 통째로 흔들리게 된다. 당시의 이론으로는 방사성 원소가 왜 이처럼 큰 에너지의 빛을 내놓으며 오랜 시간 방사를 하는 것이 가능한지에 대해서 설명할 수 없었기 때문이다. 즉 당시의 원자설 또는 원자모형은 수정이 필요했으며 원자의 진짜 모습을 밝힐 필요가 있었다. 물론 이는 오랜 시간이 필요한 작업이었다. 방사선의 발견은 여러 물리학자의 흥미를 일으키기에 충분했으며, 결과적으로 많은 과학자가 방사선 연구에 관심을 가지기 시작했다. 이는 미시적 물질세계의 문을 열어 핵물리학과 입자물리학의 탄생과 발전에 기반을 마련해주었다.

전자 원자핵의 발견과 초창기 원자모형

초창기 원자모형에 관한 이야기를 이어가기 위해서는 전기 분야에서 19세기 초반의 연구 성과에 대해 살펴보아야 한다.

1780년의 어느 날, 이탈리아의 갈바니(Galvani, 1737~1798)는 실험실 테이블에서 죽은 개구리를 해부하고 있었는데, 그의 손안에 있던 개구리가 문득 심한 경련을 일으키는 것을 관찰하게 되었다. 그는 이 이상한 경련이 전기로 인해 생기는 것이 틀림없다고 추정했다. 그렇다면 그 전기는 어디서 온 것일까? 그의 실험실에는 '라이덴 병'[26]도, 전기를 모으는 장치인 기전기도 없었기 때문이다. 그는 죽은 동물이나 살아 있는 동물이나 모두 특별한 동물 전기가 있는 것으로 보았고, 자신이 개구리의 신경에 닿았을 때 그 전기가 방전된 것이라고 생각했다.

이탈리아의 볼타(Volta, 1745~1827)는 이것이 동물 전기 때문이라고는 생각하지 않았지만, 갈바니의 실험결과에 대한 호기심이 생겼다. 그는 두 종류의 금속과 한 장의 종이가 작은 전기를 발생시킬 수 있다면 많은 금속이나 종이가 없어도 충분히 전기를 만들 수 있다는 사실을 발견했다. 결국 1800년에 볼타는 사실상 최초의 전지를 만들어내는 데 성공했다. 그가 만든 전지는 아연판과 구리판 사이에 물에 적신 종이나 헝겊을 끼운 것을 몇 번 겹쳐놓은 것이었다. 그리고 밑의 아연판과 위쪽의 구리판을 연결하면 전류가 흐른다는 것을 알게 되

26 Leyden jar: 라이덴 병은 유리병을 사이에 두고 두 전극이 안쪽과 바깥쪽에 놓이게 함으로써 정전기를 축적할 수 있게 하는 도구다. 라이덴 병은 초기 전기 실험에서 자주 사용되었고 전자기학의 기초적인 발견을 이끌었다. 일반적으로 콘덴서(condenser)라고 불리는 축전기의 시초라고 볼 수 있다.

연속적으로 전류를 공급해줄 수 있는 '볼타 전지'를 처음 개발한 볼타

었다.

좀 더 구체적으로 살펴보면, 갈바니는 1780년에 두 종류의 서로 다른 금속이 개구리의 근육에 닿을 때 전류가 생겨서 개구리의 근육이 움직인다는 사실을 발견하고 동물의 체내에 전기를 발생시키는 조직이 있다고 주장했다. 볼타는 처음에 갈바니의 이론에 동의했지만, 그 후 추가적인 실험을 한 끝에 갈바니의 이론은 옳지 않다고 생각하게 되었다. 또한 1794년에 전류를 생성하는 데 생물의 조직은 필요하지 않으며 금속만 존재해도 전류가 흐른다고 주장했다. 갈바니와 볼타는 같은 현상에 대해 다른 관점으로 접근했고 그 접근 방법의 차이가 결과에서 큰 차이를 만들었다. 만약 인류가 전기 또는 전자라는 물질을 통제할 수 없었다면 19세기, 그리고 이후의 과학 역사는 멈추지 않았을까? 인류가 전자를 발견하고 이를 실생활에 응용한 덕분에 오늘날 전기를 유용하게 이용할 수 있게 되었다. 그 후 과학자들은 전신기, 유선·무선 전화기, 라디오, 텔레비전, 전기자동차 등과 같이 전기에 의존하는 근대와 현대의 기계들을 계속해서 만들어내고 있다.

전자는 가만히 멈춰 있을 때는 아무런 일도 못 하지만, 움직일 때는 전기로서 자신의 역할을 수행한다. 그 전자를 움직이기 위해서는 물이 높은 곳에서 낮은 곳으로 흐르는 것과 같은 높이의 차이가 있어야 한다. 전자에 있어서 그 높이의 차이란 전기적 위치에너지의 차이를 의미한다. 바로 이 전기적 위치에너지의 차이를 볼타의 이름을 기념해 '전압(Voltage, 단위는 볼트)'이라고 이름 지었다. 전압으로 전자를 움직이게 함으로써 전기를 발생시키는 장치가 바로 전지인 것이다. 볼타의 연구 결과는 당시에 엄청난 반향을 불러일으켰다. 문학과 과학의 결합으로 탄생한 최초의 공상과학 소설인 셸리(Shelly, 1797~1851)의 『프랑켄슈타인(Frankenstein)』, 볼타 전지를 이용한 패러데이 연구와 전자기에 대한 맥스웰의 수학적 해석 등을 예로 들 수 있다. 참고로, 볼타는 정전기를 일으킬 수 있는 전기 쟁반을 개발했고 메테인(CH_4)을 분리하는 데도 성공했다.

한편 1800년, 볼타가 최초의 전지를 만든 바로 그해에, 영국의 니콜슨(Nicholson, 1753~1815)과 칼리슬(Carlisle, 1768~1840)은 주목할 만한 전지의 용도를 발견한다. 연속적으로 전류를 사용할 수 있게 되자, 두 사람은 물을 전기분해해서 수소와 산소를 분리 추출했다. 이것은 캐번디시(Cavendish, 1731~1810)가 산소와 수소를 합성해서 물을 만든 것과 좋은 대조가 된다. 이들은 전지에서 따온 2개의 전선을 소금물로 채운 병에 서서히 집어넣었다. 놀랍게도 물이 조금씩 줄어들면서 한쪽 전선에서는 산소가 거품을 일으켰고, 다른 쪽 전선에서는 수소가 거품을 일으키는 것을 관찰했다. 바로 물이 전류에 의해 산소와 수소로 나누어진 것이다. 물의 '전기분해'[27]라고 불리는 이 새로운 방법 덕분에

27 electrolysis: 시료에 전압을 걸어 전기화학적으로 산화 환원반응이 일어나도록 하는 것으로, 화학 및 제조업에서의 전기분해는 직류를 사용하여 통상적으로 비(非)자발적인 화학적 반응을 유발하는 방식을 의미한다.

화학은 새로운 영역의 탐구에 도전할 수 있게 된다. 19세기 중반까지 과학자들이 열의 성질과 화학 변화, 그리고 전기를 연구했다면, 이제 다음 150년간 과학자들은 그것들에 감추어진 풍부한 힘이 해방되는 것을 보게 된다.

한편, 과학 발전의 초창기였던 이 기간에 도체에 전기가 흐르는 것과 같은 전기 현상에 대해서, 원자라는 존재가 당시까지는 증명된 적이 없음에도, '전기를 가진 원자'에 의해 전기가 발생하고 흐르게 된다는 가설이 있었다. 실제로 여러 가지 실험을 통해 이를 상당히 논리적으로 설명할 수 있었다. 그렇지만 여전히 설명되지 않는 몇 가지 문제가 있었다. 예를 들어 전류가 도선을 지날 때 '전기를 가진 원자'가 어떻게 모든 원자 사이를 지나는가와 같은 문제였다. 즉 '전기를 가진 원자'가 아무런 어려움 없이 도선을 지나려면, 도선에 존재하는 장애물로 작용하여 전기가 흐르는 데 불필요한 원자를 제거하거나 '전기를 가진 원자'가 어떻게 피해갈 수 있는지 설명할 수 있어야만 이 문제를 해결할 수 있었다. 미국의 벤자민 프랭클린은 전기가 양전하의 지역에서 음전하가 더 많은 지역으로 흐르는 유체라고 주장했고, 영국의 패러데이는 실험실에서 볼타 전지를 이용하여 전기에 관한 연구를 시도해보기도 했지만 이 문제를 해결하지 못했다.

하지만 '필요는 발명의 어머니'라는 말도 있듯이, 필요하기만 하다면 어떠한 방법을 동원해서라도 적합한 과학적 실험장치를 만들어내는 사람이 있기 마련이다. 1854년 독일의 한 유리공예사가 내부에 물질이 거의 없어서 거의 진공 상태로 볼 수 있는 유리관을 만드는 데 성공했다. 그리하여 물리학자들은 이 유리관 양쪽에 전극으로 작용할 수 있는 작은 구리 막대를 장착하고 전지와 도선을 연결했다. 그러자 놀라운 현상이 나타났다. 유리관이 옅은 녹색 빛을 내기 시작하면서 한쪽 전극에서 다른 쪽 전극으로 빛이 이동하는 모습을 볼 수 있었는데, 이것이 바로 앞에서 이야기한 음극선이었다.

이와 같은 현상을 발견하자 '전기를 가진 원자'라는 문제가 바로 해결될 수 있을 거라고 기대한 과학자들도 있었지만 이내 또 다른 문제가 발생했다. 이번에는 이 녹색 빛이 새로운 형태의 빛인지, 아니면 '전기를 가진 원자'에 의해 비롯된 것인지가 문제였던 것이다. 1897년에 영국의 톰슨이 이 문제에 마침표를 찍기까지 과학계는 이 문제를 두고 오랜 논쟁을 벌였다.

톰슨은 음극선관을 이용한 실험을 통해 전자를 발견했다. 톰슨이 사용한 음극선관은 형광등과 비슷한 장치로 공기를 뺀 유리관 안에 '+' 극과 '-' 극을 연결한 것이다. 관의 양극을 전지에 연결하면 '-' 극에서 무엇인가가 나와 '+' 극으로 흘러가기 때문에 사람들은 이 관을 음극선관이라고 불렀다. 당시 과학자들은 이 음극선의 정확한 정체를 알지 못했고, 따라서 이를 밝히려는 실험을 많이 했다. 톰슨 역시 이와 관련된 실험을 하면서 몇 가지 추측을 하게 된다. 바로 음극선은 질량을 가지고 있으며 '-' 전기를 띤 입자

전자의 존재를 실험적으로 증명하고 대략적이나마 전자의 질량을 측정했으며 돌턴의 원자설에 따른 원자모형과 차별화되는 원자모형을 고안한 톰슨

라는 것이 그중 하나였다. 그는 이를 밝히기 위해 음극선에서 '-' 전기를 띤 입자를 분리해낼 수 있는지 확인하는 실험을 했다. 음극선관 주위에 자기장을 걸어주어 음극선의 흐름을 휘게 하면 음극선에 섞여 있는 입자가 '-' 전기를 띠지 않는 입자일 경우 똑바로 진행할 것이라고 보았다. 그런데 이 실험에서 그는 직진하는 입자를 찾지 못했고, 결국 이를 통해 음극선 자체가 바로 '-' 전기를 띤 입자라는 것을 알게 되었다. 그는 이를 더욱 확실히 하기 위해 추가적인 실험을 했는데, 이번에는 음극선에 전기장을 걸어주어 음극선이 휘는지를 조사하는 실험이었다. 그의 예상대로 이 실험결과에서도 음극선이 '+' 극 쪽으로 휘어지는 것을 확인했다. 이는 음극선이 '-' 전기를 띤 입자들의 흐름이라는 것을 다시 확인시켜주는 것이었다.

톰슨은 전자의 질량을 계산해내는 데도 성공했다. 전기장 안에서 음극선이 휘는 정도를 측정해 음극선을 이루는 알갱이의 전하와 질량의 비를 결정하는 실험이었는데, 놀랍게도 이 전자의 질량은 수소 원자의 1/2000에 불과했다. 이전까지만 해도 과학자들은 수소 원자가 자연계에서 가장 가벼운 물질이라고 생각하고 있었는데, 전자와 비교할 때 수소 원자는 그야말로 거대한 물질이라는 것이 톰슨의 연구 결과였다. 이를 다시 구리 원자와 비교하면, 전자는 구리 원자의 1/120000에 불과하다. 전자가 이렇게 가벼우므로 전기 도선에서 구리 원자 사이사이에 들어갈 수 있었던 것이라는 설명이 가능해진다. 이처럼 전자보다 (크고) 무거운 구리 원자들이 마치 거대한 산과 같은 형태로 도선에 존재하고 있지만, 전자는 별다른 어려움 없이 그 산들을 넘어서 또는 그 사이로 흐르게 된다.

톰슨은 1897년에 자신이 4개월 동안 얻은 음극선의 실험결과, 즉 음극선은 '-' 전하를 가진 아주 가벼운 입자의 흐름이며, 이 입자는 원자를 구성하는 입자라는 또 다른 실험결과를 발표했다. 이는 그전까지 원자는 더는 쪼갤 수 없다는 돌턴의 원자설을 뒤집은 놀라운 이론이었다. 참고로, 톰슨은 한때 원자의 존재를 부정했다. 그래서 원자의 존재를 전제해야만 하는 전자라는 단어를 사용하는 것을 싫어했기에, 발표 당시에 이 입자를 아주 작은 입자라는 뜻의 미립자라고 불렀다. 그렇지만 그 뒤 과학자들은 이 입자를 전기의 기본 단위를 나타내기 위해 사용했던 '전자'라고 불렀다.

이런 과정을 거쳐 탄생한 톰슨의 원자모형은 '+' 전기를 띤 양성자에 '-' 전기를 띤 전자가 박혀 있는 형태였는데, 그 이유는 사실 간단했다. 원자는 중성의 전기적 성질을 띠는데, 이와 같은 성질을 가지는 원자에 '-' 전기를 띤 전자가 있다면 그만큼의 '+' 전기를 띤 입자가 있어야 한다는 것이었다. 따라서 그는 원자 구조를 마치 공처럼 둥근 푸딩에 건포도처럼 전자가 박혀 있는 것과 같다고 설명했다. 물론 이 이론은 나중에 잘못되었다는 것이 밝혀져 수정되었지만, 원자가 쪼개어질 수 있다는 사실을 알아낸 것은 대단한 발견이라고 할 수 있다.

전자의 발견으로 과학자들은 다시 한번 원자에 관한 비밀을 한 겹 벗겨내게 되었다. 톰슨의 관찰 결과를 근거로, 원자가 더 쪼개질 수 있고(즉 돌턴의 원자설은 틀렸고) 전자들이 원자를 구성하는 요소임이 밝혀졌다. 원자는 전기적으로 중성이므로 전자와 같은 개수의 양전하가 섞여 있는 푸딩 형태의 원자모형이 등장했다. 그 후 1909년 영국의 러더퍼드는 소위 '알파선 산란 실험'[28]을 통해 러더퍼드-보어(Bohr, 1885~1962, 1922년 노벨 물리학상 수상)의 모형이라고 불리는 원자모형의 기초를 제시했다. 러더퍼드가 처음에 제안한 원자모형은, 원자의 중심에 원자핵이 자리 잡고 있어서 거의 모든 질량과 양전하를 집중시키기 때문에 행성이 항성을 돌며 운동하듯이 전자도 원자핵을 돌며 원주 운동을 한다는 것이었다. 보어는 양자론을 받아들여 이러한 러더퍼드의 모형을 수정했다. 즉 전자가 단순한 형태의 원주 운동을 하는 것이 아니라 양자화된 궤도[29]로 파동 운동을 하며 원자핵을 도는 형태로 수정된 모형을 보어가 제시했다. 그 후 원자핵 내부의 양성자, 중성자 등이 발견되고, 양자론이 더욱 발전함에 따라 인간은 드디어 원자의 내부 구조를 파악할 수 있게 되었다.

러더퍼드는 방사능을 이용해 질소를 산소로 바꾼 현대판 연금술사였으며 알파입자 산란 실험으로 원자 내부 구조에 대한 새로운 원자모형 가설을 제시해 핵물리학의 아버지로 불린다. 뉴질랜드에서 태어난 러더퍼드는 뛰어난 수학 실력과 연구 능력을 갖췄지만 장학금을 받지 못하면 학업을 이어갈 수 없는 형편이었는데, 영국 유학을 할 수 있는 장학시험에서 2등을 하는 바람에 유학을 포기했다. 그

28 러더퍼드가 원자핵을 발견한 실험으로, 강력한 에너지를 갖는 알파선을 얇은 금박 조각에 충돌시키는 실험이다. 참고로, 알파선은 나중에 헬륨 원자의 이온 형태인 입자(즉 He^{+})임이 밝혀진다. 러더퍼드는 대부분의 알파선(즉 알파입자들)은 작은 각도로 산란되지만, 매우 작은 수의 알파입자들은 180°에 가까운 각도로 산란된다는 실험결과를 얻게 된다.

29 양자화된 궤도는 에너지의 증가가 불연속적인 궤도를 뜻하는데, 양자론에서는 이 점을 명확하게 하려고 일반적인 궤도를 뜻하는 orbit이라는 단어 대신 오비탈(orbital, 전자의 위치를 원자핵 주변에 구름처럼 퍼져 있는 확률분포로 나타낸 수학적 함수)이라는 단어를 사용했다. 즉 원자의 전자 껍질은 대부분의 전자가 발견되는 장소를 뜻하며 바로 이 껍질을 오비탈이라고 한다.

런데 1등으로 선정된 학생이 장학금을 포기한 덕분에 기회를 잡게 되었고, 영국으로 건너가 케임브리지(Cambridge)대학교의 캐번디시(Cavendish) 연구소 소장이었던 톰슨의 지도로 전자기파 검출에 관한 연구를 시작했다. 러더퍼드는 이 연구를 계기로 방사선에도 알파선과 베타선이라는 명백히 다른 두 종류의 방사선이 있음을 증명했고, 알파선이 헬륨 원자의 이온 형태(He^+)라는 사실을 밝혀내기도 했다. 이러한 방사선 연구를 통해, 예컨대 우라늄이 소위 자연 붕괴 현상으로 납으로 바뀌듯이, 하나의 화학원소가 다른 종류의 화학원소로 변환되는 현상을 연구한 공로로 러더포드는 1908년에 노벨 화학상을 받았다. 참고로, 자신을 물리학자로 여기고 '반감기'라는 용어를 만들었던 러더퍼드는 노벨상 시상식에서 "다양한 방사능 현상을 조사했지만 내가 물리학자에서 화학자로 바뀐 것이야 말로 가장 반감기가 짧은 변화"라고 농담하기도 했다.

핵물리학의 아버지로 불리는 러더퍼드

노벨상을 수상한 이후 러더퍼드는 자신을 유명하게 만든 알파선(알파입자)을 이용해서 원자를 공격하는 실험을 계속해서 이어갔는데, 그 중 하나가 금을 펴서 아주 얇은 금박을 만든 다음 방사성 원소에서 나오는 알파선을 그곳으로 발사하는 실험이었다. 이 실험에서, 초속 약 16,000킬로미터의 속력으로 금박에 부딪힌 알파선 대부분은 작은 각도로 산란되지만, 매우 작은 양의 알파선은 직각 이상의 각도로 산란되는 것을 발견하고 여러 번의 실험을 통해 이를 재확인했다. 아주 낮은 확률의 실험상 오차라고 보고 무시할 수도 있었지만, 엄격하게 해석하면 처음의 예상과는 분명히 다른 결과였으므로, 러더퍼드는 알파선을 금박에서 튕겨 나가게 하는 물질의 정체를 끈질기게 추적했다. 그 결과 기존의 원자모형(즉 톰슨의 원자모형)과는 전혀 다른 새로운 원자모형을 제시하게 된다.

원자들은 가운데에 원자핵을 가지고 있고 그 주위를 전자들이 빠른 속도로 돌고 있는 모습이었다. 비록 중성자가 빠져 있고 전자의 궤도 운동에 대한 양자론적 이해가 부족하긴 했지만, 러더퍼드의 원자모형은 원자핵의 존재를 정확히 알아냈다는 점에서 큰 의미를 지닌다. 참고로, 러더퍼드의 스승인 톰슨은 1906년 노벨 물리학상을, 제자였던 채드윅은 1935년 노벨 물리학상을 받았다. 러더퍼드는 이공계 대체복무제도의 최초 제안자로 기록되는 등 많은 일화를 남긴 것으로도 유명하다.

양자론의 탄생

19세기 말, 고전물리학으로는 해결할 수 없는 두 가지 중요한 문제가 대두되었다. 그중 하나는 광속도 불변이라는 것이었고, 다른 하나는 물리학 역사상 '자외선 파탄'[30]이라고 불리는 현상이었다. 어떤

30 ultraviolet catastrophe: 고전적인 통계역학의 에너지 등분배법칙에서 비롯되었다는 자외선 파탄은 고전적인 복사 이론에서 자외선보다 짧은 파장대의 복사가 과대하게 예측되어, 실제 측정되는 값들과는 달리 에너지의 예측값이 무한대가 되어버리는 것을 의미한다. 즉 실제로 측정된 복사체에서 나오는 빛의 파장들이 고전적인 복사 이론으로 계산되어 나오는 값들과 일치하지 않는 문제점을 뜻하는 용어다.

의미에서 보면 이 두 문제의 출현이 현대물리학의 초석인 상대성이론과 양자론의 발견을 이끌었다고 할 수 있다. 1905년 아인슈타인은 광속도 불변 현상에서 출발하여 특수 상대성이론을 제시했고, 플랑크 역시 1900년에 발견된 자외선 파탄 현상이라는 문제를 해결하기 위해 '에너지 양자'라는 가설을 세우며 양자론을 탄생시켰기 때문이다.

과학 분야에서 20세기는 플랑크가 양자 개념을 바탕으로 고전물리학과는 다른 새로운 양자물리학을 제창하면서 시작되었다. 즉 플랑크가 1900년에 '흑체'[31]의 복사에너지가 플랑크 상수라는 특정 상수와 진동수의 곱의 정수배가 되어야 한다는 주장을 했는데, 바로 이것이 20세기 현대물리학의 시발점이 되었다. 플랑크는 일반적인 복사 법칙을 찾기 위한 연구를 시작해 1900년에 이 법칙을 찾아냈고, 나중에 이를 이론적으로 유도했다. 그 식에는 2개의 상수가 포함되어 있다. 첫 번째는 1몰(mol)[32]의 물질 내에 들어 있는 분자의 개수인데, 플랑크는 이 관계식을 이용해서 처음으로 아보가드로 수의 값을 매우 정확하게 얻은 사람 중 한 명이었다. 그리고 두 번째 상수는 이른바 플랑크 상수로서 나중에 매우 중요한 의미가 있는 상수로 판명된다. 플랑크 상수와 복사 진동수의 곱인 $h\nu$는 진동수 ν를 갖는 복

31 black body: 흑체는 진동수와 입사각과 관계없이 입사하는 모든 전자기 복사를 흡수하는 이상적인 물체를 뜻한다. 흑체는 현실적으로 존재하지 않으나 백금흑을 비롯하여 이것에 가까운 물체는 많다고 알려져 있다.

32 이탈리아의 아보가드로(Avogadro, 1776~1856)가 원자 또는 분자의 개수에 대응하는 개념으로 제안했던 용어다. 원자 혹은 분자가 자신의 화학식량만큼의 질량을 갖기 위해서는 1몰(즉 6.022×1023개)의 입자가 필요하다. 1몰에 해당하는 입자의 개수가 곧 '아보가드로 수'다. 아보가드로 수는 다양한 실험 방법으로 얻어졌는데, 그 값들이 매우 비슷했다. 이는 과학의 강력한 힘이라고 할 수 있는 재현성이라는 과학의 특성을 보여주는 한 예다.

양자론의 성립에 중요한 기여를 한 플랑크

사의 최소 에너지이기 때문이다. 이러한 이론적 결론은 복사 현상에 대한 기존의 개념과 대립되는 것이었다. 플랑크의 복사 이론이 받아들여지려면 매우 확고한 실험적 증거가 필요했고, 결국 이 이론은 전대미문의 성공을 거두었다. 인광이나 형광 현상에 관한 스토크스(Stokes, 1819~1903)의 법칙과 아인슈타인이 처음으로 제안한 광전효과에 관한 설명은 플랑크의 복사 현상에 대한 양자론을 강력하게 뒷받침했다. 원자에 대한 분광학적 해석 분야에서 플랑크 이론은 더욱 위대한 승리를 거두었는데, 1922년 노벨 물리학상 수상자인 보어가 이 수수께끼 같은 이론을 설명해냄으로써 소위 '양자혁명'이 시작되었다. 그렇지만 아인슈타인의 경우와 비슷하게, 플랑크는 자신이 핵심적인 기여를 한 양자론에 의구심을 품었으며, 양자론을 수용하지 않고 부정했다. 참고로, 뮌헨대학교 학생이던 시절에 플랑크는 연구 주제로 무엇을 선택하면 좋을지를 교수와 상의했다가 "열역학의 기본 원리들이 모두 발견되는 등 물리학은 이미 완성된 학문이며 몇몇 작은 문제들을 제외하면 새로운 문제라고는 남아 있지 않다"라는 말을 듣고 깜짝 놀랐다는 일화가 전해진다.

그런데 아인슈타인은 1905년에 광전효과를 해석해 플랑크의 에너지 양자 개념을 강력하게 뒷받침했을 뿐만 아니라 "빛 역시 양자화된 것으로서 연속적이지 않아야 한다"라고 결론 내리면서 '광양자(혹은 광자)'의 개념을 제시해 빛의 이중성을 지적했다. 아인슈타인의 이론은 광전효과를 성공적으로 설명해냈으며, '양자'라는 개념 역시 사람들로부터 인정받아 이후 양자론으로 발전했다.

아인슈타인의 광전효과 해석 이후 양자론의 발전을 간략히 살펴보자. 1923년 프랑스의 드브로이(de Broglie, 1892~1987, 1929년 노벨 물리학상 수상)가 '물질파(또는 드브로이파)'라는 개념을 제시했고, 1925년경 오스트리아의 슈뢰딩거(Schrödinger, 1887~1961, 1933년 노벨 물리학상 수상)가 양자파동역학을, 그리고 독일의 하이젠베르크(Heisenberg, 1901~1976, 1932년 노벨 물리학상 수상) 등이 양자행렬역학을 확립했다. 보른(Born, 1882~1970, 1954년 노벨 물리학상 수상)을 비롯한 일부 물리학자들은 하이젠베르크의 생각에 살을 덧붙여 보다 체계적인 행렬역학 이론을 수립했고, 1926년 슈뢰딩거가 파동역학과 행렬역학이 수학적으로 완전히 등가를 이룬다는 사실을 발견해 이 둘을 양자론으로 통일시켰다. 한편, 영국의 디랙(Dirac, 1902~1984, 1933년 노벨 물리학상 수상)은 1928년에 양자론을 체계적으로 종합하고 현대물리학의 양대 이론체계인 상대성이론과 양자론을 결합해 양자장론(quantum field theory)의 서막이 열리게 된다.

이렇듯, 양자론은 1925년에서 1928년까지 3년이라는 시간 동안 완전히 새롭고 완벽한 논리로 다시 태어났다. 이러한 양자론의 확립 과정은 과학사학자 쿤 등이 이야기하는 물리학 역사의 일대 과학혁명이라 할 수 있으며, 현대물리학의 양대 주춧돌 중 하나가 되어 미시적인 시각으로 거시적인 세계를 연구하는 데 이론적인 기반을 마련했다.

한편 이와 같은 과학혁명에 참여한 과학자들은 대부분 젊은 과학자들이었다는 점이 인상적이다. 1925년 파울리(Pauli, 1900~1958, 1945년 노벨 물리학상 수상)가 '파울리의 배타원리(Pauli exclusion principle)'라는 양자론적 원리를 발견했을 때 그의 나이는 불과 25세였고, 하이젠베르크와 페르미(Fermi, 1901~1954, 1938년 노벨 물리학상 수상)는 24세, 디랙은 23세였다. 이들보다 나이가 좀 더 많았던 슈뢰딩거도 36세에 불과했다.

전하량이 없는 입자, 중성자

러더퍼드는 1920년경에 이미 원자 내에 중성자가 존재할 수 있다고 이야기했다. 하지만 이 미지의 입자는 1932년이 되어서야 비로소 그 존재가 입증되었다.

1930년 퀴리 부인의 사위인 프레데리크 졸리오-퀴리는 자신의 부인인 이렌 졸리오-퀴리와 함께 알파입자(알파선)를 이용해서 폴로늄, 라듐, 붕소의 원자핵에 충격을 가할 때 알려지지 않은 침투력이 강한 복사선이 생겨난다는 사실을 발견했다. 그들은 다시 이 복사선을 이용해 수소 원자핵에 충격을 가했고, 그 결과 전하를 띠지 않는 입자를 얻었다. 하지만 그들은 이 전하를 띠지 않는 입자가 중성의 감마선 또는 광양자라고 잘못 해석해서 이러한 발견을 보다 심층적으로 발전시키지 못했다. 이 입자가 바로 원자핵의 또 다른 주요 구성 성분인 중성자라는 사실을 증명할 수 있었던 기회를 놓친 것이다. 자신들이 발견한 중성자에 관한 추가 연구로 채드윅이 1935년 노벨상 시상식에 그들과 같이 서게 된다는 사실을 알았을 때, 그들은 크게 후

회하며 자신들의 마음속에는 중성자의 존재를 예언했던 러더퍼드의 가설이 없었다고 말하기도 했다.

졸리오-퀴리 부부와는 달리, 채드윅은 일찍부터 스승인 러더퍼드의 중성자가 존재할 수 있다는 가설을 받아들였고, 그 중성자를 찾기 위해 여러 차례의 실험을 진행했다. 하지만 스승과 마찬가지로 그는 중성자의 존재를 증명해내지 못했다. 졸리오-퀴리 부부의 실험 보고서를 본 후, 그는 즉시 스승인 러더퍼드의 사고에 따라 그들의 실험에 대한 자신의 의견을 제시했다. 즉 졸리오-퀴리 부부가 발견한 전하를 띠지 않는 입자가 바로 채드윅과 그의 스승이 그토록 찾아 헤매던 중성자임을 주장했다. 그는 졸리오-퀴리 부부의 실험을 재현함과 동시에 침투력이 큰 방사선은 자기장에 의한 편절 현상이 나타나지 않는다는 사실을 입증했고, 그것의 질량이 양성자보다 조금 무겁다는 결과를 도출해냈다. 그리고 1932년에 채드윅은 중성자를 발견한 사실을 알렸다.

이처럼 중성자 발견 실험을 사실상 최초로 수행한 졸리오-퀴리 부부는 목전에서 노벨 물리학상 수상의 기회를 놓치고 말았다. 그들은 알루미늄에 알파입자를 쏘는 실험을 통해서 세계 최초로 방사성 동위원소 제조에 성공했고, 바로 이 '인공 방사선 원소의 제조 연구'로 1935년 노벨 화학상을 수상했다. 졸리오-퀴리 부부가 중성자 발견 또는 존재 증명을 못 했던 이유는 러더퍼드가 파리에서 개최한 중성자의 존재 가능성에 관한 보고회에 그들이 참석하지 않았기 때문이라고 한다. 그들은 학술 강연을 한 번 듣는 것보다 실험실에서 실험을 한 번 더 하는 것이 낫다고 생각했고, 바로 이러한 이유로 그들의 머릿속엔 중성자라는 개념 자체가 전혀 없었다. 이론의 중요성을 다시 한번 보여주는 좋은 예라고 할 수 있다.

중성자의 발견은 당시의 이론물리학자가 원자를 연구하면서 경험하게 되는 난제들을 해결하며 원자물리학 연구에 괄목할 만한 발전을 이끌었다. 한 예로, 이탈리아의 페르미는 중성자로 포탄을 만들어 우라늄 원자핵에 충격을 가하는 실험을 했고 이로 인한 핵분열과 핵분열 중의 연쇄 반응을 발견해서 원자력에 대한 연구를 촉진시켰다. 또한 핵물리학의 비약적인 발전을 이끌어 새로운 시대를 열었다.

반입자로 구성된 미스테리한 물질, 반물질

원자모형 또는 원자구조에 관한 러더퍼드-보어의 원자모형에 기반한 물질 개념에 익숙한 사람은 '양전자'[33]라는 단어에 많이 놀라게 된다. 양전자는 어떤 입자일까? 양성을 띠는 전자가 또 있단 말인가? 그렇다. 양전자는 양성을 띤다. 질량은 전자와 같지만 성질은 정반대인 전자의 반물질이라서 양전자라고 부르는 것이다. 양전자는 가설을 법칙으로 만들었을 뿐만 아니라 질량과 에너지 사이의 전환과 관련된 비밀을 밝히는 아인슈타인의 방정식을 입증한다. 더 중요한 점은 '반물질'이라는 새로운 물질세계의 비밀을 밝혀 세상을 구성하는 물질이 당시의 과학자들이 생각하고 있었던 것보다 훨씬 다양하다는 사실을 보여줬다.

33 positron: 반전자(antielectron)라고도 불리는 양전자는 전자와 전하 켤레 대칭(charge conjugation symmetry, 양자론에서 주어진 입자를 같은 스핀을 가지는 반입자로 바꾸는 대칭을 뜻하는 용어이며, 따라서 전하 켤레 관계에 있는 두 입자는 질량이나 스핀은 같지만 전하는 반대다) 관계에 있는 입자다.

양전자라는 개념은 기존의 상식을 뒤엎는 가설에서 비롯되었다. 영국의 물리학자이자 양자론의 창시자 중 한 명인 디랙은 전자파동 방정식을 이용해 계산하다가 특수한 '음의 에너지'라는 난관에 봉착했다. 자신의 방정식에 따라 계산한 결과, 전자가 가질 수 있는 에너지가 마이너스 값이 되는 데다 음의 '에너지 준위'[34]에는 하한선이 없었기 때문이다. 이 난관을 타파하기 위해 디랙은 모든 전자의 음의 에너지 준위가 이미 대량의 전자에 의해 가득 채워져 있어서 양의 에너지 준위를 지닌 전자는 잠시 떨어져 나간다는 가설을 제시했다. 그런데 이를 위해 전체가 음의 에너지로 가득한 '전자 바다'가 만드는 효과가 0이라고 하는 가정이 필요해졌다. 이는 '전자 바다'의 관찰 가능한 모든 양, 즉 전하, 질량, 운동량 등이 전부 0인 상태여야 한다는 전제가 추가로 필요함을 뜻했다. 즉 디랙은 음의 에너지로 가득한 전자 바다가 이처럼 진공과 같다면 이 전자 바다에서 하나의 전자를 이동시킬 경우 반전자(즉 양전자)가 출현한 것과 같은 결과가 나올 수 있다고 추론했는데, 이때 반전자의 성질은 전자의 그것과는 정반대가 된다(예를 들어 전자의 전하가 마이너스면 반전자의 전하는 플러스가 된다). 이처럼 디랙은 1930년에 적어도 이론적으로는 자연계에 반전자가 존재함을 예언했다.

디랙의 예언은 1932년 미국의 앤더슨(Anderson, 1905~1991, 1936년 노벨 물리학상 수상)에 의해 사실로 입증되었다. 앤더슨은 안개상자 속에 박판을 넣고 우주선의 비적을 관찰하는 실험을 했다. 그는 안개상자에서 사진을 한 장 촬영했는데, 그 사진에서 예전과는 다른 점을 발견했다. 이

34 양자론에서 원자, 분자, 원자핵 등의 계가 정상 상태일 때 취할 수 있는 에너지 값, 또는 그러한 에너지를 가진 상태 그 자체를 뜻한다.

후 자세한 연구를 통해 그는 우주방사선이 안개상자에 들어가 아연판을 뚫고 지나간 뒤 그 궤적이 확실히 구부러졌다는 사실을 알게 되었는데, 이때 한 입자의 궤적이 전자의 궤적과 완전히 일치했다. 이러한 사실을 통해 어디서 왔는지 알 수 없는 이 입자가 전자와 질량이 같고, 성질은 다르다는 것을 알 수 있었다. 바로 이 입자가 디랙이 2년 전에 예언한 반전자였다.

당시 앤더슨은 반전자에 대한 디랙의 예언을 전혀 모르고 있었다. 그래서 그는 자신이 발견한 입자를 양전자라고 이름 지었다. 이듬해 앤더슨은 다시 방사선 중 하나인 감마선을 이용한 충격 요법으로 양전자를 만들어내는 실험에 성공해 양전자의 존재를 입증했다. 이후 양전자는 뒤에서 살펴볼 기본 입자에 정식으로 포함되었다. 한편, 앤더슨 이전에 졸리오-퀴리 부부가 먼저 양전자의 존재를 발견했으나 중성자의 경우처럼 이번에도 이를 중요하게 생각지 않아 위대한 발견의 기회를 잡지 못한 것으로 알려져 있다.

양전자(즉 반전자)의 발견은 과학계의 지대한 관심을 받았다. 연구 결과, 양전자는 우주 방사선에 존재할 뿐만 아니라 일부 핵반응 과정에서도 그 흔적을 찾을 수 있다는 사실이 밝혀졌다. 또한 실험을 통해 양전자가 전자와 만나면 서로에게 작용하다 함께 소멸한다는 사실이 확인되었다. 다시 말해 그 충돌로 인해 물질은 소멸되고 그 소멸에 상응하는 에너지가 한 쌍의 감마선으로 출현한다는 것이다. 이 과정은 질량과 에너지 사이의 전환과 관련된 아인슈타인의 유명한 방정식에 완전히 부합했다. 훗날 이 과정의 가역성, 즉 감마선이 역으로 전자와 양전자로 전환할 수 있음도 발견되었다. 즉 에너지가 사라지면 일정한 질량으로 대체된다는 것이 증명되었다.

양전자의 발견으로 기본 입자에 대한 사람들의 인식에 큰 변화가 생겼다. 사람들은 당시의 이론, 즉 기본 입자의 개념과 물질의 내부 구조에 관한 이론들을 다시 재정립할 수밖에 없었다. 원래 기본 입자는 물질을 구성하는 가장 기본적이고, 더 이상 분해할 수 없는 단위로 정의되었으며 전자와 같은 기본 입자는 생산할 수도 없고, 소멸되지도 않는다고 생각되었다. 하지만 적당한 조건하에서 전자와 양전자가 쌍을 이루어 생성되거나 소멸될 수도 있다는 사실이 발견되었다. 이것은 물질과 에너지가 서로 전환할 수 있음을 뜻하므로 엄청난 인식의 변화를 불러왔다.

이란성 쌍둥이 기술, 핵분열과 핵융합

앞에서 이야기한 것처럼, 중성자의 발견으로 원자핵 이론은 한 걸음 더 발전했다. 이와 관련해서 언급해야 할 또 하나의 중요한 사실은 중성자를 이용함으로써 원자핵에 정확하게 충격을 주는 포탄을 만들 수 있게 되었다는 것이다. 중성자를 포탄으로 만들어 원자핵에 충돌시키면 외부 전자의 간섭을 받지 않는 데다 말 그대로 중성이므로 동종 전하끼리 서로 밀어내는 현상도 발생하지 않는다. 즉 중성자를 포탄으로 만들면 원자핵에 적중할 기회가 더욱더 많다는 뜻이다.

앞에서 이야기한 것처럼, 1934년에 졸리오-퀴리 부부는 알파입자(알파선)로 알루미늄, 마그네슘, 붕소 등 원자량이 비교적 적은 원소에 충격을 가해 인공 방사성 원소를 만드는 실험결과를 발표했다. 이 보고서를 본 이탈리아의 페르미는 만약 중성자로 포탄을 만든다면 안정적인 원소는 물론이고 어쩌면 불안정한 중원소도 방사성원소로 만들 수 있을 거라고 생각했다. 이러한 그의 생각은 곧 사실로 입증되었다. 페르미는 중성자를 우라늄에 충돌시켰고, 중성자는 예상대로 우라늄에 흡수되어 방사선 중 하나인 베타선을 방출하는 것이 관찰되었다. 이와 같은 실험을 통해 그는 93번 '초우라늄원소'인 넵투늄(neptunium)을 얻을 수 있었다. 이어서 1938년에 졸리오-퀴리 부부는 페르미와 유사한 실험을 진행해서 우라늄 원자에 중성자 하나가 더해진 새로운 원소를 만들었고, 이 원소의 화학 성질이 우라늄과 같다는 사실을 증명했다. 이 새로운 원소가 우라늄의 또 다른 형식, 즉 동위원소라는 사실이 밝혀진 것이다. 이 사실은 당시 과학자들의 높은 관심을 불러일으켰다.

졸리오-퀴리 부부의 실험결과에 지대한 관심을 보인 과학자 중에는 독일의 슈트라스만(Strassmann, 1902~1980)도 있었다. 슈트라스만은 졸리오-퀴리 부부의 실험결과에 숨어 있는 엄청난 비밀이 밝혀질 것이란 걸 깨달았다. 그 비밀은 바로 원자 질량의 일부를 에너지로 바꾸는 것이었다.

슈트라스만은 졸리오-퀴리 부부의 논문을 읽은 후, 즉시 자신의 연구 파트너인 한과 함께 연구를 시작했다. 그들은 졸리오-퀴리 부부의 실험을 재현해서 중성자로 우라늄 핵에 충격을 가하면 어떠한 원소를 얻게 되는지 밝혔다. 우라늄과 넵투늄이 모두 불안정하고, 중성자와의 충돌로 이들이 분열된다는 결과가 도출되려면 분열된 후의 마지막 산물이 무엇인지를 밝혀야 했는데 그 결과는 놀라웠다. 우라늄과는 완전히 다른 원소인 바륨(Ba)과 중성자가 최종 산물이었던 것이다.

한은 마이트너(Meitner, 1878~1968)와 함께 1908년에 방사성 물질인 프로트악티늄을 발견했다. 한은 슈트라스만과 함께 중성자로 우라늄을 타격해서 우라늄보다 더 무거운 원소를 만들려고 시도하던 중 원자핵 분열을 발견했는데, 처음에는 자신들이 핵분열 반응을 일으켰다는 사실을 깨닫지 못했다. 그 후 두 사람은 생성 물질의 추출 과정에서 담체(擔體, 운반체)로 사용했던 바륨과 란탄(La)이 방사성 원소로 변하는 특이한 현상을 발견했다. 이들은 이에 대한 물리학적 원인을 마이트너에게 문의했고, 마이트너는 우라늄 핵이 분열되었을 가능성을 제기했다. 즉 천연 우라늄에 0.8% 정도 섞여 있는 우라늄-235가 중성자를 흡수해서 바륨과 란탄의 원자핵으로 분열한 것으로, 방사선은 이 핵분열의 결과 발생한 것이라는 해석이었다. 이들은 추가적인 실험을 착수하여 실제로 그것을 증명해냈다. 특히 마이트너는 조카인 프리시(1904~1979)와 함께 우라늄의 원자핵이 조각으로 나뉠 때 질량의 일부가 감소하는 현상을 발견했다. 그는 이에 근거하여 아인슈타인의 '질량-에너지 보존 법칙'에 따라 줄어든 질량에 해당하는 엄청난 에너지 방출이 핵분열에 수반될 수 있음을 주장했는데, 이것이 바로 핵무기와 원자력 발전의 기본 원리

원자핵에 중성자를 충돌시키면 원자핵이 조각으로 깨지는 원자핵 분열 현상을 발견한 한과 마이트너

다. 이러한 이유로, 1992년 109번째 발견된 원소의 이름이 마이트너의 이름을 따서 '마이트너륨'이 되었다. 여성 과학자로서 마이트너의 삶은 여러모로 마리 퀴리의 삶과 비교되었다. 한과 학문적 동지로서 함께한 것은 역시 남편 피에르 퀴리와 학문적 동반자였던 마리 퀴리와 비슷하지만, 마이트너는 여성이자 유대인이라는 이유로 노벨상이 한에게만 돌아가는 것을 지켜봐야 했다. 마리 퀴리는 차별을 딛고 소르본대학교 교수가 됐고 여성으로서 최초로 프랑스 의학 아카데미 회원이 되었지만, 마이트너는 여성이자 유대인이라는 이유로 오랫동안 교수로 임용되지 못했고 나중에 어렵게 얻은 교수직마저 박탈당했다. 여성 과학자로서 부당한 평가를 받은 마이트너의 삶을 따라가면서, 그녀의 인간으로서의 고뇌와 당시 히틀러(Hitler, 1889~1945)에 직·간접적으로 동조한 독일 과학자들에 대한 연민과 분노, 과학자로서의 책임과 의무에 대해 생각해보는 것도 의미가 있다.

슈트라스만과 한의 실험결과는 다음과 같이 요약할 수 있다. ① 중성자로 우라늄에 충격을 가하면 바륨과 중성자가 생성된다. ② 이때 새로 생성된 중성자를 다시 또 다른 우라늄 핵에 충돌시켜 더 많은 중성자를 얻을 수 있다. ③ 이를 계속 반복하면 대량의 우라늄 핵이 짧은 시간 안에 완전 분열될 수 있다. 그리고 ④ 다량의 우라늄 핵이 연쇄·분열되는 과정에서 '질량 결손'[35]이 나타난다.

35 질량 결손은 원자핵을 구성하는 양성자 및 중성자 질량의 총합과 원자핵 질량과의 차이, 즉 원자핵의 핵자(核子) 질량의 총합과 그 원자핵 질량과의 차이를 말한다. 예를 들면 헬륨의 원자핵은 양성자 2개와 중성자 2개로 이루어져 있는데, 일반적인 양성자 2개와 중성자 2개 질량의 합이 헬륨 원자핵의 질량보다 크다. 이러한 질량 결손이 핵자 간의 결합에너지로서 방출 또는 흡수되면 질량 결손에 해당하는 에너지는 아인슈타인의 질량-에너지 등가원리에 의해 설명된다.

특히 ④에서는 새로 생성된 바륨 원자와 중성자의 질량을 더하면 그 합이 원래 우라늄 원자핵의 질량보다 작다는 사실을 발견할 수 있는데, 부족한 질량 일부가 에너지로 전환되어 방출됨을 뜻한다. 이러한 질량 결손은 원자폭탄을 만들고 원자력 에너지를 사용하는 데 이론적·실험적 기반을 마련해주었다.

한은 이 방법으로 연쇄 반응을 일으킬 수는 없었지만 전 세계 과학자들에게 이러한 발견을 이용해 새로운 무기를 연구할 수 있다는 사실을 상기시켰다. 당시 이미 제2차 세계대전 중이었으므로 이러한 신무기를 개발한다면 전쟁의 승패를 좌우할 수 있다고 생각했던 것이다. 잘 알려진 것처럼 핵분열의 원리에 기반한 이와 같은 신무기는 제2차 세계대전 후반에 만들어졌는데, 그것이 바로 원자폭탄이었다. 이 원자폭탄은 실전에 바로 투입되어 일본의 나가사키와 히로시마를 순식간에 지옥으로 만들었다.

원자폭탄이 연구·제작되는 과정에서 미국의 과학자들은 원자폭탄의 폭발로 생성되는 에너지를 이용하면 원자핵들의 핵융합 반응을 일으킬 가능성이 있으며, 이로써 원자폭탄보다 훨씬 위력적인 슈퍼 원자폭탄을 만들 수 있다고 추론했다. 그리고 이러한 추론을 근거로 이어진 연구에서 핵융합에 기반한 수소폭탄 시험 폭파에 성공했다. 이는 태양 표면의 대부분이 수소로 이루어졌으며 수소의 핵융합으로부터 태양 에너지가 비롯된다는 주장을 입증하는 결과이기도 했다.

핵분열과 핵융합의 발견은 아인슈타인이 주창한 상대성이론의 정확성을 입증함과 동시에 원자력 에너지를 개발하고 이용하는 새로운 시대의 서막을 열었다. 이는 '과학의 양면성'을 보여주는 대표적인 예로 언급되고 있다. 원자력 발전의 위험성을 별개로 했을 때, 핵원자로와 원자력 발전소는 우리에게 새로운 에너지를 공급해줌으로써 에너지 위기를 완화시켰지만, 전 세계에 분포된 원자폭탄과 수소폭탄은 전 인류에게 핵전쟁이라는 무서운 그림자를 드리웠기 때문이다.

한편, 1989년에 핵융합 연구계가 발칵 뒤집힌 사건이 있었다. 상온에서 핵융합 실험이 성공했다는 언론의 발표가 있었던 것이다. 미국 유타대학교의 폰스(Pons, 1943~)와 영국 사우샘프턴대학교의 플라이슈만(Fleischmann, 1927~2012)은 이와 같은 내용을 전 세계 언론에 발표했다. 그들은 상온 핵융합을 '저온 핵융합(cold fusion)'이라 표현하며, 기존 1억 도라는 초고온이 필요한 핵융합 반응을 상온에서 이룰 수 있다고 언론에 공개했다. 당시의 핵융합 연구자들은 기존의 이론을 완벽히 깨버리는 그들의 발표에 대단한 충격을 받았다. 그런데 학술지가 아닌 언론에 공개된 폰스와 플라이슈만의 실험 장치는 너무나 간단한 것이었다. 준비물은 중수(heavy water, D_2O)가 담긴 비커, 팔라듐과 백금, 리튬이 전부였고, 실험 원리 또한 매우 간단했다. 팔라듐이라는 금속은 엄청난 양의 수소를 흡수하는 능력이 있는데, 팔라듐에 전류를 계속 흘려보내 중수에 들어 있던 중수소가 팔라듐 금속에 쌓이고, 팔라듐 결정 격자 안에서 압력이 급격하게 증가해 핵융합 반응이 발생했다는 것이다. 발표를 믿을 수 없었던 또는 이와 같은 연구 결과에 관심이 많았던 핵융합 연구자들은 폰스와 플라이슈만의 실험이 정말 가능한지 검증해보고 싶어 했고, 이 때문에 팔라듐 가격이 갑자기 20%나 오르는 기현상이 일어나기도 했다.

과학계를 거세게 강타한 상온 핵융합 발표의 말로는 참담했다. 일약 스타덤에 올랐던 두 과학자는 해당 실험 방식의 갖가지 오류를 지적받으며 과학계와 언론의 지탄을 받았다. 폰스와 플라이슈만의 실험은 과학계에서 인정받지 못한 채 하나의 해프닝으로 일단락되긴 했지만, 이 사건의 충격으로 과학 분야에서 설부르거나 과장된 과학기술 보도 또는 과학 사기(scientific fraud) 등에 관련된 심도 있는 논의가 오늘날까지도 이어지고 있다.

상온 핵융합을 성공시켰다고 주장한 폰스와 플라이슈만

한편, 영국 케임브리지대학교의 조셉슨(Josephson, 1940~, 1973년 노벨 물리학상 수상) 교수는 "상온 핵융합이 사기라는 대중의 생각과는 달리 진실은 좀 더 복잡하다. 수많은 과학자가 상온 핵융합을 진지하게 연구해왔고 그 가능성은 더 커지고 있다."라고 말했다. 그의 말처럼 현재의 과학기술 지식을 바탕으로 상온 핵융합이 100퍼센트 불가능하다고 단정 짓는 것은 시기상조일 수도 있다. 여전히 세계 곳곳에서는 상온 핵융합의 가능성을 믿는 과학자들이 포기하지 않고 도전을 계속하고 있다.

현대에 원자가 갖는 의미

원자를 구성하는 전자, 양성자, 중성자가 잇달아 발견된 후, 원자는 드디어 신비의 베일을 벗었다. 이러한 성과로 우리는 원자의 내부 구조모형을 파악할 수 있게 되었다. 하지만 곧 새로운 문제가 출현했다.

먼저, '전자는 원자 내의 정해진 궤도(즉 오비탈)로만 회전한다'는 러더퍼드-보어 모형은, 전자는 정해진 궤도가 없으며 원자 내에서 전자를 발견할 수 있는 확률만을 고려해야 한다는 양자론에 의해 수정되었다. 즉 전자는 핵 주변의 어느 위치에서도 발견될 수 있지만, 전자와 핵 사이의 에너지 관계를 고려하면 전자는 핵에서 한참 떨어진 곳보다는 핵 주변의 특정 지역에 존재할 확률이 크다. 현대의 원자모형은 이와 같이 전자의 위치를 확률(가능성)로 설명한다.

그리고 원자핵과 관련해서는, 오랜 시간 더 작게 쪼갤 수 없다고 여겨졌던 원자를 쪼갤 수 있다면 원자를 구성하는 전자, 양성자, 중성자도 쪼갤 수 있지 않을까 하는 의문이 생겨났다. 즉 전자, 양성자, 그리고 중성자가 과연 물질을 구성하는 최소입자인가라는 문제가 등장했다.

양성자와 중성자를 다시 쪼갤 수 있는지 탐구하려면 그들보다 더 작고 큰 에너지를 가진 총알을 양자 혹은 중성자 내부로 들여보내야 했다. 그런데 양성자와 중성자의 지름은 약 백만 분의 일 나노미터 정도에 불과하다. 그렇다면 이 총알은 전자에 속하는 물질일 수밖에 없고, 그렇게 되면 양성자나 중성자보다 훨씬 작아서 그들을 통과하는 것은 문제가 되지 않았다. 여기서 문제는 전자의 속도를 높여서 더 큰 에너지를 얻는 방법이었다.

이 문제는 프리드먼(Friedman, 1930~, 1990년 노벨 물리학상 수상), 켄들(Kendall, 1926~

1999, 1990년 노벨 물리학상 수상), 테일러(Taylor, 1929~2018, 1990년 노벨 물리학상 수상)를 중심으로 한 연구팀이 1950년경에 해결했다. 그들은 스탠퍼드 전자가속기로 전자의 속도를 광속도에 가깝게 끌어올렸고, 이를 이용해 양자와 중성자에 충격을 가할 수 있게 되었다. 실험결과, 전자의 일부가 마치 러더퍼드의 '알파선 산란 실험'처럼 다시 튀어나오는 것을 관찰했고, 이에 양성자와 중성자 내부에 아주 작고 단단한 입자가 있을 것이라는 결론을 도출해냈다. 이러한 실험결과를 기반으로, 미국의 겔만(Gell-Mann, 1929~2019, 1969년 노벨 물리학상 수상)과 츠바이크(Zweig, 1937~)는 중성자와 양성자가 '쿼크(quark)'라는 최소 단위로 구성되어 있다는 의견을 1964년에 각각 제시했다. 이와 같은 쿼크모형은 여러 입자 현상을 성공적으로 설명해냈으며 물질 구조에 대한 이해를 높이는 데 한몫했다.

그런데 1970년 이후 글래쇼(Glashaw, 1932~, 1979년 노벨 물리학상 수상)와 일리오폴로스(Illiopoulos, 1940~), 그리고 마이아니(Maiani, 1940~)는 쿼크모형으로는 설명할 수 없는 현상들이 있음을 발견했다. 그들은 또 다른 종류의 쿼크가 존재해야만 이론과 실험 사이의 차이를 설명할 수 있다고 주장했다. 1974년에는 팅(Ting, 1936~, 1976년 노벨 물리학상 수상)과 리히터(Richter, 1931~2018, 1976년 노벨 물리학상 수상)가 각각 두 종류의 새로운 쿼크를 발견했다. 이처럼 겔만 등의 쿼크모형에 따라 세 가지 쿼크만 존재한다고 여겼던 당시 과학계의 생각과 물질의 기본구조에 대한 인식은 다시 한번 바뀌게 되었고, 이로써 입자물리학의 새로운 장을 열었다. 이후 입자물리학의 소위 '기본 입자의 표준모형' 이론이 확립된다.

그렇다면 쿼크와 전자는 다시 쪼개질 수는 없을까? 쿼크와 전자가 정말 더 이상 쪼개질 수 없는 기본 입자이면서 최종 구조일까? 이에 대해서는 아직 정론이 없다. 하지만 현재까지 쿼크와 전자가 또 다른 내부 구조를 가지고 있다는 어떠한 증거도 발견되지 않았기 때문에 우리는 그들을 기본 입자라고 부르고 있다. 이는 어쩌면 임시방편에 불과한 답일지도 모른다. 우리의 기술이 아직 그 정도로 발전하지 못해서 혹은 우리가 알지 못하는 다른 이유가 있어서 쿼크와 전자 내부의 비밀, 예를 들어 질량이 어떻게 에너지로 전환되는지, 그 사이에 어떤 비밀이 있는지 파헤치지 못하고 있기 때문이다. 자연계에는 왜 자유로운 쿼크가 없는지, 입자의 질량[36]은 어디서 비롯되는지 등의 문제 역시 여전히 풀리지 않는 수수께끼로 남아 있다.

원자를 이루고 있는 물질에 대해서 현재의 과학자들은 어떻게 설명하고 있는지 요약해서 정리하면 "이 세상 모든 물질을 쪼개고 쪼개다 보면 더 이상 쪼갤 수 없는 지점에 이를 것이다. 이것이 기본 입자다."라고 할 수 있다. 돌턴의 원자설에서부터 시작된 원자론은 이와 비슷한 아이디어에서 시작했고 이제는 누구나 원자의 존재를 알고 있다. 과학자들은 더 깊이 파고들었고, 원자보다 더 궁극적인 기본 입자들, 그리고 그에 대응하는 반기본입자들이 존재한다는 것을 알게 되었다. 다음 그림에서 볼 수 있는 입자들이 현재까지 알려진 기본 입자들이다.

오늘날의 입자물리학에서 기본 입자는 다른 입자를 구성하는 가장 기본적인 입자를 뜻한다. 사실 원소나 원자, 그리고 기본 입자라

36 입자에 질량을 부여하는 역할을 하는 기본 입자는 힉스(Higgs, 1929~, 2013년 노벨 물리학상 수상)의 이름을 딴 '힉스 입자'다.

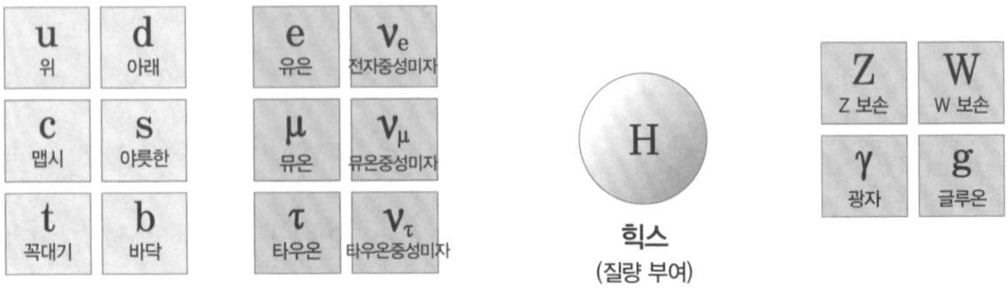

기본 입자의 표준모형. 우주의 기원과 현상을 설명하는 표준모형에 따르면, 우리 주변의 물질들은 업쿼크($u_{위}$), 다운쿼크($d_{아래}$), 그리고 전자($e_{전자}$)의 세 가지로 이루어져 있으며, 나머지 경우에는 우주에 존재하거나 가속기 안에서만 잠시 만들어졌다가 사라진다.

는 단어들의 본래적 의미 자체가 더 이상 쪼갤 수 없는 궁극의 단위라는 뜻이 있다. 가장 기본이 되는 절대적인 기본 단위가 존재하는지, 즉 현재의 과학이 이야기하는 기본 입자가 진정한 기본 단위인지는 아직도 확실하지 않다. 역사적으로 원소, 원자, 원자핵 등이 과학의 발전에 따라 각각 더 이상 쪼갤 수 없는 근원이 되는 궁극의 기본 입자라고 생각되었지만, 새로운 발견을 통해 이들이 더 작은 입자들의 조합으로 설명되는 구조로 되어 있음이 증명되었다. 다시 말해, 새로운 발견을 통해 언제나 더 근원적인 기본 입자 모형이 제시됐다. 그래서 과학자 중 일부는 과학을 '인류가 가지는 질문에 가장 잘 답하는 현재 지식의 총체'라든지 '수정 가능한 불완전한 신화'라고 정의하기도 한다.

'기본 입자의 표준모형' 이론에서 이야기하는 기본 입자에 대해서 좀 더 살펴보자. 페리미온(fermion)은 페르미-디랙 통계를 따르는 입자를 의미하는데, 이 이름은 페르미의 이름에서 따왔다. 전자와 쿼크처럼 '물질을 이루는 입자'가 페르미온인 것이다. 보손(boson)은 보스-아인슈타인 통계를 따르는 입자를 의미하는데, 인도의 보스(Bose, 1894~1874)의 이름에서 따왔다. 보손의 예로 글루온(gluon)을 들 수 있는데, 글루온에 의해 원자를 이루기 위해 모인 쿼크를 강력히 붙이기 때문이다. 현재까지 기본 입자는 그 스핀 또는 통계에 따라 페르미온과 보손 입자로 나눌 수 있다. 페르미온은 간단히 말해 물질 그 자체를 이루는 입자이고, 보손은 힘을 매개하고 전달하는 입자라고 볼 수 있다.

한편, 페르미온의 공통적인 특징은 스핀양자수가 1/2, 즉 반정수 값이라는 점이다. 반정수 값의 스핀양자수가 양자론적으로 의미하는 것은 같은 입자가 충돌하기 전과 후에도 각각의 입자를 구분할 수 있게 하는 것이다. 예를 들어, 당구공의 충돌을 보면 같은 위치에 똑같은 당구공 2개가 겹쳐 있는 것은 불가능하므로 어떤 당구공이 굴러와서 어떤 당구공을 쳐낸 것인지, 그 충돌로 각각의 당구공은 어떤 운동 변화가 생겼는지 구분할 수 있다. 이렇게 당구공과 같은 충돌을 하는 것을 페르미온이라고 한다. 이러한 상태를 오늘날의 양자론에서는 "파울리의 배타원리에 따라서, 똑같은 양자 상태를 2개의 입자가 차지할 수 없다"라고 표현한다. 즉 충돌하는 페르미온은 필연적으로 스핀양자수의 부호가 반대가 되어야만 한다는 것이다. 충돌하려면 '위치'라는 상태가 거의 같아야 하는데 원자 내에서 위치는 네 가지 양자수가 결정하므로 스핀양자수를 제외하고 나머지는 같아야 충돌이라는 상호작용을 할 수 있다.

일반적으로 페르미온은 물질을 이루는 입자로서의 역할이 다이다. 즉 단순히 물질을 이루는 기본 입자라는 뜻이다. 그런데 전자는 전자기장을 발생시킬 수 있다. 그렇다면 페르미온인 전자의 역할은 그냥 물질을 이루는 것 말고는 아무 역할도 하지 않는다는 표현이 옳을까?

이에 대한 입자물리학의 설명은 다음과 같다. ① 모든 입자는 그 존재 자체만으로 그 주변에 '장'을 형성한다. ② 반대로 어떤 장이 존재한다면 그 장이 입자를 만들어낸다고 생각해도 된다. ③ 양자론에서는 입자를 파동함수로 표현하는데, 이것은 장의 파동이라고 생각할 수 있으므로 이 둘을 구분하는 것은 의미가 없다. ④ '입자만 있고 장이 없다'거나, '장은 있는데 입자가 없다'와 같은 상황은 있을 수 없다.

즉 전자나 양성자처럼 전하가 있는 입자는 전기장을 형성하고, 질량이 있는 입자는 중력장을 형성한다. 그 장 안에 들어간 입자의 운동 변화, 즉 입자들 간의 상호작용을 매개해주는 것이 바로 보손의 역할이다.

오른쪽 위의 그림에서 볼 수 있는 것처럼, 원자의 중성자와 양성자는 페르미온인 쿼크(업쿼크와 다운쿼크)와 보손인 글루온이 최소 단위로 구성되어 있다. 예를 들어 쿼크 중에서 양성자와 핵 속의 중성자와 같이 안정된 입자를 구성하는 쿼크는 업쿼크와 다운쿼크밖에 없는 것으로 알려져 있다. 양성자는 업쿼크 2개와 다운쿼크 1개로 이루어져 있어서 전하가 +1이 되고, 중성자는 업쿼크 하나와 다운쿼크 2개로 이루어져 있어서 전하가 0이 된다는 것이다. 이러한 설명은 물론 전하량의 절대적인 크기를 알 수 없기 때문에, 그리고 역사적으로 전자의 전하량을 -1, 양성자의 전하량을 +1, 중성자의 전하량을 0으로 정의 또는 사용해왔기 때문이다.

$$\text{양성자: } \frac{2}{3} + \frac{2}{3} - \frac{1}{3} = +1 \qquad \text{중성자: } \frac{2}{3} - \frac{1}{3} - \frac{1}{3} = 0$$

u (위) + u (위) + d (아래)　　　　u (위) + d (아래) + d (아래)

양성자와 중성자를 구성하는 기본 재료인 업쿼크와 다운쿼크. 양성자는 2개의 업쿼크(전하 크기가 +2/3)와 1개의 다운쿼크(전하 크기가 −1/3)로 구성되어 있으며, 중성자는 1개의 업쿼크와 2개의 다운쿼크로 구성되어 있다. 글루온은 쿼크를 묶어주는 강력한 매개입자 역할을 한다.

참고로, 모든 물리법칙은 아래 표에서 볼 수 있는 것처럼 네 가지 상호작용을 따른다. 이 네 가지 기본 상호작용은 중력, 전자기력, 강한 핵력(강력), 약한 핵력(약력)이다. 강력과 약력 같은 핵력은 극단적으로 짧은 거리에서만 일어나는 상호작용이므로 우리 생활에서 일상적으로 겪을 수 있는 현상과는 거의 상관이 없다. 우리가 주변에서 볼 수 있는 상호작용은 중력과 전자기력이 대부분이다.

	강력 (강한 상호작용)	전자기력	약력 (약한 상호작용)	중력
설명	양전하를 띠는 양성자들을 묶어주는 힘	다른 전하를 띤 핵(+)과 전자(−)를 묶어주는 힘	원자핵의 붕괴를 일으키는 힘	질량을 가진 두 물체 사이에 작용하는 인력
상대적 세기	1	1/137	10^{-6}	6×10^{-39}

네 가지의 기본 상호작용(fundamental interaction). 현재까지 우주에는 네 가지 기본 힘이 있다고 알려져 있는데, 이를 기본 상호작용이라고도 한다.

PART

3

물이 있는 곳에 생명이 있다

원자에 이어서 분자에 관해 이야기하기 전에, 분자의 대표적인 예로 우리 삶에서 너무나 중요하고 특별한 물에 대해서 먼저 살펴보도록 하자. 우리가 사는 생활 속 물질은 대부분이 분자 상태로, 일반적으로 기체, 액체, 고체의 세 가지 '상태(state)'로 존재한다. 물과 분자에 대해 이해하려면 이러한 물질의 세 가지 상태에 관해서 먼저 살펴볼 필요가 있다.

1. 물질의 세 가지 상태
– 기체, 액체, 그리고 고체

물질은 그 물리적 상태가 명확히 구분될 때는 세 가지, 즉 기체, 액체, 고체 상태(또는 상)로 존재한다. 물질의 세 가지 상태라는 것이 구체적으로 무엇이며 어떠한 특징이 있을까?

물의 경우를 생각해보면, 물질의 세 가지 상태가 얼마나 다른지 쉽게 알 수 있을 것이다. 하늘을 날고, 수영을 하며, 얼음 위에서 스케이트를 타면서 여러 다른 형태의 물을 접할 수 있다. 이것은 기체, 액체, 그리고 고체 상태의 물 분자들이 각기 매우 다른 배열을 하고 있음을 의미한다. 예를 들면, 기체는 물질이 나타내는 세 가지 상태 중 하나인데, 고체나 액체에 비해 밀도가 낮고, 일정한 모양과 부피를 갖지 않는다. 기체는 어떤 모양의 그릇에도 들어가고, 그 그릇 안에서 확산하여 그릇 속을 가득 채울 수 있다. 또한 기체는 고체나 액체에 비해서 대단히 가볍고, 압축하기도 쉽다. 이것은 고체나 액체의 입자가 거의 달라붙어 밀집해 있는 데 비해, 기체는 입자 사이의 거리가 매우 크기 때문이다. 기체를 이루고 있는 입자인 분자들이 각각 공간 속을 항상 자유롭게 날아다니고 있다는 의미다.

알코올이나 벤젠과 같은 액체로부터 특유의 냄새가 나는 것은 액체의 표면에서 증기가 증발하여 나오기 때문이다. 알코올을 진공 용기 속에 넣고 위쪽에 공간을 남겨두면, 그 공간은 알코올 증기로 가득 차서 일정한 압력을 나타낸다. 이 압력을 증기압이라고 부르는데, 증기압은 일반적으로 온도를 올리면 증가한다. 액체의 증기압은 물질에 따라 다르며, 같은 온도에서 증기압이 클수록 휘발성이 크다. 여기서 증기압이 1기압에 이르렀을 때의 온도를 그 액체의 끓는점이라고 한다. 그리고 어떤 온도에서 최대의 증기압에 도달했을 때 그 증기압을 포화 증기압이라고 한다. 포화 증기압에 도달하면 겉보기에는 더 이상의 증발이 일어나지 않는 것처럼 보이는 평형 상태에 도달하게 된다. 이것은 분자의 측면에서 보면 액체에서 기체가 되는 분자 수와 기체에서 액체로 돌아오는 분자 수가 같다는 뜻으로, 액체에서 튀어나가는 분자가 존재하는 것에는 변함이 없다.

기체를 밀폐된 진공 용기 속에 넣으면, 즉시 퍼져서 전체를 고르게 채운다. 이것은 기체 분자가 제각기 비교적 자유롭게 운동한다고 생각하면 쉽게 이해할 수 있다. 예를 들어, 브로민(Br_2)의 증기는 공기보다 무겁지만, 브로민이 들어 있는 병의 마개를 빼면 병 입구에서 적갈색 증기가 흘러나오는 것을 볼 수 있다. 또 공기보다 무거운 염화수소가 들어 있는 용기 위에 공기보다 가벼운 암모니아(NH_3)가 들어 있는 용기를 얹고 그사이에 둔 경계판을 빼내면, 두 기체가 서로 섞이고 반응하여 염화암모늄(NH_4Cl)이 된다. 이처럼 기체가 퍼져 나가는 현상을 확산이라고 부르는데, 확산 속도는 분자의 질량이 작을수록, 또 온도가 높을수록 커진다. 기체의 경우만큼 빠르지는 않으나 이와 같은 확산 현상은 액체에서도 볼 수 있으며, 극히 느리기는 하지만 고체에서 일어나기도 한다.

액체는 간단히 말해 물질의 상태 중 하나로, 물처럼 부피는 일정하지만 자유롭게 모양을 바꿀 수 있는 유체를 말한다. 끓는점 이상의 온도에서는 기체로, 어는점 이하에서는 고체로 그 상이 바뀐다. 액체는 고체와 달리 어떤 모양의 그릇에도 들어갈 수 있다. 이것은 액체를 이루고 있는 입자가 고체보다 상호 간의 결합력이 약하여 움직이기 쉽기 때문이다. 한편, 기체를 주사기에 넣고 구멍을 막은 다음 피스톤을 밀었다가 뺐다가 하면 기체의 부피가 변하는 것을 알 수 있는데, 액체는 이와 같이 해도 부피 변화가 거의 없다. 이것은 액체를 이루고 있는 입자의 틈새가 기체의 경우보다 훨씬 작기 때문이다. 우리가 관찰할 수 있는 단일 원소로 이루어진 물질 중에서, 실온에서 액체인 것은 금속에서는 수은(Hg), 비금속에서는 브로민의 2종으로 그 물질의 수가 매우 적다. 이 밖에 실온에 가까운 녹는점을 가지는 금속으로는 갈륨(Ga)과 세슘(Cs), 프랑슘(Fr)이 있을 뿐이다. 이처럼 우리 주변에서 볼 수 있는 액체는 대부분 서로 다른 원소들로 이루어진 화합물이든가 아니면 그것들이 혼합된 것이다. 액체는 고체와 달리 그것을 이루고 있는 입자의 배열이 불규칙해서 입자가 상당히 자유로이 운동할 수 있는데, 여러 가지 물질의 끓는점을 비교해보면 상당히 높은 것도 있고 낮은 것도 있다. 끓는점이 높다는 말은 액체를 구성하는 입자(원자, 분자, 또는 이온)가 따로따로 흩어져 있는 상태인 기체로 상변화가 일어나는 온도가 높음을 뜻한다. 다시 말해, 액체를 구성하는 입자들 사이에 강한 힘이 작용할수록 끓는점이 높아진다.

유리병 속에 에탄올(에틸알코올, CH_3CH_2OH)과 진한 황산을 각각 넣고 흔들면 유리병의 벽을 타고 내려가는 모양이 서로 다름을 알 수 있는데, 에탄올은 비교적 깨끗이 내려가지만, 진한 황산은 끈적끈적하며 잘 내려가지 않는다. 액체의 이러한 성질을 점성이라고 한다. 점성을 엄밀히 측정하는 것은 상당히 어려운 일이다. 굵기가 같은 가는 관을 같은 양의 액체가 타고 내려가는 시간을 비교하면 점성이 큰 액체 쪽이 시간이 더 걸리는데, 한쪽 액체를 표준으로 하여 시간을 재면 점성을 비교할 수 있다. 점성은 온도가 올라가면 감소하는 것이 보통이므로 측정할 때는 온도를 일정하게 유지해야 하는데, 점도계를 사용하여 물을 표준으로 삼으면 어떤 액체와 물의 점성 비를 구할 수 있다. 하지만 물이나 에탄올 등은 분자들끼리 '수소결합(hydrogen bond)'[1]을

1 화학에서 수소결합은 N(질소), O(산소), F(플루오린)과 같이 전기음성도(원자나 분자가 화학결합을 할 때 다른 전자를 끌어들이는 능력의 척도로 정의된다)가 강하고 크기가 작은 2주기 원소와 수소를 갖는 분자가 이웃한 분자의 수소 원자 사이에서 생기는 정전기적 인력으로, 일종의 분자 간 인력(분자 사이에 끌어당기는 힘)이다. 즉 수소결합은 수소가 포함된 극성 분자들 사이에 작용하는 인력이다. 예를 들어 물 분자끼리의 수소결합은 물 분자 속의 산소와 수소 원자 사이의 결합보다는 약하다.

할 수 있으므로 양상이 다르다. '표면장력'[2]은 액체의 표면이 스스로 수축함으로써 가능한 작은 면적을 취하려고 하는 힘의 성질을 뜻한다. 계면장력의 일종으로, 소금쟁이와 같은 곤충이 물 위를 걸을 수 있게 도와주는 것도 이와 같은 속성으로 인한 것이다. 다른 예로 바늘 등의 금속 물질, 면도 칼날, 포일(foil) 조각과 같은 조그마한 물체들이 물 표면 위에 뜨는 것을 들 수 있는데, 이는 소위 '모세관 현상'[3]과 밀접한 관계가 있다.

고체 역시 물질의 상 중 하나로 일정한 모양을 가지고 있어서 외부의 힘이나 압력 변화에도 그 모양이나 부피가 쉽게 변하지 않는 상태를 말한다. 고체에는 소금이나 눈의 결정처럼 매우 규칙적인 형태를 취하는 것도 있고, 유리나 고무처럼 형태가 불규칙한 덩어리로 되어 있는 것도 있다.

분자(또는 원자)들의 규칙적인 배열의 결과로 생성되는 균일한 물질을 결정이라고 부른다. 예를 들어 소금물을 증발시키면 소금이 작은 정육면체들로 석출되는데, 정사각형 평면들로 둘러싸인 이 정육면체들이 소금(염화나트륨, NaCl)의 결정이다. 또한 붕산(H_3BO_3)의 결정은 육각형의 얇은 판자 모양이고. 명반의 결정은 팔면체다. 이처럼 결정의 형태는 다양하지만, 물질의 종류에 따라 그 형태가 정해져 있다. 이들 결정은 그 모양의 특징에 따라 몇 개의 그룹으로 분류되는데, 결정이

2 surface tension: 표면장력은 액체의 표면이 스스로 수축하여 되도록 작은 면적을 취하려고 하는 힘의 성질을 말한다.

3 capillary action: 모세관 현상은 중력의 도움을 받지 않고 액체가 좁은 관을 오르는 현상을 뜻한다. 물 분자 사이에는 표면장력이 있어서 가는 관에서 아무런 힘을 가하지 않아도 물이 위로 올라갈 수 있다.

규칙적인 모양인 것은 그것을 이루고 있는 입자(원자, 분자, 또는 이온)가 규칙적으로 배열되어 있기 때문이다.

이처럼 지구상의 물질이 나타내는 모습, 즉 물질의 상태는 일반적으로 고체, 액체, 기체의 상태로 존재한다. 물질은 보이지 않는 아주 작은 알갱이(즉 분자)들로 이뤄져 있으며, 이 분자들 사이에는 서로 끌어당기거나 미는 힘이 작용하고 있다. 고체는 분자들의 사이가 아주 가깝고, 서로 당기는 힘도 매우 강해서, 분자들이 자유롭게 돌아다니지 못하고 제자리에서 떨리는 정도의 운동만 한다. 분자들이 이동할 수 없으므로 모양도 쉽게 변하지 않는다. 그래서 고체는 눈으로 볼 수 있고, 손으로 잡을 수도 있다.

고체와 비교하면 액체는 분자 사이가 어느 정도 떨어져 있고, 서로 당기는 힘이 고체보다 약해서 일정한 모양이 없이 흐르는 성질이 있다. 그래서 담는 그릇에 따라 모양이 바뀐다. 그렇지만 액체의 부피는 힘을 가해도 크게 변하지 않는다. 액체 사이에 서로 잘 섞이는 액체들도 있고, 잘 섞이지 않는 액체들도 있다.

기체는 분자 사이가 아주 멀고 서로 당기는 힘이 거의 없어서 부피도 일정하지 않으며, 흩어지는 성질이 있다. 그래서 담는 그릇에 따라 모양이 달라지고, 그 그릇을 가득 채우며, 물질이므로 당연히 무게도 있다. 눈에 보이지 않고 손으로 잡을 수 없다.

여기서 생각해봐야 할 한 가지 질문이 있다. 세상의 물질은 고체·액체·기체로만 존재하는 것일까? 과학자들은 물질이 고체·액체·기체 외에도 '초임계유체(supercritical liquid),' '초고체(supersolid),' '플라스마(plasma),' '보즈-아인슈타인 응집(Bose-Einstein condensation)' 등의 상태로도 존재할 수 있다고 설명한다. 아주 미세한 가루나 치약, 마요네즈, 스마트폰 화면의 구성 요소인 액정(liquid crystal) 등은 고체·액체·기체 중 어디에 속하는 것일까? 이런 애매한 상태의 물질은 어떻게 정의해야 할까?

미세한 가루의 경우에는, 아주 작지만 고체의 분자 배열을 하고 있으므로 작은 고체들이라고 할 수 있다. 치약이나 마요네즈와 같은 상태의 물질은 액체와 고체의 중간 상태를 가지므로, 이런 상태의 물질은 '겔(gel)' 또는 '젤'이라고 한다. 그러면 액정은 고체일까? 정확하게 이야기하면, 액정은 스마트폰 화면의 유리 아래에 있는 화소 단위 안에 있는 물질을 의미한다. 이 액정은 고체라고만 할 수는 없다. 액정에 전기를 통하면 분자 배열이 액체 상태에서 고체 상태로 변하기 때문이다. 따라서 액정은 액체와 고체, 두 가지 성질을 모두 지닌 물질이라고 볼 수 있다. 전기를 통하기 전에는 액체, 전기가 흐른 이후에는 고체라고 하는 것이 정확한 표현이다.

우리가 실생활에서 고체의 성질만을 가진 물질로 잘못 알고 있는 물질이 또 있다. 바로 유리인데, 눈에 보이고 손으로도 잡을 수 있으며, 단단하고 부피와 모양도 변하지 않아서 고체의 성질만 가진 것으로 생각하기 쉽다. 그렇지만 유리는 액체의 성질도 가지고 있다. 유리는 액체의 점성을 가지고 있는데, 이런 점에서 유리는 끈적이는 점성이 아주 높은 액체다. 더 정확하게 말하면 유리는 '비(非)결정형 고체'라고 할 수 있다. 결정질이 아닌 고체라는 뜻인데, 비결정형 고체라고 하는 이유는 일반적인 고체의 구조와 다르기 때문이다. 실제 유리의 성질은 고체보다 액체에 더 가깝다. 이에 대해 좀 더 구체적으로 살펴보자. 액체 상태에서 고체 상태로 갑자기 냉각될 때는 입자가 규칙적으로 배열할 시간적 여유가 없어서 액체 때의 불규칙한 배열 그대로 고체가 되는 경우가 있는데, 이때에는 결정을 이루지 못한 상태로 존재하기도 한다. 이때 고체를 이루고 있는 입자가 공간적으로 무질서하게 배열되어 그물처럼 이어지므로 비결정형이 된다. 이러한 비결정형 고체는 내부에서 입자가 결합하는 힘도 고르지 않기에 일정한 녹는점을 보이지 않는다. 이런 비결정형 상태를 일반적으로 '유리 상태'라고 한다. 앞에서 말한 것처럼 유리는 액체처럼 흘러내린다. 오래된 교회의 스테인드글라스를 자세히 살펴보면 유리가 흘러내려 위쪽은 얇고, 아래쪽은 두꺼워져 있는 것을 확인할 수 있다. 유리 기술이 발달하지 않은 과거의 유리는 그렇게 수천 년에 걸쳐 점성이 아주 높은 액체처럼 흘러내린 것이다. 참고로, 유리 제조기술이 발달한 요즘은 실온에서는 흘러내리지 않는다. 다만, 고온의 열을 가하면 액체로 쉽게 변한다.

마지막으로, 과학자들이 '물질의 네 번째 상태'라고 정의한 플라스마라는 물질의 상이 있다. 기체 상태의 물질을 높은 온도로 가열하면 물질을 이루는 입자가 전기를 띠는 더 작은 알갱이로 나뉘는데, 이러한 상태를 플라스마 상태라고 부른다. 우주에서는 거의 모든 물질이 플라스마 상태로 존재한다. 오로라나 번개 등 자연 현상으로 발생하는 플라스마를 자연 플라스마라고 하고, 전기를 만들기 위해 핵원자로를 돌려 발생하는 플라스마는 고온 플라스마, 실생활에 쓰이는 형광등이나 네온사인, 컴퓨터 모니터용 PDP 등은 저온 플라스마라고 할 수 있다.

위에서 설명한 물질의 상태들 외에도 그 상태를 정의하기가 모호한 물질이 여전히 적지 않다. 그 대표적인 것이 '불'이다.

세상에 존재하는 물질들의 상태를 다시 정리하면, 기체는 그 성분 입자들이 멀리 떨어져 있고, 빠르게 움직이며, 서로 간의 인력이 비교적 작은 물질이다. 높은 온도와 낮은 압력에서 대부분 기체들이 나타내는 이상적인 행동을 설명하기 위해 소위 '기체 분자 운동론'이라는 모형을 도입할 수 있다. 고체는 분명 기체와는 매우 다르다. 기체는 밀도가 낮고, 높은 압축률을 나타내며, 용기를 완전히 채우지만, 고체는 밀도가 훨씬 크고, 극히 조금밖에는 압축할 수 없으며, 딱딱하므로 용기에 상관없이 그 모양을 그대로 유지한다. 이러한 특성으로부터 고체의 구성 성분들은 매우 근접해 있으며 큰 인력으로 서로를 끌어당기고 있음을 알 수 있다. 액체의 성질은 고체와 기체의 중간 정도라고 할 수 있지만, 물의 세 가지 상태와 관련된 몇몇 성질들을 비교해보면 고체와 기체의 한가운데 있는 것은 아니다. 예를 들어 0℃에서 얼음이 녹을 때와 100℃에서 액체 상태의 물이 증발할 때를 비교해보면, 고체가 액체로 갈 때에 비해 액체가 기체로 갈 때 훨씬 큰 구조의 변화가 있다. 이는 비록 고체 상태에서처럼 강하지는 않지만, 액체 상태에서도 물 분자들 간에 상당한 세기의 인력이 작용함을 뜻한다.

2. 물이 왜 중요할까?

– 물의 생성과 역할

물은 어떻게 탄생했을까

오른쪽 그림에서 볼 수 있듯이, 물(H_2O)은 산소 원자 한 개와 수소 원자 2개가 '공유결합'[4]한 굽은 형태의 물질(정확히는 분자)로, 생명을 유지하는 데 없어서는 안 되는 화학물질이다. 물은 화학적으로 중요한 몇 가지 성질을 가진다. 물의 성질을 간단히 언급하면 다음과 같다. ① 산소 원자와 수소 원자 사이의 공유결합에 관여하는 전자가 전자를 좋아하는 성질이 큰 산소 원자 쪽으로 치우쳐 있으므로 물 분자 자체가 극성을 띤다. ② 다른 분자, 특히 다른 물 분자와 수소결합을 할 수 있으므로 분자 사이의 인력이 다른 분자에 비해서 크고, 따라서 분자를 서로 떨어뜨리기가 힘들어서 녹는점이나 끓는점이 높다. ③ 비슷한 이유로, 동일한 분자 수를 가지는 다른 물질들에 비해서 기화시키기 위한 에너지가 더 많이 필요하다. ④ 다른 물질들은 고체 상태일 때의 밀도가 액체 상태일 때보다 높은데 물은 액체 상태인 4℃에서 가장 높은 밀도를 가진다. 그래서 ⑤ 다른 물질들과는 다른 형태의 상평형도를 보인다. 또한 ⑥ 물은 큰 표면장력을 가진다. ⑦ 물의 일부는 이온화되어, 즉 H_3O^+와 OH^-로 이루어져 있어서 다른 물질의 이온화에 관여하고 산·염기 반응에 영향을 끼친다. 그리고 ⑧ 물을

4 covalent bond: 공유결합은 화학결합 중 원자들이 전자를 공유했을 때 생성되는 결합을 이르는 말이다. 공유결합으로 형성된 분자는 원자핵과 전자쌍 간의 인력 및 원자 간 척력에 의하여 안정화되어 있다.

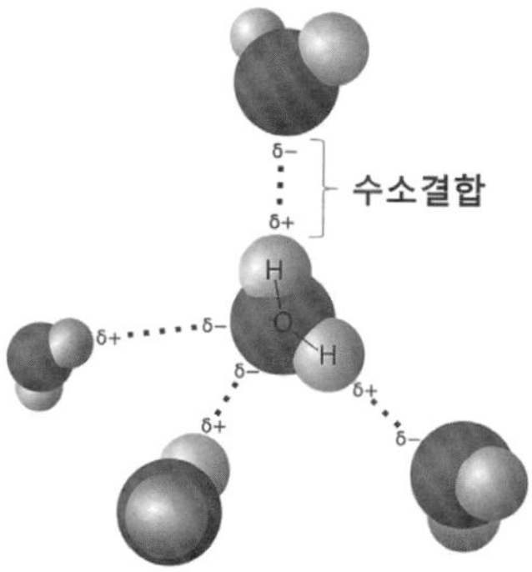

다른 물 분자와 수소결합으로 연결되어 있는 물의 구조

좋아하는(hydrophilic) 물질과 물을 싫어하는(hydrophobic) 물질에 대한 수화(hydration) 능력이 다르며 물을 좋아하는 물질에 대해서 좋은 용매로 사용될 수 있다.

앞에서 언급한 것처럼, 고대 그리스의 철학자 탈레스는 만물의 근원이 물이라고 주장했다. 이 주장을 뒷받침하는 논리의 구체적인 내용은 잘 알려지지 않았다. 나름의 합리적이고 치열한 사유가 그 배경에 있었겠지만, 현대인들을 만족시킬 만한 설명은 분명 아니었을 것이라 짐작할 수 있다. 그런데 이 이야기가 오늘날까지 중요하게 언급되는 데는 다른 이유가 있다. 바로 만물의 근원이 물이라고 말함으로써 탈레스는 자연 현상의 원인을 신과 같은 초자연적인 존재가 아니라 세속적인 자연에서 찾으려고 시도했다는 점이다. 이러한 점에서 현대 과학의 접근법과 유사성이 있다. 따라서 탈레스는 신화적 사유에서 이성적 사유로의 전환을 상징하는 인물이라는 평가를 받고 있다.

오늘날 물이 만물의 근원이라고 생각하는 이는 없지만, 생명의 근원에 물이 중요한 역할을 하는 것은 분명하다. 천문학자들은 외계 생명을 탐색할 때 가장 먼저 액체 상태로 물이 존재할 수 있는 환경을 찾으며, 더 나아가 물을 보면서 우주의 역사를 읽어내기도 한다(탐사체인 화성의 퍼서비어런스[5]를 생각해보라!). 어떤 사이비 학자들이 주장하듯 물에 과거의 역사가 담긴 정보가 있다는 뜻이 아니다. 오늘날 지구와 우주에서 흔히 볼 수 있는 물이 만들어지기 위해서는 전 우주의 역사가 필요했다는 의미다.

물은 우주에서 발생한 두 종류의 폭발, 즉 빅뱅(big bang)과 초신성과 관련이 있다고 알려져 있다. 빅뱅 직후 기본 입자인 쿼크와 전자들이 생겨났고 약 백만분의 1초가 지난 후에는 쿼크들이 뭉치면서 양성자와 중성자를 만들었다고 한다. 그로부터 약 40만 년 후 우주의 온도가 3000℃로 떨어질 때 양성자와 전자가 결합하면서 수소 원자가 탄생하고, 이로부터 약 1억 년 동안 별빛이 없는 암흑시대를 거치고 나면 빅뱅을 통해 만들어진 물질로 구성된 최초의 별이 탄생한다고 과학자들은 설명한다. 그리고 수소 핵융합 반응을 통해 별 중심부는 헬륨으로 변하고, 헬륨은 다시 핵반응을 통해 탄소와 산소로 변한다. 이러한 일련의 과정을 거쳐 별은 죽음에 다다르고 초신성으로 폭발하여 산소를 비롯한 수많은 원소들을 우주 공간에 흩뿌린다고 현재의 과학은 이해하고 있다.

수소와 산소는 각각 빅뱅과 초신성 폭발을 통해 우주 공간에 존재

5 Perseverance: 화성 탐사차로, 2021년 2월 18일 화성에 착륙했다. 화성의 고대 환경 조사, 화성 지표의 역사 등을 밝히는 것이 이 탐사선의 목표다.

하게 되었다. 그런데 그 후 둘이 함께 결합하여 물 분자가 되는 과정을 쉽게 설명하기는 어렵다. 우리 은하 나선팔 영역을 중심으로 광범위하게 존재하는 성간 구름에는 기체 상태의 원자나 분자들뿐만 아니라 수많은 성간먼지들도 있다. 규소, 철, 탄소 등으로 구성된 고체 상태의 성간먼지는 초신성 폭발이 남긴 잔해에서 만들어질 수도 있고, 백색왜성으로 죽어가는 적색 거성의 표피층이 우주 공간으로 흩뿌려지면서 만들어지기도 한다. 물 분자가 만들어지는 곳이 바로 이 성간먼지의 표면이라고 알려져 있다. 별 형성 영역에서 성간운의 밀도가 높아지면 기체 상태에서 떠돌아다니던 수소 원자들 일부가 성간먼지 위에 엉겨 붙으면서 수소 분자가 되고, 기체 상태로 존재하던 일산화탄소도 성간먼지 위에 엉겨 붙어 수소 분자와 반응을 일으키면 메테인과 더불어 비로소 물 분자가 생겨난다는 것이다.

이와 같은 과정을 거치기 때문에, 수소와 산소가 우주 공간에 존재한 시점부터 물 분자가 탄생하기까지는 약 10억 년에 가까운 시간이 걸렸다. 그런데 물 분자는 실험실에서 사실 아주 쉽게 만들 수 있다. 2015년에 화제가 되었던 영화 〈마션〉의 주인공이 로켓의 연료인 히드라진(hydrazine, N_2H_4)에서 수소를 추출한 다음 산소와 연소시켜 물을 만드는 장면이 나온다. 이렇게 쉬운 것을, 왜 우주에서는 물을 만드는 데 별과 성간먼지가 필요하고 그토록 긴 시간이 필요했을까?

우주는 자연의 거대한 실험장이라고 볼 수 있다. 하지만 우주가 어떤 특정 목적을 위해 고안된 실험장인 것은 아니다. 물리법칙이라는 엄밀한 경계 조건이 자연의 진화를 특정 방향으로 이끌고는 있지만, 그 경계 내에서 이루어지는 자연의 실험에는 무작위적인 요소가 강

우주에서 물을 만드는 장면이 나오는 영화 〈마션〉 © 이십세기 폭스코리아

하게 나타나고 있다. 더욱이 그런 무작위적 실험이 효율적으로 빠른 시간 내에 진행되기에는 우주라는 공간이 너무나 거대하다. 수소와 산소가 이미 물 분자를 형성할 가능성을 내포하고 있을지라도 그 가능성이 실현되는 데 그토록 오랜 시간이 필요했던 이유다. 물론 지적인 설계자가 있었다면 상황이 달라질 수 있었을 것이다. 우주가 10억 년에 걸쳐서 성취한 일을, 인위적으로 특정 목적을 위해 고안된 실험실에서 순식간에 이루어낼 수 있다.

생명의 기원, 물의 독특한 성질

물은 생명의 기원, 진화, 번성의 조건을 제공한다. 다시 말해 물은 생명에 필수적이며, 따라서 생명의 배지라고 할 수 있다. 생명의 배지로서의 역할에 물이 적합한 것은 물의 고유한 특성 때문이다. 그 열쇠는 물의 분자 구조에 있다.

물은 그 복잡한 행동과 독특한 성질에 비해, 하나의 산소 원자에 수소 원자 하나씩 붙어 있는 아주 간단한 분자다. 즉 수소 원자와 산소 원자의 결합은 한 쌍의 전자를 공유함으로써 이루어지므로, 3개의 원자가 공유결합으로 하나의 분자를 이루고 있다. 그런데 물 분자를 이루는 세 원자는 104.5°의 각도로 벌어져 있으며, 전자들이 양쪽 원자에 똑같이 나누어지지 않는다는 사실이 중요하다. 산소 원자가 수소 원자보다 전자를 더 간절히 원하므로, 즉 산소의 전기 음성도가 수소의 그것보다 크다는 성질 때문에, 수소 원자 하나가 산소 원자 하나와 결합할 때, 이 과정에서 공유되는 전자들은 전기 음성도가 더 큰 산소 원자 주위에서 더 많은 시간을 보낸다. 그 결과, 물 분자 내의 공유결합에서 산소 쪽은 음전하를 띠고, 수소 쪽은 양전하를 띤다.

만약 물 분자 구조가 직선형이라면 이러한 전하의 분포는 큰 의미가 없다. 그러한 분자는 대칭적이어서, 양전하들은 음전하 주위에 균등하게 분포하여 서로 상쇄되기 때문이다. 이 경우에는 오직 하나의 전하 중심만이 존재하고, 양과 음의 전하 중심(극)을 갖지 않으므로 무극성 분자가 된다.

그러나 앞에서 말한 것처럼, 물 분자의 구조는 직선형이 아니고 각도를 이루고 있다. 여기에서 많은 차이가 비롯된다. 분자 구조는 각도를 이루고 있으므로 대칭적이지 않으며, 양전하들은 음전하 주위에 균등하게 분포하고 있지 않다. 따라서 양전하들은 서로 상쇄되지 않고 그들 나름의 전하 중심이 존재하므로, 물 분자는 양의 극과 음의 극을 가지는 이중 극자(dipole) 분자(즉 극성 분자)인 것이다. 사실 물 분자는 극성이 매우 큰 분자이며, 물 분자보다 더 큰 극성을 가진 분자는 거의 없다. 만약 물 분자가 이렇게 약간 굽어 있지 않았다면, 생명체는 존재할 수 없었을 것이다.

극성 분자들은 분자 내에 각각 음극과 양극을 가지고 있어서, 작은 자석처럼 행동한다. 한 분자의 양극은 이웃 분자의 음극 부분을 끌어당기므로 분자들은 서로 잘 들러붙는데, 꿀이 끈적끈적한 것도 이 때문이다. 즉 물 분자들 사이에는 인력이 작용한다. 이와 같은 물 분자들끼리의 인력에는 수소 원자가 중요한 역할을 하므로 수소결합이라 부른다. 물 분자들은 극성이 매우 강하고 특히 강한 수소결합에 의해 분자들끼리 서로 들러붙을 수 있다. 따라서 물 분자들은 서로 붙어 있으려는 경향이 아주 강하다. 표면 장력이라는 현상도 물의 이러한 성질로 인해 생긴다. 서로 들러붙어 있는 액체 상태의 물 분자들을 서로 떨어지게 하여 기체로 만들려면 상당히 많은 에너지를 물에 가해 주어야 한다. 바꿔 말하면, 물은 수소결합으로 인해서 끓는점이 다른 물질과 비교했을 때 상당히 높다. 물 분자들이 서로 간의 수소결합을 끊고 자유로워지려면 물의 온도를 100℃까지 올려야 한다.

물이 생명의 원천이 된 것은, 바로 물이 현재 지구라는 환경 조건에서 액체 상태로 존재하기 때문이라고 할 수 있다.

지구상의 생명은 '화학적 진화(chemical evolution)'라는 복잡한 분자 합성 과정을 거쳐 출현했을 것이다. 이 과정은 많은 화합물의 혼합과 반응을 포함하고 있고, 이러한 목적을 위해서는 액체 상태의 물만 한 물질이 없다. 또한 많은 다른 물질들을 잘 녹이고, 물질들이 서로 충돌하여 반응할 수 있게 하는 매개 물질로서 물보다 더 우수한 것도 없다. 액체 상태의 물이 없었더라면, 생명은 탄생하지도 진화하지도 못했을 것이다. 생명이 바다에서 최초로 출현했고, 육지로 상륙하기 전에 물속에서 수억 년 동안이나 생명의 번성이 계속된 것은 그 증거라고 볼 수 있다.

이러한 맥락에서 볼 때, 생물이 번성하고 있는 지구를 '물의 행성'이라고 부르는 것은 적절한 표현이다. 액체 상태의 물은 지구 표면의 약 4분의 3을 뒤덮고 있지만, 다른 행성들은 그런 행운을 얻지 못했다. 화성은 건조한 행성이긴 하지만, 표면에 남아 있는 침식의 흔적이 과거에 물이 흘렀다는 것을 암시해, 화성에도 생명이 존재했거나 존재하고 있을 가능성은 있다. 그렇지만 달은 바싹 말라 있는 상태이므로 생명이 존재할 수 없다. 금성에도 존재하지 않는 것으로 보인다. 금성의 표면에서는 납도 녹아버리기 때문이다. 기체 행성들도 마찬가지로 생명이 존재하지 않는다.

물은 생명이 탄생하거나 생명을 유지해 나가는 데 필수적인 요소다. 살아 있는 유기체를 '효소 주머니'라 부르기도 하는데, 이는 살아 있는 생물이 효소에 의해 매개되는 수천 가지의 화학반응을 동시에 수행하는 매우 복잡한 고도의 구조를 가진 기계와 같음을 의미한다. 효소들은 이들 화학반응을 조절하거나 촉진하는 역할을 한다. 효소가 없다면 많은 반응이 너무 느리게 진행될 것이다. 바로 이 효소들이 그 기능을 발휘하는 데 물이 용매로서 중요한 역할을 한다.

앞에서도 이야기했지만, 물만큼 그렇게 많은 물질을 녹이고, 또 서로 반응을 일으키게 하는 액체 물질은 없다. 생물의 몸을 이루는 화합물 중 가장 풍부한 것이 물인 것도 이 때문일 것이다. 세포를 이루는 성분 중에서 70~85%를 물이 차지하는데, 무게로 따질 때 우리 몸 속에서 물은 60%를 차지하고, 뇌는 물이 70%나 차지한다. 우리 뼈에도 무게로 따지면 약 20%의 물이 함유되어 있다. 체중이 68킬로그램인 사람은 약 38리터의 물을 담고 걸어 다니는 셈이다.

또한 물은 기름이나 당밀과 같은 점성이 큰 액체와는 달리, 잘 흘러가는 성질이 있다. 뛰어난 용해성과 함께 잘 흘러가는 성질 덕분에, 물은 탁월한 운송 물질 또는 순환 물질 역할도 한다. 구성 성분의 93%가 물인 혈액은 영양 물질과 '호르몬'[6]뿐만 아니라 신진대사 노폐물도 녹여서, 세포들로 보내고 또 실어온다.

또한 물은 증발할 때, 상당량의 열을 함께 가지고 날아간다. 더워서 땀을 흘릴 때, 땀 속의 물은 피부에서 증발하면서 열을 가지고 날아가 몸을 냉각시킬 수 있다. 물이 몸의 냉각제 역할을 함으로써 우리의 체온을 조절해주는 뛰어난 조절자 역할을 하는 것이다. 이것은 물이 비교적 큰 '비열'[7]을 가지고 있기 때문인데, 큰 비열로 인해 물은 온도가 쉽게 올라가거나 내려가지 않는다. 그래서 물은 우리의 체

6 hormone: 호르몬은 신체의 내분비기관에서 생성되는 화학물질을 통틀어 일컫는 용어다. 혈액 속으로 분비되어 특정한 표적 기관의 수용체에 결합하여 반응하는 물질이며, 정상적인 대사과정의 속도를 증가시키거나 감소시키는 데 작용해 신체의 항상성을 유지시키는 물질이다.

7 specific heat: 비열은 단위질량(예를 들면 1그램)의 물체 온도를 단위온도(예를 들면 1℃)만큼 상승시키는 데 필요한 에너지의 양을 뜻한다.

온을 일정하게 유지하는 데 커다란 도움을 주고 있다. 물의 이와 같은 성질은 생물의 몸 밖에서도 매우 중요한 역할을 담당한다. 땅은 물보다 훨씬 더 빨리 가열되고 더 빨리 식는데, 이는 땅의 비열이 물보다 작기 때문이다. 그래서 밤에는 비열이 작은 육지가 빨리 식으면서 상대적으로 따뜻한 바다의 공기가 상승하고, 그 빈자리로 육지에서 바람이 불게 된다. 또한 내륙 지방이 해안 지방보다 계절에 따른 온도차가 더 크다.

대부분 물질은 온도가 올라갈수록 밀도가 작아진다. 즉 기체일 때가 액체일 때보다, 그리고 액체일 때가 고체일 때보다 밀도가 더 작다. 이러한 현상은 거의 모든 순수한 물질에서 볼 수 있다. 그렇지만 물만은 다르다. 물은 4℃일 때 액체 상태의 다른 어떠한 온도의 물보다 밀도가 크고, 일반적인 얼음(고체 상태)보다 밀도가 더 크다. 이러한 현상은 얼음이 될 때 물 분자들이 속이 빈 결정 구조를 이루기 때문에 일어난다. 최근 연구에 따르면 낮은 온도의 액체 상태에서는 물 분자 6개로 이루어진 육각수 구조 사이 공간에 또 하나의 물 분자가 채워질 수 있다. 그러나 고체 상태인 얼음이 되면 이 구조가 깨어져 6개의 물 분자 내부 공간에 물이 존재하기 어려워져 빠져나오므로, 물은 고체 상태로 바뀌면서 그 밀도가 낮아진다.

물의 이러한 독특한 성질로 인해서 우리 주변의 세계에는 특기할 만한 일들이 일어난다. 얼음 덩어리가 유리컵 위에 떠다니거나 빙산이 바다 위를 떠다니는 것 등이 그 예다. 또 다른 중요한 예로 계절이 바뀔 때 호수나 연못에 일어나는 변화가 있다. 겨울이 다가오면 기온은 내려가는데, 호수 표면의 물도 온도가 내려가 밀도가 높아지므로 호수 아래로 가라앉고, 그 대신 아래쪽에 있던 물들이 호수 표면으로 올라온다. 그런데 4℃ 이하로 온도가 더 내려가면, 냉각된 물은 아래로 내려가지 않고 호수 표면에 머물게 된다. 그리하여 호수의 물은 위에서부터 얼기 시작한다. 다른 액체 물질들이 거의 아래쪽에서부터 얼기 시작하여 위로 올라가는 것과 비교된다. 이렇게 호수나 연못의 물은 위에서부터 얼기 때문에, 그 아래에 있는 물은 기온이 0℃ 아래로 내려가더라도 계속 액체 상태로 남아 있을 수 있다. 표면의 얼음층이 차가운 기온을 차단하는 벽의 역할을 해주기 때문이다. 아주 얕은 연못을 제외하고 호수나 강에 있는 물 대부분은 얼음층 아래에서 액체 상태로 남아 있다. 덕분에 물속에 사는 생물들은 추운 겨울에도 살아남을 수 있다.

고체 상태의 물은 아주 매력적이고 아름다운 형태를 취하기도 하는데, 그것이 바로 눈이다. 눈송이는 자연이 만들어낸 가장 섬세한 디자인 중 하나라고 하는 사람들도 있다. 이는 물 분자들이 독특하게 서로 연결되는 방식 때문이다. 이 놀라운 눈송이 결정들은 모양이 아주 다양하다. 육각형 평면 모양, 육각기둥 모양, 6개의 팔을 가진 별 모양 등 갖가지 아름다운 모양을 하고 있다. 눈송이 결정의 모양은 주로 온도에 의해 결정되는데, 지상으로 떨어지는 속도와 같은 그 밖의 다른 요인도 모양에 영향을 준다. 한편, 눈송이의 구조는 속이 많이 비어 있으므로, 눈의 밀도는 매우 작다. 얼음보다도 밀도가 훨씬 작아, 5센티미터 높이의 가루눈을 녹이면 1센티미터 높이의 물로 변한다. 눈은 대기권 상층에서, 수증기가 핵 역할을 하는 먼지 주위에 얼어붙으면서 만들어진다.

또 다른 예를 들어보자. 전자레인지 속에서 음식물이 조리되는 것은 그 음식물에 물이 포함되어 있기 때문이다. 앞에서 말한 것처럼 물은 극성이 강한 분자인데, 물 분자는 전기적으로 양 끝에 강한 '+'극과 '-' 극을 가지고 있는 셈이다. 전자레인지에서 나오는 초단파는 전파나 빛, X-선과 같은 일종의 전자기파다. 이와 같은 전자기파는 전기의 성질과 자기의 성질을 모두 가지고 있다. 특히 전자레인지에서 나오는 초단파는 음식물을 지나갈 때 물과 같은 극성 분자들을 빠르게 진동시킨다. 이 진동(즉 물 분자들의 운동) 때문에 열이 발생하며, 전자레인지 속에서 음식물이 조리되는 것도 바로 이 열 때문이다. 전자레인지를 이용할 때 반드시 음식물의 안쪽에서부터 조리가 진행되는 것은 아니지만, 열의 근원이 음식물 바깥에 있는 것이 아니라 음식물 내부에 있다는 의미다. 그래서 전자레인지로 조리한 음식물은 겉이 바싹바싹 구워지지 않는다.

요약하자면, 물에 관한 이야기는 바로 기적의 분자에 관한 이야기라고 할 수 있다.

PART

4

인간과 지구, 우주를 이루는 분자의 세계:

분자와 화학결합

PART 4

앞에서 물 '분자'에 관해서 이야기했는데, 그러면 분자란 무엇일까? 분자는 원자와 어떻게 다를까? 화학에서 다루는 시스템 대부분은 분자를 기본 단위로 하고 있어서 분자를 빼놓고 화학을 말하기란 상당히 어렵다. 우리가 사용하는 이 분자라는 용어는 어떤 과학적 발전을 통해서 정의된 것일까? 오늘날 분자는 어떻게 정의되고 있는가? 그리고 분자들의 조합과 배열 상태, 그 분자의 성질은 서로 어떤 관계에 있는 것일까?

보통 화학책에서는 2개 이상의 비금속 원자가 화학결합을 통해 전기적으로 전하를 띠거나 중성을 띠는 원자 그룹을, 즉 물질의 고유한 성질을 가지는 가장 작은 단위 입자를 분자로 정의한다. 비활성 기체처럼 원자 하나로 이루어진 원자 그룹 역시 '단원자 분자(monatomic molecule)'로 분자에 포함된다. 분자라는 개념을 처음 제안한 과학자는 아보가드로인데, 그의 분자설은 '아보가드로의 법칙'[1]으로 잘 알려져 있다.

그런데 최근 학술지 〈네이처 케미스트리(Nature Chemistry)〉의 에디터가 그의 트위터에서 '로택세인[2]과 카테네인[3]은 초분자(supramolecule)가

1 아보가드로가 1812년에 제안한 가설로, 같은 온도와 압력하에서 모든 기체는 같은 부피 속에 같은 개수의 입자(즉 분자)가 있다는 내용이다.

2 rotaxane: 로택세인은 아령 모양의 분자와 거대고리(macrocycle) 분자가 기계적으로 맞물린 분자 구조를 말한다.

아니라 분자로 고려되어야 한다'라는 주장을 해서 초분자와 분자의 정의에 관한 논란에 다시 불을 지폈다. 그렇다면 초분자는 정확히 무엇을 말하고, 초분자와 구별되는 분자는 정확히 무엇을 말하는 걸까? 그 둘의 경계는 무엇일까?

초분자화학의 선구자인 렌(Lehn, 1939~, 1987년 노벨 화학상 수상)은 초분자를 단순히 비(非)공유적(non-covalent) 상호작용으로 묶여 있는 집합이라고 정의했다. 그렇다면 분자는 초분자와 어떤 차이점이 있는 걸까? 또한 이들은 단순한 응축상(condensed phase)과 어떤 차이가 있는 걸까?

물리학과 비교했을 때 화학, 생물학, 나아가 의학에서는 정의가 모호한 수많은 개념을 상당히 유용하게 다루는 경우가 많다. 그렇다면 현재 '분자'라는 화학 용어를 정의할 때 어떤 문제가 있을 수 있는지, 과학에서 용어와 현상은 어떤 관계가 있으며 정확한 용어를 사용하는 것이 얼마나 중요한 의미가 있는지 이해하기 위해 분자에 대해 좀 더 자세히 살펴보도록 하자.

1. 분자 성질과 관련된 동족성의 문제

분자의 개념과 성질을 살펴보기 전에, 원소 주기율이나 (분자) 작용기 등과 관련된 동족성의 문제에 대해서 짧게 언급하고자 한다.

3 catenane: 카테네인은 2개 이상의 거대고리 분자가 서로 맞물린 형태로 구성되어 기계적으로 연동된 분자 구조를 뜻한다.

비슷한 것들끼리 묶어서 분류해 집합적으로 고려하는, 즉 동족성과 관련된 접근은 어느 분야에나 존재하는 현상으로 이를 가장 쉽게 찾아볼 수 있는 대표적인 분야가 생물학이다. 그러면 화학의 경우에는 어떠할까? 화학의 발전에 중요한 역할을 하는, 동족성의 대표적인 예로 들 수 있는 것이 바로 원소 주기율이라는 주기율표의 원리다. 과학사 관련 저서들을 살펴보면, 되베라이너, 마이어, 뉴랜즈, 멘델레예프 등이 각각 제안한 원소 주기율 등과 관련된 내용이 꽤 많이 등장한다. 이들은 당시에 이미 알려진 특정 원소들이 다른 원소들과 여러 가지 측면에서 화학적인 공통점을 갖는다는 사실을 발견했다. 멘델레예프는 1869년에 발표한 논문에서 이 원소들을 족으로 간주하면서, 그의 주기율표에 빈자리를 만들어놓고 그 자리는 아직 발견되지 않은 원소로 채워질 것이라고 예언했다. 그의 예측은 이후 매우 탁월했음이 입증되었다. 참고로, 자연계에 존재하는 98개의 원소가 주기율표에 모두 갖추어지기까지는 그로부터 약 60년이 더 걸렸다.

주기율표에서 '족'은 주기율표의 세로 줄에 있는 원소들의 집합을 뜻하는데, 플루오린, 염소, 브로민(Br), 아이오딘을 포함하는 할로겐(halogen)족이 대표적인 예다. 할로겐족 원소들은 원래 가지고 있는 전자들 외에 다른 원소들로부터 전자 한 개를 강하게 끌어오는 공통적인 속성이 있다. 할로겐족 원소 중 화학공업에 매우 중요한 의미를 지니는 원소는 염소로, 플라스틱이나 염료, 살충제, 소독제, 표백제 등 여러 상이한 제품들의 생산 공정에 사용된다. 반면 비활성 기체들은 그 희소성으로 인해 사람들의 주목을 끈다. 이 기체들은 화학적으로 그 반응성이 활발하지 못해서 비활성 기체라는 명칭이 붙었으며,

그래서 상대적으로 늦게 발견되었다. 비활성 기체에 속하는 원소들은 특히 광기술 공학에서 형광등이나 전구 충전제로 쓰이고 자석 냉각제로도 이용된다. 이처럼 모든 족은 각각 주목할 만한 공통점이 있다.

그러면 탄소를 포함하는 작은 분자를 분석하고 합성하는 유기화학의 경우에는 어떤 동족성이 두드러질까? 유기화학에도 동족성의 개념이 채택되었다. 예를 들어 모든 알코올은 화학반응에 필요한 'OH기(하이드록시기)'라는 작용기를 포함하고 있다. 하지만 알코올은 그 탄소 골격에 따라 조금씩 독특한 속성을 지닌다. 에탄올과 메탄올(메틸알코올, CH_3OH)의 관계를 예로 들어보자. 2개의 탄소 원자를 가지고 있는 에탄올은 좋아하는 사람이 많지만, 하나의 탄소 원자를 가지고 있는 메탄올은 잘 알려진 것처럼 많이 마시면 실명을 초래할 수 있는 위험한 물질이다. 에탄올의 두 번째 탄소 원자에 또 다른 OH기가 붙으면 글리콜(glycol)이 된다. 자동차 등의 부동액으로 사용되는 글리콜은 에탄올을 약간 변화시켜 만든 화합물이다. 글리콜은 한 분자 내에 OH기가 2개 있으므로 에탄올과는 다른 물질이다. 이외에도 수많은 동족성의 사례가 알려져 있다. 에탄올과 글리콜의 관계에서 알 수 있듯이, 같은 탄소 골격을 가졌다 하더라도 작용기들의 종류나 수, 그리고 어떤 조합이냐에 따라 물질의 성질이 크게 바뀐다. 분자에서 일어나는 작은 변화가 물질의 물리적·화학적 속성을 극적으로 변화시키는 이와 같은 현상은 의약품 개발과 함께 새로운 성질의 물질을 찾는 즐거움을 주면서 한편으로는 괴로움을 안겨주기도 한다.

2. 분자는 어떤 성질을 지니고 있을까?

– 분자의 개념과 성질

원자와는 다른 분자의 특성

19세기 초에 영국의 돌턴이 원자설을 주장하긴 했지만, 19세기 상반기에 이르기까지 오늘날의 분자라는 개념이 아예 없었기에 분자와 원자를 정확하게 구별하지 못했던 과학자들은 두 단어를 동의어로 취급하는 경우가 많았다. 원자설의 주창자인 돌턴 역시 화합물들을 복잡한 원자로 간주하기도 했다. 원자설이 제기된 다음 해에 프랑스의 게이-뤼삭(Gay-Lussac, 1778~1850)은 '기체 반응의 법칙'[4]을 발표하면서, '같은 온도와 압력에서 같은 부피를 가진 서로 다른 기체는 같은 수의 원자를 포함한다'라는 가설을 내놓았다. 그는 자신의 가설이 돌턴의 원자설을 뒷받침해 이를 더욱 발전시켜 결국 돌턴의 인정을 받을 것이라고 자신했는데, 그의 예상은 보기 좋게 빗나가고 말았다. 그의 예상과는 달리, 돌턴은 이 가설에 대해 반

기체의 온도와 부피의 관계에 대한 연구 결과를 발표하면서 미발표된 샤를(Charles, 1746~1823)의 논문을 인용하고 그것을 '샤를의 법칙'이라고 부른 게이-뤼삭

4 게이-뤼삭의 법칙으로도 알려져 있다. 기체 사이의 화학반응에서, 같은 온도와 같은 압력에서 그 부피를 측정했을 때 반응하는 기체와 생성되는 기체 사이에는 간단한 정수비가 성립한다는 법칙이다.

기를 들었다. 돌턴의 원자설에 따르면 서로 다른 원소의 원자 크기는 같을 수 없으며, 그 무게도 서로 달라야 하므로, 같은 부피를 가진 서로 다른 원소 기체의 원자 개수가 같을 수 없었다. 이에 당시 과학계는 게이-뤼삭이 제안한 가설을 두고 논쟁을 벌였지만 만족할 만한 결론을 얻지 못했다.

부연하자면, 게이-뤼삭은 기구로 상공까지 올라가 공기의 성분 연구를 하던 중 기체의 성분비(부피비)를 측정할 수 있는 실험 기술을 터득했다. 또한 그는 기체의 온도와 부피의 관계를 나타내는 제1법칙('샤를의 법칙')과 제2법칙('기체 반응의 법칙')을 1801년에 발표했다. 게이-뤼삭이 발표한 '샤를의 법칙'과 '기체 반응의 법칙'은 근대 화학사에서 빼놓을 수 없는 중요한 업적이다. 하지만 정작 당대에는 원자설로 기체 반응의 법칙을 설명할 수 없었기에 돌턴을 비롯한 과학자들의 인정을 받지 못했다. 그의 기체 반응의 법칙은 아보가드로의 분자설이 화학계에 받아들여진 후에야 인정받게 된다.

아보가드로는 게이-뤼삭과 돌턴 사이의 논쟁에 대해 지대한 관심을 보였다. 그는 게이-뤼삭이 제시한 원자라는 것이 돌턴이 말하는 원자가 아닐 수도 있다는 결론을 내렸다. 아보가드로는 게이-뤼삭의 가설을 토대로 1811년 프랑스 〈물리학 잡지〉에 논문 "원소 입자의 상대적 질량과 화합비의 결정 방법에 관한 시론"을 발표했는데, 이 논문에서 원자량 측정과 화학식의 확립 등에 대해 논술했다. 여기서 중요한 점은 그가 게이-뤼삭의 기체 반응 실험을 기반으로 하여 당시에는 새로운 분자라는 개념을 도입했다는 사실이다. 그는 이 논문에서 원자는 화학반응에 참여하는 가장 작은 입자지만, 분자는 유리된 상태의 단체 또는 화합물에서 독립적으로 존재할 수 있는 가장 작은 물질이라고 지적했다. 즉 분자는 원자로, 단체 분자는 같은 원소의 원자로 구성되어 있다는 것이다. 예를 들어 소금(염화나트륨)은 나트륨과 염소로 구성되어 있고, 염소(Cl_2)가 독성을 가졌기에, 소금의 성질과 염소의 성질이 전혀 다르다는 것을 고려했다.

증명된 적이 없는 돌턴의 원자설을 기반으로 게이-뤼삭의 '기체 반응의 법칙' 등을 설명하기 위해 최초로 분자설을 제안한 아보가드로

아보가드로는 법률가이자 의회 의원이었던 아버지의 영향으로 법학 박사학위를 취득하여 법률가가 되었으나 수학과 물리학 등을 독학으로 공부하여 토리노대학교의 수리물리학 교수가 되었다. 그는 자신의 분자설에 기반하여 모든 기체 분자는 같은 부피에 같은 수만큼 들어있다는 '아보가드로의 법칙'을 제안했으며, 분자의 개수에 대응하는 개념인 몰이라는 용어를 제안했다. 톰슨의 전자 발견에 관한 연구 이후에야 원자의 존재를 인정한 물리학계와는 너무나 대조적이다. 칸니차로(Cannizzaro, 1826~1910) 이후의 화학계는 새로운 지식이 기존의 지식 체계에 모순되지 않고 들어맞는지 아닌지로 새로운 지식의 옳고 그름을 가리는 '정합(모순 없이 들어맞음)설'에 따라서 아보가드로의 분자설을 받아들였다. 과학적 이론을 전개해가는 과정에서 정합설이 적용된 예로 '빛의 속도는 일정하다'는 것을 전제로 상대성이론을 발전시킨 아인슈타인을 예로 들 수 있다.

아보가드로의 분자설은 돌턴의 원자설을 뒷받침해주는 학설이라고 할 수 있다. 분자설을 통해 게이-뤼삭의 '기체 반응의 법칙'을 살펴봤을 때, 게이-뤼삭이 했던 제안에서 '원자'를 '분자'로 바꾸기만 하면 돌턴의 원자설과의 모순이 사라지기 때문이다. 아보가드로 분자설의 핵심은 모든 물질에 독립적으로 존재하는 최소 미립자가 원자가 아닌 분자이며, 분자는 원자로 구성되어 있다는 사실을 인정했다는 데 있다.

그렇지만 대부분의 새로운 이론들이 그렇듯이, 아보가드로의 분자설은 나름 타당한 근거가 있고 이치에도 맞는 주장이었지만 직접적인 증거가 없었으므로 당시의 화학계에서는 즉각적인 인정을 받지 못했다. 이에 분자설이 화학 발전에 중요한 의미가 있다고 굳게 믿은 아보가드로는 1814년과 1821년에 새로운 논문을 발표해서 그의 분자설을 자세하게 소개했다. 그러나 여전히 사람들의 인정을 받는 데는 실패했다. 참고로, 이 시기 프랑스의 암페어(Ampere, 1775~1836) 역시 아보가드로의 분자설과 유사한 학설을 제시했지만, 아보가드로와 마찬가지로 화학계를 포함한 과학계의 주목은 받지 못했다.

그런데 분자의 존재를 인정하지 않으면 정확하게 화합물의 원자 구성을 측정할 수 없고, 따라서 원자량을 정확하게 측정하는 것이 불가능하다. 그래서 분자라는 개념이 인정받지 못했던 당시에, 일부 화학자들은 원자량이 측정 가능한 것인가에 대해 회의적이었고, 나아가 원자설의 정확성에 대해서도 의심을 품기 시작했다. 원자량 측정 데이터의 혼란은 유기화학 분야에서 특히 두드러지게 나타났다. 예를 들어 초산(또는 아세트산)은 서로 다른 19개의 화학식으로 표현할 수 있었고, 심지어 '당량'[5]은 원자량에 해당하는 수치나 중첩된 원자량(즉 분자량)에 해당하는 수치로 표현되는 등 매우 혼란스러웠다. 당시의 화학자들은 이와 같은 상황이 지속되는 것을 용납할 수 없었다. 그리하여 1860년 국제화학회의에서 원자량 문제에 대해 격렬한 논쟁을 벌이게 되었다. 그 가운데 이탈리아의 칸니차로가 50년 전 아보가드로가 제시한 분자설만이 원자량과 화학식의 문제를 해결할 수 있다고 지적했다. 그는 당량과 원자량의 차이점을 분명히 지적하면서, 원자는 불변의 원자량을 가지고 있지만 서로 다른 당량을 가질 수도 있다고 말했다. 아보가드로가 자신의 분자설을 제안한 때로부터 50년이라는 긴 여정이 지난 후에야 화학자들은 분자설을 인정한 것이다. 아보가드로는 4년 전인 1856년에 이미 세상을 떠나 자신의 학설이 승리하는 모습을 지켜볼 수 없었다.

'원자-분자론'의 기반을 다진 분자설은 물질세계를 인식하는 과정에서 거둬들인 또 하나의 중대한 성과였다. 아보가드로는 "물리학자와 화학자들이 원자설과 분자설을 심층적으로 연구하고 나면, 이 이론들은 화학이라는 과학을 발전시키는 원천이 되고 화학은 과학을 전반적으로 아우르는 기반이 될 것이다"라고 말했다. 그의 예언대로 미립자의 조합 방식을 밝힌 그의 분자설은 화학반응의 본질을 연구하고 나아가 물질의 미시적 구조를 탐구하는 길을 열었다.

5 equivalent: 당량은 화학반응에서 반응에 참여하는 물질들의 양적 관계를 근거로 각 원소 또는 화합물마다 할당된 일정량을 말하는데, 화학당량이라고도 한다.

분자 개념에 기반한 분자 구조식과 화학결합

과학을 탐구하는 과정에서 때로는 왕성한 호기심뿐만 아니라 풍부한 상상력이 필요할 때가 있다. 고리 형태인 벤젠(benzene, C_6H_6) 구조가 발견됐을 때가 그러한 예라고 할 수 있다.

벤젠은 탄화수소(hydrocarbon)의 일종인데, 그중에서도 가장 간단한 구조를 가진 방향족(aromatic) 탄화수소다. 벤젠은 현재 석유화학공업의 기본 원료로 사용되기에, 벤젠의 생산량과 생산기술 수준은 한 나라의 석유화학공업 발전 수준을 가늠하는 지표이기도 하다.

벤젠은 1825년 영국의 패러데이가 처음으로 발견했다고 알려져 있다. 패러데이는 벤젠을 발견하고 이를 '중질 탄화수소'라 불렀으며, 벤젠의 물리적 성질과 화학적 성분 구성을 측정해 벤젠 분자의 탄소와 수소의 비율을 밝혀냈다. 패러데이가 발견한 '중질 탄화수소'를 벤젠이라고 이름 지은 사람은 독일의 미처리히(Mitscherlich, 1794~1863)였다.

그 후 유기화학 분야에서 분자와 '원자가'[6]라는 개념이 확립되었다. 이에 따라 프랑스의 제라드(Gerhardt, 1816~1856)를 비롯한 몇몇 화학자들은 다시 벤젠 분자의 상대 질량이 78이며, 분자식은 C_6H_6임을 밝혔다. 그런데 당시의 화학자들은 다른 탄화수소와 비교했을 때 벤젠 분자에 탄소의 상대적 함량이 이처럼 높다는 사실에 놀라지 않을 수 없었다. 그러면서 한편으로 화학자들은 '벤젠의 구조식은 어떻게 될

6 valence: 한 원자가 다른 원자와 결합하는 능력을 나타내는 수로, 원자량을 당량으로 나눈 값과 같다. 기준으로는 수소를 취하며 수소 원자를 1가로 한다.

증명되지 않은 돌턴의 원자설과 아보가드로의 분자설에 근거하여 유기화학 분야의 이론적 발전을 이끌었으며, 벤젠의 구조를 풀어낸 케쿨레

까?'라는 의문을 가지게 되었다. 벤젠은 '불포화 화합물'[7]이지만 다른 불포화 화합물이 가지는 전형적인 성질을 가지고 있지 않다. '첨가 반응'[8]이 쉽게 일어나는 일반 불포화 화합물과는 달리, 벤젠은 아주 안정적이기 때문이다. 이런 이유로, 당시 화학자들은 벤젠의 구조식을 이해하는 데 몰두하기 시작했다. 하지만 오랜 시간이 지나도록 모두가 인정하는 구조식은 나오지 않았다. 그러던 중 벤젠의 구조식을 밝혀낸 사람이 독일의 케쿨레(Kekulé, 1829~1896)였다.

케쿨레는, 최초의 발견인지 여부는 조금 의심스럽긴 하지만, 탄소 원자의 연쇄설[9]을 주장한 과학자였다. 그는 여러 실험결과를 분석하여 벤젠은 안정적인 핵을 하나 가지고 있으며, 6개의 탄소 원자가 견고하게 결합해 배열에 빈틈이 없다는 생각을 하게 되었다. 그리하여 케쿨레는 탄소 원자 6개의 핵을 집중적으로 연구했다. 벤젠은 첨가

7 unsaturated compound: 유기화합물 중에서 탄소 골격에 다중결합을 함유하는 화합물을 말한다. 이에 비해 탄소 골격에 다중결합을 함유하지 않는 화합물을 포화 화합물(saturated compound)이라고 한다.

8 addition reaction: 이중결합이나 삼중결합, 즉 다중결합을 갖는 탄화수소 분자가 비교적 결합력이 약한 결합이 끊어지면서 원자나 원자단이 첨가되는 반응을 의미한다.

9 탄소의 원자가가 4인 점을 이용하여 유기화합물을 탄소 원자들 간의 사슬 결합 구조로, 즉 탄소 원자 사이를 '−C−C−'와 같은 사슬 구조로 설명한 이론이다.

반응이 잘 일어나지 않음에도 불구하고, 1859년 어렴풋하게나마 벤젠의 탄소 원자 사이에 중복되는 결합이 있음을 알게 되었다. 그리고 1865년에 드디어 닫힌 고리 형식(즉 육각형 구조)이 바로 벤젠의 분자 구조를 밝히는 열쇠임을 깨닫고 벤젠의 고리 구조식을 제시했다. 케쿨레가 제안한 벤젠 구조는 다른 물질들과의 반응성을 포함하는 벤젠의 독특한 성질 때문에 당시의 화학계에서 성공적으로 받아들여졌다.

벤젠의 고리 구조식 발견에 얽힌 케쿨레의 재미있는 비하인드 스토리가 있다. 어느 날 케쿨레는 꿈을 꾸었는데, 그 꿈에서 탄소 원자로 만들어진 긴 사슬이 마치 뱀처럼 똬리를 틀더니 갑자기 제 꼬리를 물고는 빠른 속도로 회전하는 것이었다. 그 순간 그는 무엇인가에 감전이라도 된 듯이 잠에서 깨어났고, 하룻밤을 꼬박 새워 그 꿈을 정리·퇴고하여 벤젠의 고리 구조식을 발견했다.

벤젠 구조식의 확립은 근대 유기화학 분야의 분자 구조식 이론의 발전을 이끌며 유기화학 분야에 크게 공헌했다. 벤젠의 고리 구조는 벤젠의 구조식이 제시된 후 여러 해 동안의 노력을 거쳐 벤젠 유도체의 '이성질체'[10] 현상에 대한 연구 등을 통해 케쿨레의 해석이 옳았다는 사실이 증명되었다. 또한 X-선이나 AFM(Atomic Force Microscope) 등을 이용한 방향족 화합물에 관한 구조 연구 역시 탄소 원자 6개로 구성된 평면 육각형 고리 구조가 확실히 존재함을 입증했다.

그렇다면 케쿨레가 주장했다는, 탄소 원자 사이를 '-C-C-'와 같은 사슬 구조로 표현할 수 있다는 것의 의미는 무엇일까? 원자들이

10 isomer: 화학에서 이성질체는 분자식은 같지만 다른 물리적·화학적 성질을 갖는 화합물을 가리킨다.

어떻게 분자를 구성하는 것일까?

지금까지 발견되거나 새롭게 만들어진 원소는 110여 가지에 불과한데, 우리가 알고 있는 화합물은 천만 가지 이상이다. 이처럼 적은 숫자의 원소가 어떻게 천만 가지 이상의 화합물을 형성할 수 있을까? 이 문제는 당시 많은 과학자의 공통된 관심사였다. 화합물은 대부분 상대적으로 안정된 기하학 구조로 되어 있었기에 그러한 화합물을 구성하는 몇 가지 원소가 어떠한 힘에 의해 결합하는지는 당연히 주목받는 문제였다.

아보가드로의 분자설이 화학계에서 인정받은 이후부터 19세기 후반까지는 화학자들이 원자의 내부 구조를 이해하지 못하던 시기였다. 따라서 원자와 원자가 신비한 끈에 의해 연결된 것으로 생각했고, 이 신비한 고리를 화학적인 결합(bond), 즉 화학결합이라고 불렀다. 19세기 후반 원자-분자론이 확립됨에 따라 사람들은 원자들이 어떻게 일정한 비율로 결합하여 전혀 다른 성질을 가진 분자가 되는지 설명하기 위해 화학결합이라는 개념을 도입했고, 결합한 두 원자 사이에 짧은 선을 그어 화학결합을 나타냈다.

20세기 물리학의 발전, 특히 전자, 양성자, 중성자 등의 발견은 화학의 이론적·실험적 발전에 엄청난 힘을 실어주었다. 이로써 화학은 새로운 발전 단계에 접어들었고 화학결합 이론 역시 점차 완벽해졌다. 오늘날 화학결합이란 분자를 구성하는 원자 사이에 존재하는 일종의 끌어당김으로, 원자와 원자를 결합하여 분자를 형성하는 상호작용을 의미한다.

가장 먼저 화학결합에 관한 이론을 제시한 사람은 독일의 코셀

(Kossel, 1888~1956)이었다. 1916년에 코셀은 여러 사실을 종합해서 모든 원소의 원자는 가장 바깥 껍질에 8개의 전자를 가질 때 안정적인 구조로 존재한다는 결론을 도출했다. 즉 양이온과 음이온이 각각 바깥 껍질에 8개의 전자를 가지면 두 이온은 이온 결합을 통해 하나가 된다는 이론을 제시했다. 그의 이론은 여러 이온화합물의 형성을 설명할 수는 있었지만 암모니아, 이산화탄소, 메테인과 같은 비(非)이온화합물의 형성을 설명할 수는 없었다.

1923년에는 미국의 루이스(Lewis, 1875~1946)가 코셀의 이론을 발전시켜 '공유 원자가'[11] 이론을 제시했다. 두 가지 원소의 원자인 경우, 비활성 기체 원자의 전자 구조를 형성하기 위해 서로 한 쌍(예를 들면 염화수소의 공유결합) 또는 여러 쌍(예를 들면 일산화탄소의 공유결합)의 전자를 공유할 수 있다는 내용의 이론이었다. 그는 이렇게 형성된 화학결합을 '공유 원자가 결합'이라고 이름 지었다. 코셀과 루이스의 이론은 일반적으로 '원자가 전자 이론'으로 불린다. 원자가 전자 이론은 분자 형성의 정성적(물질의 성분이나 성질을 밝히는) 묘사는 가능하지만 화학결합이 실제로 어떻게 이루어지는지는 설명할 수 없었다.

루이스에 관해 좀 더 살펴보자. 루이스는 깁스(Gibbs, 1839~1903)의 이론에 기반한 자유에너지의 실험적 측정을 통해 화학반응에서 열역학의 중요성을 강조했다. 루이스는 화학을 공부하는 사람들이 필수적으로 배워야 하는 많은 기본 개념을 정립했다. 그는 원자가 전자 이론에 기반한 '전자쌍(electron pair) 이론'을 확립해 분자 내의 공유결합

11 covalence: 원자 여러 개가 전자를 서로 공유하며 결합하는 원자가 전자의 수, 즉 결합에 쓰인 총 전자의 개수를 말한다.

(covalent bond)을 규명하는 데 지대한 역할을 했다. 전자쌍의 공급과 수용으로 구분되는 루이스 산-염기(Lewis acid-base)를 정리했고 화합물을 시각적으로 쉽게 표현해주는 루이스 구조식을 제안했으며, 원자의 최외각에 8개의 전자가 배치된다는 옥텟 규칙(Octet rule)을 주장했다. 루이스는 UC 버클리의 단과대학 학장으로 재직하며 그곳을 세계 화학 연구의 중심지로 만드는 데 큰 공헌을 한 인물이기도 하다. 또한 그는 1933년에 중수소(deuterium)를 분리하여 그 중수소로 만든 물인 중수를 순수하게 처음으로 얻었으며, 중수소의 특성 연구 등의 업적을 쌓았다.

그런데 루이스의 제자인 유리(Urey, 1893~1981, 1934년 노벨 화학상 수상)가 중수소에 관한 연구 결과를 루이스보다 앞선 1932년에 발표했다는 이유로 1934년에 노벨 화학상을 받게 된다. 야속하게도 제자인 유리에게만 노벨상이 수여된 것이다. 그로부터 얼마 후 유리의 박사과정 지도교수로서 함께 중수소 특성 연구와 분리실험을 했던 루이스가 아무런 설명도 없이 미국 국립과학학술원 회원직을 사임했다. 그가 돌연 국립과학학술원 회원직을 사임한 것은 제자인 유리가 노벨 화학상을 단독으로 수상한 데 대한 상실감 때문이라는 소문이 퍼졌다. 그런 소문이 퍼진 데엔 또 다른 이유가 있었는데, 루이스는 평생을 30여 차례에 걸쳐 노벨 화학상 후보로 지명되었으나 번번이 탈락했기 때문이다. 특히 1932년의 노벨 화학상 탈락은 그에게 매우 큰 상처를 주었다. 당시 그는 라이벌 관계였던 랭뮤어(Langmuir, 1881~1957, 1932년 노벨 화학상 수상)와 함께 화학상 후보로 올랐지만, 결국 랭뮤어가 노벨 화학상을 차지했다.

굵직한 업적들을 남긴 루이스가 이처럼 노벨상과 인연이 멀었던 것은 그의 폐쇄적인 성격 탓이라는 주장도 있다. 연구에 있어서 완벽주의를 추구한 그는 자신의 의견과 조금만 달라도 공격적으로 대했다고 한다. 심지어 루이스는 독일 유학 시절 자신의 연구 지도교수였던 네른스트(Nernst, 1864~1941, 1920년 노벨 화학상 수상)까지 공개적으로 비판해 적대적인 관계가 되었고, 그에 따라 네른스트와 교류하던 다른 저명한 화학자들과도 사이가 좋지 못했다. 노벨상위원회에 큰 영향력을 발휘한 아레니우스(Arrhenius, 1859~1927, 1903년 노벨 화학상 수상)와도 사이가 좋지 않았으며, 업적에 비해 학계에서 그에 대한 평판은 그렇게 좋지는 않았다.

큰 업적을 이루었음에도 끝내 노벨상을 받지 못한 루이스

앞에서 이야기한 것처럼, 루이스의 원자가 전자 이론은 분자의 화학결합과 분자 구조식에 대한 정성적 설명은 가능하지만, 루이스의 원자가 전자 이론으로는 화학결합이 실제로 어떻게 이루어지는지와 같은 화학결합의 본질을 이해하기가 어려웠다. 그래서 과학자들은 당시에 활발하게 연구되던 양자론을 이용해 공유 원자가 결합 문제를 새롭게 접근했다.

최초로 양자론을 이용해 화학결합을 설명한 과학자는 영국의 하이틀러(Heitler, 1904~1981)와 런던(London, 1900~1954)이었다. 1927년에 그들은 양자론을 이용해서 수소 분자의 공유 원자가 결합을 설명하는 데 성공했다.

그리고 1931년에 미국의 폴링은 슬레이터(Slater, 1900~1976)와 함께 원자 오비탈 이론(또는 혼성 오비탈 이론, hybrid orbital theory)을 제시했다. 그들은 이 이론으로 메테인의 사면체 구조를 무리 없이 설명해냈음은 물론 에틸렌(C_2H_4) 분자와 기타 여러 분자의 구조에 대한 해답을 제시했다. 폴링은 그 공로를 인정받아 1954년 노벨 화학상을 받았다.

업적 자체가 가지는 의미뿐만 아니라 학문적·사회적 영향까지 고려해서 노벨 화학상 베스트를 선정한다고 할 때 그중 한 명으로 폴링을 손꼽을 수 있다. 노벨상위원회는 "화학결합의 성질을 연구하고 이를 복잡한 물질의 구조를 설명하는 데 적용한 업적"으로 폴링을 노벨 화학상 수상자로 선정했다고 밝혔다. 폴링은 당시 막 태동하던 양자론의 새로운 개념을 도입함으로써 미궁에 빠져 있던 화학결합의 수수께끼를 풀어낸 해결사였다. 원자들 사이의 화학결합에 대한 이론은 1916년에 루이스가 제시했지만 정성적인 수준이었고, 1927년에 하이틀러와 런던이 루이스의 이론을 보완했으나 근사적인 방법에 불과했다. 이러한 점을 고려할 때, 폴링은 양자론의 개념을 도입해 '원자가 결합'이라는 새로운 화학결합 이론을 완성했다. 폴링은 양자론과 화학을 결합한 양자화학의 선구자로 현대화학의 초석을 닦았다고 평가받는다.

폴링은 일찍부터 단백질 등의 미시적 구조에 큰 관심을 가졌는데, X-선 회절 현상을 이용해 단백질 등의 화학 구조를 광범위하게 연구하며 화학결합에 대한 이론적 접근을 시도했다.

그는 탄소를 포함한 복잡한 유기물질의 구조를 화학결합 사이의 거리와 각도로 설명했으며, 원자 오비탈의 혼성화 또는 혼성 오비탈[12] 이라는 개념을 새롭게 도입했다. 양자론에 따르면 하나의 원자에 있는 전자는 일반적으로 그 원자의 's 혹은 p 오비탈'과 같은 오비탈 모양의 확률로 존재한다. 그런데 원자 간의 결합을 설명할 때 원자에 존재하는 다른 오비탈의 성질을 섞어서 새로운 함수를 정의하면 훨씬 설명이 편리하다는 것이 폴링의 연구 결과 중 하나였다.

예를 들어 탄소 원자는 한 개의 2s 오비탈과 3개의 2p 오비탈을 가지고 있는데 이 4개의 오비탈을 혼성화함으로써 4개의 동일한 오비탈(소위 'sp^3 혼성 오비탈')을 만들 수 있다. 이를 이용하여 메테인과 같은 탄소 화합물에서 탄소가 4개의 결합을 형성하는 것을 설명할 수 있게 되었다. 또한 탄소의 4개 오비탈 중 1개의 2s 오비탈과 2개의 2p 오비탈을 혼성화함으로써 3개의 동일한 오비탈(소위 'sp^2 혼성 오비탈')을 만들 수 있고, 한편으로 2p 오비탈 한 개는 혼성화를 하지 않은 채 남아 있을 수 있다. 이를 통하여 불포화 탄소 화합물인 에틸렌과 같은 화합물의 결합을 설명할 수 있다. 이외에도 탄소는 다른 화합물에서 다른 형태의 혼성화를 한다고 폴링은 설명했다.

폴링의 화학결합에 대한 업적 중 또 다른 하나는 이온 결합과 공유결합 간의 관계를 규명했다는 것이다. 예를 들어 소금의 이온 결합은 이온 분자를 이룰 때 원자 간에 전자의 이동이 이루어지는 결합을 말하고, 수소 분자(H_2)의 공유결합은 결합을 통해 전자의 균일한 분배가

12 화학에서 혼성 오비탈은 분자의 화학결합을 정성적으로 쉽게 설명하기 위해서 2개 이상의 원자 오비탈을 섞어 만든 것으로, 모양이나 방향성이 원래의 오비탈과는 전혀 다른 새로운 오비탈이다. 혼성 오비탈은 분자의 화학 결합을 설명하는 데 아주 유용하다.

이루어지는 결합을 뜻한다. 폴링은 이러한 두 종류의 결합 형태를 각각 결합의 양 끝이라고 보고, 자신이 주장한 전기음성도의 개념을 사용하여 분자 내에서 실제로 이루어지는 대부분의 원자 간 결합의 성격은 이 사이의 어딘가에 존재한다는 것을 확인했다. 결합을 이루는 두 원자의 전기음성도 차이가 결합의 이온성 내지는 공유성, 즉 원자 간의 결합이 이온 결합과 공유결합 중 어느 결합과 더 비슷하게 존재하는지를 결정한다는 것이다.

폴링은 방향족 탄화수소의 구조 역시 새롭게 규명했다. 이전까지 벤젠의 구조를 가장 잘 설명한 것은 독일의 화학자인 케쿨레였다. 케쿨레는 벤젠이 두 가지 구조 사이를 빠르게 왔다 갔다 하면서 구조가 유지되고 있다고 말했다. 이때 첫 번째 구조에서 단일 결합이었던 탄소-탄소 간의 결합은 두 번째 구조에서 이중 결합으로, 그리고 이중 결합이었던 탄소-탄소 간 결합은 두 번째 구조에서 단일 결합으로 존재한다고 설명했다. 반면 폴링은 양자론에 기초하여 새롭게 설명했다. 그는 벤젠의 탄소-탄소 간 결합이 단일 결합이나 이중 결합 둘 중 하나가 아니라, 이중 결합과 단일 결합의 중간쯤 되는 결합을 하고 있다고 주장했다. 즉 벤젠의 구조는 케쿨레가 제시한 두 가지 구조 사이의 중간쯤 되는 구조로서 존재하는 것이지 두 가지 구조가 각각 존재하여 그 두 가지 구조 사이를 왔다 갔다 하는 것이 아니라는 것이다. 후에 이러한 현상을 '공명(resonance)'이라고 부르게 된다. 폴링의 벤젠 구조에 대한 설명은 앞서 그가 제시한 오비탈의 혼성화와 같은 맥락에 있다. 두 가지 설명 모두 여러 개의 전자 구조가 합쳐져서 그러한 구조들의 사이 어딘가에 위치하는 구조를 만들어냈다고 설명할 수 있기 때문이다. 이처럼 폴링은 공명이라는 화학결합의 핵심적인 개념 역시 정립하게 된다.

또한 앞에서 잠깐 언급한 것처럼 1940년대 이후에 폴링은 화학결합에 대한 자신의 이론과 직관을 생체 화합물의 구조와 기능에도 적용해 중요한 업적을 남겼다. 헤모글로빈(hemoglobin)의 구조와 기능의 관계를 알아냈고 항원과 항체 분자에 관해서도 연구했으며, DNA 구조를 밝히려고도 했다. 이 가운데 수백에서 수만 개의 아미노산이 결합한 단백질이 나선 모양으로 꼬인 구조라는 사실을 밝힌 내용은 분자생물학이라는 학문이 출현하는 데 기초가 됐다고 해도 과언이 아니다.

폴링에 관해 이야기할 때 빠지지 않는 사실 중 하나가 바로 노벨상 2관왕인데, 그것도 서로 다른 분야에서 받았다. 그는 1954년 노벨 화학상에 이어 1962년 반전 반핵 평화운동의 공로로 노벨 평화상을 받았다. 특히 1950년대 전 세계 과학자들을 대상으로 핵실험을 제한하자는 청원운동을 벌이면서 적극적인 평화운동을 전개해 당시 원자폭탄과 수소폭탄을 개발하던 미국 정부로부터 다양한 탄압을 받았다. 폴링이 DNA의 X-선 사진을 보지 못해 잘못된 구조를 제시하여 1962년 노벨 생리의학상은 왓슨(Watson, 1928~, 1962년 노벨 생리의학상 수상)과 크릭(Crick, 1916~2004, 1962년 노벨 생리의학상 수상)에게 돌아갔지만, 그의 반전 반핵 평화운동을 위한 헌신적인 노력은 생리의학상 대신 노벨 평화상을 안겨주었다. 이러한 점을 고려할 때, 폴링은 자신의 삶을 통해 과학자의 사회적인 역할이 어떠해야 하는지를 몸소 보여준 진정한 과학자였다.

화학자이자 평화운동가로서 노벨 화학상과 노벨 평화상이라는 서로 다른 분야에서 노벨상을 두 번 수상한 폴링

한편, 평소 놀라운 기억력과 상상력으로 유명했던 폴링은 논리적인 접근보다 자신의 타고난 감각이나 직관을 바탕으로 문제를 해결하는 재능이 있었다. 그는 자신의 문제 해결 방법을 '가정을 이용해 진실을 밝힌다'는 의미에서 확률론적 방법이라고 불렀으나 때로는 그의 주장이 너무 자신의 영감에만 의존했다는 비판을 받기도 했다. 예를 들어 그의 말년에는 확실한 근거도 없이 비타민 C가 감기와 암에 특별한 효과가 있다고 주장해 과학계에 엄청난 논쟁을 불러일으키는 등 물의를 빚기도 했다.

다시 화학결합이라는 주제로 돌아오면, 폴링과 슬레이터의 제안 후인 1932년에 미국의 훈트(Hund, 1896~1997)가 처음으로 원자가와 화학결합을 유기적으로 결합해 보다 체계적인 원자가 결합 이론(Valence Bond Theory)을 완성했다.

하지만 원자가 결합 이론이나 혼성 오비탈 이론 등은 복잡한 분자의 결합 형태나 산소 분자의 '상자성'[13] 등을 효과적으로 설명할 수 없었다. 그래서 1932년 미국의 멀리컨(Mulliken, 1896~1986, 1966년 노벨 화학상 수상)

13 paramagnetism: 상자성은 외부의 자기장이 있으면 자기적 성질을 가지게 되지만, 외부의 자기장이 사라지면 자기적 성질을 다시 잃는 성질을 뜻한다.

은 '분자 오비탈'[14]이라는 완전히 새로운 이론을 제시한다. 그는 오비탈을 원자핵 주변에 흩어져 있는 전자구름으로 간주했는데, 공간을 향해 있는 오비탈들이 서로 중복되어 화학결합을 한다고 주장했다. 고전 화학 이론과 큰 차이를 보이는 멀리컨의 이론은 한동안 화학계의 인정을 받지 못했지만, 이어진 다른 과학자들의 노력으로 멀리컨의 분자 오비탈 이론은 완벽한 이론으로 다시 태어나 많은 사람의 인정을 받았다. 1965년 미국의 우드워드(Woodword, 1917~1979, 1965년 노벨 화학상 수상)와 호프만(Hoffman, 1937~, 1981년 노벨 화학상 수상)은 '각종 분자는 반응 중에 항상 오비탈의 대칭성을 보존하려는 성질을 나타낸다'는 '우드워드-호프만 법칙'을 제안했고, 이후 후쿠이(Fukui, 1918~1998, 1981년 노벨 화학상 수상) 등이 프런티어 전자 궤도 이론을 확립해 분자 오비탈 이론의 발전을 이끌었다.

우드워드는 분자량이 크거나 복잡해서 자연적인 과정을 통해서만 얻을 수 있었던 천연물질을 실험실에서 합성하는 데 성공한 유기화학자였다. 노벨상위원회가 우드워드의 수상 이유를 "유기합성 기술에서 탁월한 성과를 이루었기 때문"이라고 밝혔듯이, 우드워드는 오랫동안 동료들과 함께 복잡한 유기합성 과정을 거쳐 키니네[15]에서 비타민B_{12}까지 많은 천연물질을 실험실에서 합성한 유기화학의

14 molecular orbital: 분자 오비탈은 분자 내에서 전자의 거동을 기술하는 수학적 이론을 뜻하는데, 이 이론은 원자가 결합 이론과는 달리 슈뢰딩거의 파동함수에 보강간섭과 상쇄간섭 개념을 도입해 원자 오비탈과는 독립적인 분자 오비탈을 도출한다. 이 이론은 특정 위치에서의 전자 발견 확률과 같은 화학적·물리적 특성을 계산하기 위해서 사용될 수도 있다.

15 남미 안데스산맥의 신코나 나무껍질에서 얻는 물질인 말라리아 치료제.

천연물 전합성의 예술가 우드워드

예술가였다. 현재 생산되는 많은 합성 의약품은 그의 전합성[16] 기술을 이어받은 것이다. 자연에만 존재하던 천연물의 전합성에 성공한 업적은 우드워드 자신의 말처럼 "아무도 도달하지 못한 미지의 행성을 항해하는 것"이면서, 인간이 통제하는 자연의 영역을 확장하는 작업이라고 볼 수 있다. 참고로, 에셴모저(Eschenmoser, 1925~)와의 공동연구로 진행했던 비타민B_{12} 합성 연구에는 19개국 출신 총 103명의 박사과정 학생과 박사후연구원들이 참여했다고 전해진다.

요약하자면, 화학결합 이론의 확립과 발전으로 원자 또는 원자단의 분자 형성 메커니즘의 비밀이 밝혀져 물질 구성과 물질 구조에 대한 인식을 높이는 데 크게 공헌했다. 오늘날 현대 화학결합 이론은 단순히 화학 현상을 해석하는 것뿐만 아니라 반도체 재료나 항암 약물 등을 생산하는 데 광범위하게 활용되고 있다. 이로써 원자가 결합 이론은 생명의 신비를 밝히고, 화학반응이 진행 중일 때 전자의 변화 등을 정량적으로 묘사하는 쪽으로 발전하게 된다.

16 total synthesis: 간단한 화합물에서 출발해 복잡한 물질을 합성하는 일.

생명체에 존재하는 거대한 분자, 단백질과 핵산

앞에서 이야기한 것처럼, 미국의 폴링은 1920년대 말부터 화학결합의 본질에 관한 논문을 내기 시작해 1939년에는 화학결합에 관련된 책을 출판하기도 했다. 이는 폴링이 1954년에 노벨상을 받은 연구인 "화학결합의 본질과 그것을 이용한 복잡한 물질들의 구조 규명에 관한 연구"였다. 그런데 폴링은 1930년대 중반에 새로운 분야로 뛰어들었다.

그전까지 폴링이 흥미를 느끼고 연구한 분야는 간단한 형태의 분자 구조에 초점이 맞추어져 있었는데, 그는 단백질과 같이 생물학적으로 중요한 분자들의 구조에 대해서도 관심이 있었다. 그는 새로운 분야의 연구를 위해 많은 생물학자와 교류하며 정보를 얻었다. 그 당시 폴링은 생명이 없는 화학물질이 생명체로 변환되는 데 단백질이 중요한 역할을 한다고 생각했고, 따라서 단백질의 구조와 기능을 밝힌다면 생명의 비밀을 풀 수 있다고 생각했다. 폴링은 아스트버리(Astbury, 1898~1961)가 'X-선 회절 분석'이라는 방법으로 얻은 헤모글로빈의 X-선 사진에 대해 양자론적으로 분석했다. 아스트버리의 사진에서 확인되는 단백질 분자는 폴링이 분석한 예상 위치보다는 기울어져 있어서 실험과 이론이 완전히 일치하지는 않았다. 폴링이 이 문제를 해결하는 데 무려 11년이나 걸렸다고 한다. 폴링은 단백질의 변성 실험을 통해 단백질에는 가역적인 약한 결합과 비(非)가역적인 강한 결합이 존재한다고 밝혔고, 그 약한 결합을 '수소결합,' 그리고 강한 결합을 공유결합이라고 추정했다. 이후 그는 미르스키(Mirsky, 1900~1974)와 함께 아미노산들이 공유결합의 일종인 소위 '펩타이드(peptide) 결합'을 통해 사슬을 형성하고, 약한 수소결합을 통해 특별한 모양을 가진 단백질이 형성된다고 생각했다. 그러므로 우선 아미노산의 구조를 밝혀 펩타이드 결합의 길이와 각도를 결정하는 것이 우선되어야 한다고 보았다. 이러한 연구를 통해 가능한 단백질 구조의 수를 대폭 줄이면서 단백질의 기본적인 구조적 성질을 이해할 수 있게 되었다. 폴링은 이러한 연구를 통해 헤모글로빈 구조 모델에서는 원자들이 나선형 구조로 배열되어 있다고 밝혔으며, 이러한 아이디어를 일반화하여 단백질에 적용했다. 그리고 1951년에 아미노산과 펩타이드의 구조, 펩타이드 결합의 평면 성질을 기반으로 하여 폴링은 코리(Corey, 1897~1971), 브랜슨(Branson, 1914~1995)과 함께 '단백질의 2차 구조'의 구조적 특징으로 '알파-나선 구조(α-helix structure)'와 '베타-병풍 구조(β-sheet 또는 β-pleated sheet structure)'를 제안했다. 알파와 베타는 발견된 순서에 따라, 나선과 병풍은 그 구조적인 특징에 따라 명명된 것이다.

다시 말해, 단백질은 아미노산을 구성단위로 하는 중합체인데, 아미노산들은 탈수 반응을 거치면서 한 분자의 아미노기(-NH_2)에 있는 질소가 다른 아미노산 분자의 카르복시기(-COOH)에 있는 탄소와 공유결합을 하게 된다. 이러한 공유결합을 펩타이드 결합이라고 하고, 이렇게 만들어진 아미노산 중합체는 폴리펩타이드 사슬이라고 부른다. 20종류의 아미노산을 구성단위로 사용하면 단백질을 구성하는 아미노산의 개수뿐만 아니라 그 순서도 변경할 수 있다. 그래서 유전물질이 DNA라는 사실이 밝혀지기 전인 20세기 초반에는 단백질이 유전물질이 아닐까 추측한 사람들도 있었다. 단백질은 폴리펩타이드 사슬 한 개로 만들어지거나 여러 개의 사슬로 구성되어 특별한 구

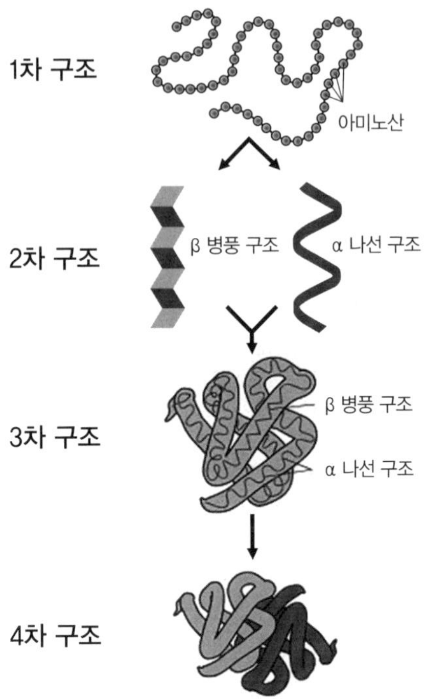

4단계로 구분되는 단백질의 구조. 단백질의 구조는 아미노산 사슬에 있는 원자와 분자의 3차원 배열을 뜻한다. 단백질의 1차 구조는 폴리펩타이드 사슬에서 아미노산 서열을 지칭하며, 2차 구조는 실제 폴리펩타이드 골격 사슬상의 매우 규칙적인 국소 구조를 의미한다. 단백질의 3차 구조는 단량체 및 다량체 단백질 분자의 3차원 구조를, 4차 구조는 단일 기능 단위(다량체)로 작용하는 둘 이상의 개별 폴리펩타이드 사슬의 응집으로 이루어진 3차원 구조를 말한다.

조를 가진다.

단백질과 관련된 이야기 중에서 '항체(antibody, Ab, immunoglobulin, Ig)'에 관한 이야기를 빼놓을 수 없다. 1936년 폴링은 오스트리아 출신의 란트슈타이너(Landsteiner, 1868~1943, 1930년 노벨 생리의학상 수상)를 만났다. 란트슈타이너와 항체 등에 관해 대화한 후, 폴링은 '항체들은 모두 비슷한 크기의 단백질일 뿐인데 어떻게 특정 항원을 정확히 구별하고 결합할 수 있는가?'라는 의문을 갖게 되었다. 그는 특정 '항원(antigen)'만을 구별하는 항체의 특이성이 분자의 구조와 관련이 있을 것이라고 가정했다. 그리고 1940년에 그에 대한 답을 내놓았는데, 항체의 한쪽 끝이 항원에 닿으면 그 주위의 모양은 수소결합이나 정전기적 인력에 의해 유지되고, 따라서 항체와 항원이 구조적으로 상보적인 형태를 가지게 되어 서로 잘 들어맞게 된다는 이론이었다.

뒤에서도 살펴보겠지만 항체에 대해서 좀 더 설명하자면, 항체는 항원과 특이적 결합을 하여 항원-항체 반응을 할 수 있는 단백질이다. 혈액의 혈소판은 적혈구와 반응하여 응집할 수 있는데, 태어날 때부터 항상 가지고 있으므로 '정상 항체(normal antibody)' 또는 '동종 항체'라고 한다. 면역체계에서 세균이나 바이러스(virus)와 같은 외부 항원들과 특이적인 결합을 하여 항원을 인식하고, 항원을 둔화·침강시켜 대식세포(macrophage)가 쉽게 잡아먹을 수 있게 해 무력화하는 작용을 하는 면역글로블린을 '면역 항체(immune antibody)'라고 부르는데, 보통 항체라고 하면 면역 항체를 뜻한다. 뒤의 그림에서 볼 수 있는 것처럼 항체의 기본 구조는 Y자형인데, Y자의 위쪽에 있는 가지 2개는 각각 동일한 항원과 결합할 수 있는 특이적인 구조로 되어 있다. 이러한 항원에 대한 특이적 구조는 면역 세포에서 일어나는 DNA 수준의 유전자 재배열에 의해 상상할 수 없을 정도로 많은 경우의 수를 가지게 되고, 따라서 다양한 항원에 대응할 수 있다. 연구나 산업적인 측면에서 진단 및 정량 분석법, 약물의 운반체로 사용되거나 그 자체로 항암제와 같은 의약품으로 이용되기도 하고, 3세대 항암제라고 불리는 '면역 항암제(cancer immunotherapy)'에서 중요한 역할을 하는 등

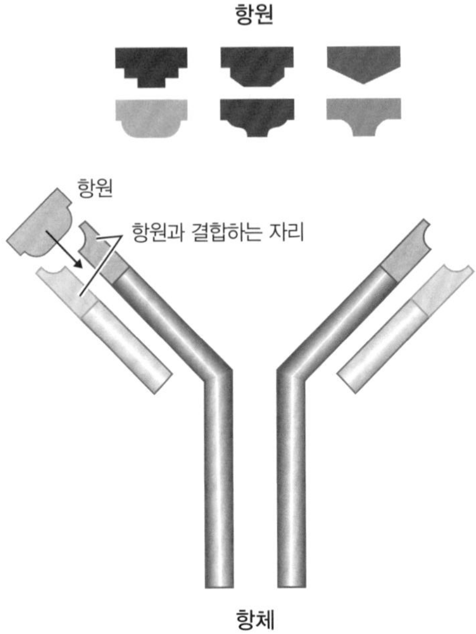

우리 몸의 면역체계가 가지고 있는 강력한 무기 중 하나인 항체

항체를 이용한 응용 분야는 계속해서 다양해지고 있다.

한편, 1949년에 폴링은 "겸형 적혈구 빈혈증(sickle-cell anemia), 분자병"이라는 논문을 학술지 〈사이언스(Science)〉에 실었다. 이는 비정상적인 단백질에 의한 인간 질병의 첫 증거물이었고, 질병을 분자 수준에서 이해하게 된 첫 번째 연구였다. '전기영동'[17]이라는 방법을 통해 그는 겸형 적혈구 빈혈증에 걸린 환자 개개인의 적혈구가 변형된 형태의 헤모글로빈을 가지고 있음을 증명했다. 겸형 적혈구 형질을 가진 사

17 electrophoresis: 전기영동 혹은 전기이동은 전극 사이의 전기장하에서 용액 속의 전하가 반대 전하의 전극을 향하여 이동하는 화학현상이다. 단백질이나 핵산과 같은 고분자의 확인이나 정제 등에 사용되는 방법이다.

완두콩 연구로 유전학을 창시한 멘델

람들은 정상과 비정상 형태의 헤모글로빈을 모두 가지고 있음을 확인했다. 이는 '멘델(Mendel, 1822~1884) 유전'이 단순히 단백질의 존재를 결정할 뿐만 아니라 단백질의 특정한 물리적 특성까지 결정함을 보여주는 첫 증거였다. 새로운 분자유전학이라는 학문의 시작이었다.

여기서 '멘델 유전'에 관해서 좀 더 설명할 필요가 있다. 완두 교배 실험으로 유전법칙을 발견한 멘델은 원래 오스트리아 아우구스티노 스회의 수사이자 사제였다. 멘델은 학자를 꿈꿨지만 학업 성적이 썩 좋은 편은 아니어서 대학을 진학하는 대신 신학을 공부해 수도사가 되었다. 그런 그에게 행운이 찾아왔다. 멘델은 농가 출신으로 어렸을 때부터 농사일을 접하며 자란 덕분에 식물학에 흥미가 있었는데, 그가 몸담고 있던 수도원이 꽃을 재배해서 판매한 수익으로 생활비를 충당해야 했기에 그에게 훌륭한 실험 기회를 제공한 것이다.

당시 원예가들 사이에서는 식물 대부분이 바람에 실려 날아오거나 곤충이 옮긴 꽃가루로 수정되며, 솔과 같은 도구를 이용해 수술의 꽃가루를 암술머리에 붙여주면 인공수분이 가능하다는 사실이 이미 알려져 있었다. 그래서 많은 원예가가 가끔 화원에 핀 신기한 색깔의 꽃을 발견하면 그 꽃의 꽃가루를 다른 종의 꽃 암술에 옮겨서 종자를 만들어 새로운 품종의 꽃을 만들기도 했다. 이를 통해 원예가들은 부모 세대의 꽃 색깔이 자식 세대로 대물림될 수 있다는 사실을 알고 있었다. 당시 학자들은 이 '대물림' 현상에 주목했고, 더욱 신기한 색깔의 꽃을 재배하기 위해 형질의 유전을 연구하기 시작했다.

멘델 역시 이러한 현상에 주목했다. 그는 부모 세대의 형질이 자식 세대에 유전될 때 유전의 방식을 결정하는 자연법칙이 있을 거라고 생각했다. 이러한 생각을 증명하려면 당시에는 식물이 최고의 연구 대상이었다. 멘델은 1854년에 자기 생각이 맞는지 증명해 보리라 마음먹고, 신종 완두를 재배하기 위해 완두 수술의 꽃가루를 다른 완두의 암술에 옮긴 후 종자가 형성되기를 기다렸다가 정원에 그 씨를 심었다. 멘델은 다시 이 완두의 다음 세대를 교배하는 방법으로 더 많은 자손 세대 완두를 관찰하면서 매우 신기한 현상을 발견했다. 바로 키 큰 완두와 키 작은 완두를 교배했을 때는 다음 세대가 모두 키 큰 완두로 자란 반면에, 그 손자 세대에 가서는 키 작은 완두가 다시 나타났다. 신기하게도 이때 키 작은 완두와 키 큰 완두의 비율이 1:3이었다. 열매의 모양과 색깔에서도 이와 같은 현상을 발견할 수 있었다. 이로써 그는 완두콩의 형질 유전이 상당히 복잡한 방식으로 이루어진다는 사실을 알게 되었다.

멘델의 완두 연구는 10년간 지속됐다. 장기간의 노력 끝에 그는 부모 세대의 형질이 일정한 규칙에 따라 자녀 세대에 유전된다는 사실을 발견했다. 즉 줄기의 길이나 꽃과 과일의 색깔이 모두 우연히 결정된 것이 아니라 부모 세대에서 자녀 세대로, 그리고 자녀 세대에서 다시 손자 세대로 이어지는 특별한 규칙에 따라 유전된다는 것이었다. 1865년에 멘델은 "식물 교배 실험"이라는 논문을 발표했는데, 이 논문에서 그는 특정 기본 단위[18]에 의해 유전 현상이 나타난다고 주장했다. 또한 유전학의 두 가지 기본 법칙인 '분리의 법칙'[19]과 '독립의 법칙'[20]을 제시했다. 이것이 바로 '멘델의 유전법칙'이다. 두 법칙은 유전학이라는 학문의 탄생과 발전에 튼튼한 기반을 마련해주었다. 하지만 안타깝게도 그의 논문은 당시의 과학자들이 쉽게 접할 수 없는 잡지에 게재되어 당시 과학자들이 볼 기회가 거의 없었다. 즉 멘델 생전에는 생물학자로서 주목받지 못했던 것이다. 유전학의 수학적 토대를 마련하고 유전학의 첫 장을 연 멘델의 유전법칙은 20세기가 되어서야 빛을 보기 시작했다.

1900년대에 유럽의 코렌스(Correns, 1864~1933), 폰 체르막(von Tschermak, 1871~1962), 드 브리스(de Vries, 1848~1935) 등이 각각 독립적으로 멘델과 비슷한 결과를 얻고 이미 34년 전에 발표된 멘델의 실험결과와 개괄적인 원리를 문헌에서 찾아냄에 따라 멘델은 죽은 후에 명성을 얻게 된다. 지금은 멘델의 실험이 유전학 역사의 한 부분이 되었다. 많은 나라의 생물학자들이 멘델의 학설을 확인하고 그 응용 범위를 넓히고 있으며 진화학, 발생학, 생리학, 생화학, 의학, 농학, 사회과학 등을 이해하는 데도 큰 영향을 미치고 있다. 그런데 학술지 〈네이처(Nature)〉 2016년 5월 19일 자에 생물학 교과서에서 멘델의 연구 결과를 빼자

18 멘델은 이 기본 단위를 입자 부류의 하나라고 생각했다. 현대 유전학에서는 '유전인자' 또는 '유전자(gene)'라고 부른다.

19 law of segregation: 염색체 위의 같은 유전자 자리에 위치하며 서로 다른 특정 형질을 나타내는 한 쌍의 유전자를 대립유전자라고 하는데, 개체가 가지고 있는 대립유전자들이 유전될 때, 부모가 가지고 있는 대립유전자 중에서 하나씩만 물려받아 2개의 유전자를 갖는 것을 말한다.

20 law of independence: 두 쌍 이상의 대립유전자가 존재할 때 각 쌍의 유전자 분리·재결합이 서로 무관하게 독립적으로 일어나는 법칙이다.

는 기고문이 실린 적이 있었다. 멘델이 과연 데이터를 조작했는지 여부에 대한 논란이 꾸준히 제기되고 있는 상황에서, 이 기고문은 '학생들에게 동시대의 생물학을 가르치자'를 모토로, 소위 '유전이냐 환경이냐(또는 본성이냐 양육이냐, nature or nurture)'라는 문제를 고려했을 때 멘델의 실험은 유전의 영향력에 대한 '시대에 뒤떨어진 결정론'을 주입할 수 있으므로 교과서에서 빼자고 주장했다. 오늘날 유전학은 단순히 유전자뿐 아니라 외부 요인도 고려하는 복합적인 학문인데 유전자로 모든 걸 설명하는 멘델의 방식이 학생들의 사고를 편협하게 할 수 있다는 것이다. 21세기에 뒤에 살펴볼 후성유전학(epigenetics), 즉 유전자의 염기서열 자체는 변화가 없어도 외부 요인으로 유전자 발현 정도가 영향을 받아 사실상 다른 유전자를 지닌 것과 같은 결과가 나오는 현상에 관한 연구가 발전하면서 멘델 유전학의 한계가 더 부각되고 있다. 20세기 중반 유전자의 실체가 명확해지면서 멘델이 화려한 스포트라이트를 받은 것은 어쩌면 당연한 일이겠지만, 그로부터 반세기가 다시 지나자 그 위상이 흔들리고 있다. 이는 과학사학자 쿤 등이 이야기하는 또 하나의 과학 패러다임의 변화를 뜻하는 것일까?

그럼에도 멘델은 서로 섞이지 않는 무엇인가에 의해 부모 세대의 형질이 다음 세대에 똑같이 전달된다는 사실을 증명했다는 점에서 의의가 있다. 즉 생명체의 형질은 특별한 종류의 유전인자에 의해 유전된다는 사실을 밝힌 것이다.

한편, 멘델 유전법칙을 재발견하고 폴링이 단백질과 겸형 적혈구 빈혈증에 대해 많은 것을 밝혀냈음에도 여전히 유전의 비밀은 풀리지 않았다. 1952년 허쉬(Hershey, 1908~1997, 1969년 노벨 생리의학상 수상)와 체이스

(Chase, 1927~2003)의 실험결과, 유전자가 DNA로 구성되어 있다는 결론이 나오자 DNA 연구에 관한 관심이 쏟아지기 시작했다. 예를 들어 폴링은 DNA가 삼중나선 구조로 이루어져 있다고 주장한 DNA 구조에 관한 논문을 1952년에 발표했는데, 왓슨과 크릭이 1953년 〈네이처〉 논문에 언급한 것처럼 폴링의 모델은 기본적인 실수가 있었다. 폴링은 DNA의 '염기(nucleobase)'를 DNA 축의 중심으로부터 바깥쪽에 배치시켰고 인산기를 DNA 축의 안쪽에 배치시켜 서로 결합한다고 주장하는 오류를 범했다. 폴링이 DNA 구조의 분자적 모델을 연구하고 있다는 소식이 캐번디시 연구소에 전해졌을 당시에 왓슨과 크릭 역시 DNA의 분자적 모델을 연구하고 있었다. 그들은 킹스 칼리지의 윌킨스(Wilkins, 1916~2004, 1962년 노벨 생리의학상 수상)와 로잘린 프랭클린(Franklin, 1920~1958)이 아직 출판하지 않은 데이터에서 도움을 받았다. 윌킨스와 로잘린 프랭클린의 데이터는 DNA 나선과 그 축을 따라 평면 형태의 염기가 평행하게 존재하고 있음을 밝히는 데 결정적인 증거가 되었다. 그리하여 1953년에 왓슨과 크릭은 올바른 구조로서 DNA 이중나선을 밝혀냈다.

왓슨과 크릭의 DNA 이중나선 발견과 그 의미를 좀 더 살펴보자. 1953년 4월 25일은 학술지 〈네이처〉에 20세기 과학계의 최대 사건 중 하나인 DNA 이중나선의 구조도가 실린 날이다. 본문은 1페이지 정도밖에 안 되는 짧은 분량이었지만, 20세기 최대 생물학적 성과로 아직도 회자되고 있다. 유전자에 관한 유전학 연구는 사실상 이때부터 시작되었다. 크릭의 아내는 화가였는데, 그녀가 도식적으로 그린 꼬인 사다리 모양의 DNA 그림은 오늘날까지 별다른 변화 없이 활용되고 있다.

앞에서 이야기한 허쉬와 체이스의 실험결과가 발표된 이후, 유전물질인 DNA의 비밀을 캐기 위한 경쟁에 여러 연구자가 참여했다. 왓슨과 크릭 외에도 당대 최고의 과학자로 칭송받던 미국의 폴링, 영국 런던에서 일찍부터 X-선 회절 사진을 통해 DNA를 연구하던 윌킨스와 로잘린 프랭클린 등이 선두를 다퉜다. 그중 왓슨과 크릭은 DNA 연구자 중에서 가장 경력이 부족했다. 왓슨은 시카고대학교 졸업 후 인디애나대학교에서 동물학으로 박사 학위를 받은 지 1년밖에 안 된 젊은 청년이었고, 크릭은 런던 유니버시티칼리지 물리학과 출신으로 왓슨보다 12살 많았지만, 당시엔 박사 학위도 없었던 것이다. 왓슨이 40세였던 1968년에 쓴 『이중나선(The Double Helix)』은 DNA의 이중나선 구조 발견에 대한 자서전적인 내용을 담고 있다. 책에 나와 있듯이 DNA 구조 발견의 이면에는 생명의 비밀을 독점하려는 학자들의 경쟁심과 명예욕, 선두 다툼, 우정과 반목이 뒤엉킨 인간 드라마가 숨어 있었다.

DNA 이중나선 구조가 밝혀진 후 생명과학(biological science)은 말 그대로 폭발적으로 발전하기 시작했다. 생명 현상을 분자 수준에서 이해하고 응용하려는 분자생물학의 총아로 떠오른 것은 물론이고 각종 생명 현상의 비밀들이 하나씩 풀리기 시작한 것이다. 오늘날 호박만 한 토마토를 만들 수 있는 것도, 유전자를 분석해 범인을 잡는 것도, 인간이 마치 신인 것처럼 인공적인 합성세포를 만들어내는 것도, 2020년 노벨 화학상과 관련 있는 기술인 크리스퍼-캐스9[21] 등을 이용해서 유전자를 조작해내는 것도 모두 DNA의 구조를 밝혀낸 덕분

생명의 실체를 드러낸 DNA의 이중나선 구조를 밝혀낸 크릭(왼쪽)과 왓슨(오른쪽)

이다. 왓슨과 크릭의 발견은 완성된 것이 아니라 여전히 현재 진행 중이다.

고분자 화합물의 발견과 재탄생

섬유소, 단백질, 잠사, 고무, 전분 등의 천연 화합물과 플라스틱, 합성고무, 합성섬유, 도료, 접착제 등의 인공 합성재료는 천연·인공을 막론하고 공통된 특징이 있다. 바로 분자가 유난히 크다는 것이다. 물 분자보다 몇천에서 몇십 만, 심지어 몇백만 배 큰 이들 분자에는 보통 몇만 개 이상의 원자가 포함되어 있으며, 이 원자들은 공유 원자가 결합을 통해 서로 연결되어 있다. 보통 '분자량'이 10,000을 넘는 분자를 고분자라고 하는데, 대부분의 고분자는 '단위체(또는 단체, 單

21 CRISPR-Cas9: CRISPR는 Clustered Regularly Interspaced Short Palindromic Repeats를, 그리고 Cas9는 CRSIPR Associated Protein 9를 의미한다.

體)'라고 불리는 간단한 분자들의 '중합반응'[22]에 의해 생성되므로 중합체 또는 고분자 화합물이라고도 불린다.

고분자 화합물에 관해 이야기하자면 고무 이야기를 빼놓을 수 없다. 인류가 고무를 사용한 역사는 BC 1,600년까지 거슬러 올라간다. 당시 중앙아메리카 원주민들이 고무나무에서 추출한 유액을 말려서 사용한 흔적이 남은 유물이 발견되었기 때문이다. 15세기 마야인들은 이를 이용해 그릇, 우비 등의 생활용품을 만들었다. 천연고무가 유럽으로 전해진 것은 신대륙이 발견된 15세기 이후이고, 생활에 활용되기 시작한 것은 그보다도 한참 후인 18세기 말이다. 천연고무는 탄성과 방수성이 강하기는 하지만 경도가 낮고, 열과 추위에 약해 쉽게 녹기도 하고, 쉽게 갈라진다. 이러한 천연고무를 추위에도 강하면서 탄성, 가소성, 내산성, 내알칼리성의 성질도 가진 재료로 재탄생시킨 사람은 바로 굿이어(Goodyear, 1800~1860)였다.

천연 상태의 고무는 고무나무의 수액을 처리해 얻어지는데, 상태에 따라 다르지만 천연고무의 신장률은 최대 700% 정도이다. 천연고무는 온도가 높아지면 부드러워지면서 탄성을 잃고, 온도가 낮아지면 굳어져 잘 부서지는 성질이 있다. 그런데 1833년에 굿이어는 천연고무를 유황과 함께 가열하면 성능이 눈에 띄게 좋아진다는 사실을 발견했다. 열에 약했던 고무가 뜨거운 난로 위에서도 탄성을 유지했는데, 이는 천연고무에 유황을 더하면 유황 원자가 천연고무의

22 polymerization: 중합반응은 단위체들이 서로 결합하여 거대한 고분자 물질을 만드는 반응이다. 중합반응의 역반응은 해중합이라고도 하며 분해반응의 일종이다. 중합반응에는 크게 축합 중합과 첨가 중합, 혼성 중합이 있다.

단위체로 이루어진 사슬 사이에 연결 다리를 만들어 천연고무의 안정성을 높였기 때문이다. 이것을 계기로 천연고무에 황을 첨가하는 '가황공정'이 개발되어 고무는 실용성을 가진 재료로 탈바꿈했다. 이후 고무는 광범위한 용도로 활용되기 시작했다.

고무의 화학적 구성은 전기화학의 아버지로 불리는 패러데이가 밝혀냈다. 패러데이는 1829년에 고무가 탄화수소의 일종인 이소프렌(isoprene)이라는 단위체로 구성된다는 사실을 규명했다. 그 후 화학자들은 이소프렌의 중합반응을 통해 천연고무와 유사한 합성고무를 만들 수 있다는 사실을 깨달았고, 1909년에는 최초의 합성고무인 '폴리이소프렌'을 합성했다. 당시 만들어진 폴리이소프렌은 온도에 약하고, 마모와 노화가 빠르다는 단점을 극복하지 못해 상용화에는 실패했지만, 합성고무 시대의 막을 올린 사건으로 평가된다. 합성고무와 관련된 연구와 상업화는 세계대전을 계기로 급격히 발전했는데, 제1차 세계대전 중 연합군이 독일의 천연고무 생산지와 고무를 수입하는 해상을 막아버렸다. 손 놓고 있을 수만은 없었던 독일은 천연고무를 대체할 물질을 찾기 시작했는데, 그 결과 '메틸고무(methyl rubbber),' '부나-S(buna-S)'와 같은 합성고무가 탄생했다. 1930년대에는 미국의 듀폰에서 개발해 세계 최초로 상업화에 성공한 합성고무 폴리클로로프렌(polychloroprene, 상품명: 네오프렌)과 타이어에 사용되는 스티렌-부타디엔 고무(SBR, Styrene-Butadiene Rubber)가, 1940년대에는 실리콘 고무(silicon rubber) 등이 개발되었다.

화학자들은 굿이어처럼 고무의 실용성에만 관심을 가지지는 않았다. 그들은 고무의 탄성이 왜 그렇게 좋은지, 특수한 분자 구조로 되어 있는 것은 아닌지, 유황 첨가 후 분자 구조에는 어떤 변화가 있는지 등 고무 자체의 비밀에 주목했다. 고무의 신비에 매료된 화학자들은 앞다퉈 연구에 뛰어들었다. 당시 화학자들은 이미 유기 분자의 중합 반응에 대해 어느 정도는 알고 있었는데, 전분이 포도당으로 가수분해된다는 사실과 일부 천연 고분자의 화학변화에 대해서는 인지하고 있었다.

고무 제조에 대한 여러 가지 연구와 발명으로 오늘날의 고무 공업에 크게 이바지한 굿이어

20세기 초, 독일의 슈타우딩거(Staudinger, 1881~1965, 1953년 노벨 화학상 수상) 역시 관련 연구를 진행했다. 하지만 다른 화학자들과 마찬가지로 그도 오랫동안 만족할 만한 성과를 얻지 못했다. 그러던 어느 날 산책을 간 슈타우딩거는 자전거 수리공이 길가에서 체인을 고치는 모습을 보게 되었고, 그순간 그의 머릿속에 각종 사슬이 떠올랐다. 그는 자신의 관심 물질이었던 고무를 떠올렸고, '고무 분자 속의 탄소 원자도 체인처럼 연결되어 있는 고분자는 아닐까?' 하는 생각이 들었다. 그는 그 즉시 실험실로 돌아가 다시 에틸렌 중합을 연구하기 시작했고, 반복적인 실험 끝에 드디어 자신의 이론이 정확하다는 확신을 하게 되었다.

하지만 슈타우딩거가 천연고무를 연구할 때만 해도 이 세상에 고분자가 존재한다고 아무도 생각하지 않았다. 노벨 화학상 수상자인 빌란트(Wieland, 1877~1957, 1927년 노벨 화학상 수상)조차 슈타우딩거에게 "친구여,

고무가 고분자임을 증명해 화학의 연구 분야의 폭을 확장시킨 슈타우딩거

고무를 잘 정제해보아라. 그것은 작은 분자화합물로 판명 날 것이다"라는 조언을 했다고 한다. 그럼에도 슈타우딩거는 고무가 고분자임을 증명해냈을 뿐만 아니라 셀룰로스 등도 작은 분자량의 화합물들이 공유결합에 의한 화학결합으로 연결된 거대 분자일 것이라는 '고분자설'을 주장하고 지지를 이끌어내 고분자 화학이라는 화학 연구 분야를 성립시켰다.

1920년에 슈타우딩거는 "중합에 대하여"라는 논문을 통해 처음으로 자신의 관점을 발표했다. 고무, 섬유, 전분, 단백질 등의 자연 물질은 수천 수백만 개의 탄소 원자가 사슬 모양으로 결합해 형성된 고분자라는 내용이었다. 이 논문에서 그는 사슬이 막대처럼 곧은 모양이 아니라 구불구불 주름진 모양을 하고 있으며, 사슬 사이가 서로 맞물려 특수한 공간 구조를 만든다고 주장했다.

그러나 그의 이론은 많은 새로운 이론들이 그랬던 것처럼 다른 과학자들의 맹렬한 비판에 부딪혔다. 당시의 분자 개념을 뛰어넘는 학설이었기 때문이다. 게다가 그가 제시한 고분자 화합물은 고정적인 분자량이 없어 수시로 분자식이 변할 수 있었는데 이러한 이론을 당시의 과학자들은 받아들이지 못했다. 1926년에 독일 뒤셀도르프에서 거행된 전 독일 자연과학 심포지엄에서 한 저명한 화학자는 슈타우딩거가 고무 분자의 사슬 구조(또는 고리 구조) 이론을 이야기하는 것을 듣고 바로 그 자리에서 그와 격렬한 논쟁을 벌이기도 했다.

슈타우딩거의 사슬 구조 이론을 처음으로 지지한 사람은 미국의 카라쉬(Kharasch, 1895~1957)였다. 1938년에 그는 알칼리성 물질로 촉매제를 만들어 간단한 분자인 프로판아미드(propanamide)로부터 강도가 높은 고분자 물질을 얻었고, 이로써 슈타우딩거의 이론이 정확함을 입증했다.

그제야 사람들은 슈타우딩거의 사슬 구조 이론을 바탕으로 다양한 방법으로 에틸렌, 프로필렌, 뷰타다이엔 등을 중합함으로써 합성 고무뿐만 아니라 다양한 종류의 플라스틱과 같은 새로운 고분자 제품을 만들어내기 시작했다. 이후 고분자 화학은 신흥 과학으로 급부상해 1940년 하반기부터 빠르게 발전했다. 1952년에 슈타우딩거는 고분자의 중복 사슬 구조 이론을 제시했고 이듬해 노벨 화학상을 받았다.

고분자 화학의 성립은 고분자 산업의 빠른 발전을 이끌었다. 당시에는 중합반응 이론이 이미 무르익어 있었고 유기·고분자 화학 역시 큰 성과를 거두고 있었다. 거기에 사슬 구조 이론이 더해지면서 인간은 자연계의 각종 고분자 화합물의 구조, 특성, 변화 규칙 등에 대해 더욱 잘 이해하게 되었다. 또한 고분자 합성이 견실한 이론적 근거를 가지게 되었을 뿐만 아니라 비교적 편리하게 실행 가능한 합성 방법이 나왔다. 중합반응 이론이 응용·발전함에 따라 다양한 중합반응 방법으로 합성한 고분자 화합물이 신재료로 광범위하게 활용되었다. 고분자 화합물은 농업, 교통운수, 의료보건, 군사기술, 의식주에도 성능이 우수한 여러 재료를 제공한다.

이러한 사례 중에서, 특히 20세기 합성 섬유 시대를 연 나일론

기적의 섬유라고 불리는 나일론을 개발한 캐러더스

(nylon)을 빼놓을 수 없다. 나일론은 미국의 캐러더스(Carothers, 1896~1937)가 발명했다. 합성섬유의 대표 주자는 나일론·아크릴·폴리에스테르 등인데, 그중에서 제일 먼저 개발된 것은 나일론이다. 나일론은 섬유 이름이기도 하지만, 보통 폴리아미드계 수지를 '나일론'이라고 부른다.

캐러더스는 하버드대학교의 전임강사로 있다가 두 배의 월급과 전폭적 지원을 약속받고 듀폰으로 옮겼다. 듀폰에서 그는 자동차 타이어용 네오프렌을 개발하고, 1935년에는 나일론도 개발했는데, 둘 다 노벨상감으로 평가받고 있다. 1930년대 초의 듀폰은 대공황의 위기 속에서 신제품 개발만이 대공황을 이기는 방법이라고 믿었기에 공격적인 경영 전략을 취했다. 캐러더스 밑의 연구원만 230명이고, 연구비가 2천만 달러를 넘어섰으며, 그 결과가 나일론의 발명이었다.

캐러더스는 자동차 타이어용 네오프렌을 성공적으로 합성해내고, 최초의 인조섬유인 나일론을 합성하여 상업적으로 성공을 거둔 과학자였다. 그렇지만 성공적이었던 그의 연구 인생에 반해 음독자살로 생을 마감해 세상을 놀라게 했다. 이윤을 추구하는 기업의 압박과 자신의 순수한 연구 열정 사이에서 많이 괴로워했다고 전해진다. 캐러더스의 나일론 발명은 애초부터 무언가를 발명해야겠다는 생각보다는 순수한 과학적 호기심과 학문적 욕구로 연구에 몰두하다 보니 우연히 여러 가지 발견을 하게 되어 획기적인 발명품을 만들어낸 경우였다.

이처럼 우연한 사건의 개입으로 뜻밖의 발명이 이루어지는 경우가 있는데, 이를 세렌디피티(serendipity)라고 한다. 몰입하다 뜻밖의 큰 발견을 하는 것을 뜻하는데, 뢴트겐의 X-선이나 3M의 대명사가 된 '포스트-잇(post-it)'도 그런 경우다. 보관 용기에 구멍이 생겨 새어 나온 나이트로글리세린이 규조토와 섞인 것을 보고 다이너마이트 제조법을 발견한 노벨(Nobel, 1833~1896)도 마찬가지다. 일본의 시라카와(Shirakawa, 1936~, 2000년 노벨 화학상 수상) 밑에 있던 유학생이 밀리몰 단위를 몰 단위로 잘못 읽어서 촉매제의 양을 1,000배나 잘못 넣는 바람에 '전기가 통하는 플라스틱(conducting plastic)'을 발견하게 된 것도 세렌디피티의 예다. 나일론의 발명에도 이와 같은 '우연한, 그러나 준비된 행운'이 찾아왔다. 캐러더스와 같은 연구소에서 일하던 한 연구원이 폴리에스테르(polyester)를 유리막대기에 묻혀 장난삼아 연구실 안을 돌아다녔는데 이게 실처럼 길게 늘어났다. 그 말을 들은 캐러더스가 녹는점이 높은 폴리아미드로 같은 실험을 해보았는데, 이 역시 실처럼 길게 늘어났다. 이것이 나일론의 탄생 비화다. 나일론은 현재 의복뿐 아니라 낙하산·로프·텐트·절연제와 기계류의 부속에까지 사용돼 한때 '기적의 섬유'로 칭송을 받았다.

PART

5

생명을 살리는 화학:

생명체의 기본 단위로서의 세포
vs. 물질로 이루어진 세포

지금까지 세상을 구성하는 '물질'로서 원자와 분자에 대해서 살펴보았다. 그러면 '물질론'[1]적 관점처럼, 물을 포함해서 세상을 구성하는 '물질'들이 적당히 모이기만 하면 생명체가 될 수 있는 것일까? 아니면 '창발론'[2]자들이 주장하는 것처럼, 전체는 부분의 단순한 합보다는 큰 것일까? 생명체 구성의 기본 단위라고 하는 세포의 경우는 어떤가? 화학을 물리학과 생물학 사이의 연계 위치에 존재하는 학문이라고 했는데, 물질의 구성, 성질과 변화에 관한 학문인 화학은 생물학과 어떤 관련이 있을까?

먼저 키네틱 아트와 '인공생명(artificial life)'을 간단히 살펴본 후, 생물학의 연구 성과 중에서 화학과 관련 있는 '생명체의 기본 단위로서의 세포와 물질로 이루어진 세포'에 대해서 살펴보도록 하자.

얀센(Jansen, 1948~)의 작품처럼, 20세기 초에 시작된 '전위미술운동'의 산물로 과학과 예술의 만남을 통해서 작품 자체가 움직이거나 움직이는 부분을 포함하는 예술 작품을 키네틱 아트(kinetic art)라고 한다.

1 materialism: 유물론이라고도 하는 물질론은 만물의 근원을 물질로 보고, 모든 정신 현상도 물질의 작용이나 그 산물이라고 주장한다. 즉 세계의 근본이 되는 실재는 정신이나 관념이 아니라 의식이 외부의 그것과는 독립하여 존재하는 물질이나 자연이라고 주장하는 이론이다. 이 학설은 고대 그리스의 원자론에서 비롯되었고, 존재하는 모든 것은 물리적이라는 견해인 물리주의와 밀접한 관련이 있으며, 헤겔(Hegel, 1770~1831) 등의 관념론과는 대립한다.

2 emergentism: 창발론은 정신 현상이 물질로부터 비롯되었다는 점은 인정하나, 물질적인 법칙으로 정신 현상을 설명하는 것은 불가능하다고 주장하는 이론이다.

과학과 예술의 만남이라고 불리는 키네틱 아트의 대표 주자인 얀센의 작품. 네덜란드 예술가인 얀센의 작품은 생물인지 무생물인지 모를 움직이는 구조물이다. © https://www.youtube.com/watch?v=KsqlnGMzMD4 영상 캡처

그런데 얀센 작품의 동영상을 보면, 단순한 물질의 집합체일 뿐인 거대한 구조물이 바람의 힘으로 움직이는데 그 우아한 발놀림이 마치 살아 있는 생명체의 그것처럼 보인다. 얀센의 또 다른 작품은 자극에 반응하기도 한다. 하지만 아무리 보아도 플라스틱 막대로 이루어진 뼈대일 뿐이다. 마법으로 생명을 불어넣기라도 한 것일까? 아마도 이와 같은 이유로, 얀센은 자신의 작품을 기계가 아닌 실제 생명체로 여기며, 명칭도 실제 생물처럼 라틴어 식의 학명을 붙인 것으로 생각된다. 얀센의 작품을 보고 있으면, '물질들이 적절하게 구성되고 충분한 에너지[3]가 공급됨으로써 그 물질의 집합체는 마치 살아 있는 생

3 아인슈타인의 질량-에너지 보존의 법칙에 따르면 에너지의 변화량은 질량의 변화량과 등가이므로 에너지를 물질로 볼 수도 있다.

명체와도 같이 움직일 수 있겠구나, 그래서 그 물질의 집합체를 생명체라고 할 수도 있겠다'는 생각을 하게 된다.

물질의 집합체에 에너지가 더해질 때 가능한 변화의 한계는 어디까지일까? 그리고 생명 현상과 생물체를 이루는 물질 사이에는 어떤 관계가 있는 것일까? 특히 인간에 관한 이러한 질문은 아주 오래전부터 인류가 품어온 것이다. 인간 자체의 생물학적 속성인 신체(body)와 철학적 속성인 마음(psyche)에 관하여 사색적인 논의가 주로 이루어졌으며, 사람들은 이 둘 사이의 관계, 즉 심(마음)과 신(몸)의 관계에서 인간을 지배하는 법칙을 찾으려고 노력했다. 이러한 '심신관계론'에 대해서 어떤 학자는 마음과 신체는 별개로 존재한다('심신이원론')고 하는가 하면, 또 어떤 학자는 둘은 별개가 아니라 일체('심신일원론')라고 주장하기도 했다. 심신이원론을 처음으로 주장한 사람은 플라톤(Plato, BC 428~BC 348)으로 알려져 있다. 플라톤은 마음이란 인간의 신체와는 별개로 존재하는 영혼이라고 말하며 현존하는 사물의 실체와 영혼이라는 개념을 분리하여 사색했다. 그런가 하면 아리스토텔레스는 마음이란 유기체의 기능이지 따로 떨어진 실체가 아니라는 심신일원론의 입장에서, 사물인 신체에 생명이 있게 하는 것이 바로 마음인 영혼이며 이 생명체 속에 있는 영혼을 '심'이라고 하였다. 영혼이 육신 속에 머문다는 아리스토텔레스의 사상은 육신 속에 있는 영혼의 본질을 파헤침으로써 인간을 이해할 수 있다는 생각을 자극했다. 종교적으로는 육신이 영혼의 지배를 받으며 육체 속에 있는 영혼을 계발해야 한다는 신학 이론의 기초가 되었다.

아리스토텔레스 이후 중세까지는 학문의 암흑시대로 마음에 관한 생각은 아리스토텔레스의 생각을 벗어나지 못했다. 중세에 데카르트(Descartes, 1596~1650)는 육체를 단순히 영혼에 예속시키던 기존의 사상에서 탈피하여, 육체란 유기체이며 영혼과는 관계없이 그 자체로 작용한다는 '유기체론'을 주장했으며 심신이원론의 입장으로 돌아가서 영혼과 육체는 각각 독립적으로 상호작용한다고 말했다. 그런가 하면 스피노자(Spinoza, 1632~1677)는 마음과 몸은 마치 종이의 앞면과 뒷면 같아서 실체의 양면에 지나지 않는다는 심신일원론 입장의 '심신양면설'을 주장했다. 라이프니츠는 '심신병행론'을 주장하면서 마음과 몸은 별개의 실체이지만 이들이 작용하는 기능은 병행한다고 하여 또다시 이원론적 입장을 취했다.

한편, 당시의 과학자 또는 철학자들은 심신의 관계, '유전이냐 환경이냐'라는 질문과도 관련이 있는 '마음이란 무엇인가'라는 질문에 대해서도 철학적인 사색을 하게 된다. 로크는 우리의 마음이라는 것이 갓 태어났을 때는 백지와 같아서 경험이라는 글씨가 백지 위에 하나씩 하나씩 쓰이면서 마침내 마음, 즉 정신을 형성한다는 '경험론'을 주장했다. 이 경험론에 따르면 인간 본성에 대한 이해는 경험으로 형성되는 정신의 가장 기본적인 단위인 감각 연구를 통해 접근할 수 있으며, 지식 획득에서는 직접 경험만이 진리에 도달할 수 있다고 보았다. 또한 칸트(Kant, 1724~1804)와 헤겔은 인식에 대한 문제를 사색함으로써 '마음에 존재하는 것과 객관 세계에 존재하는 것 사이에 어떤 관계가 있는가'라는 질문을 던지고 그것들을 해결하려고 노력했다. 이러한 철학적인 사조들은 현대 생리학, 뇌과학, 심리학 등에 커다란 영향을 미쳤다.

한편, 최근에 생명체가 아닌 물질을 단순히 추가함으로써 생명체를 탄생시켰다고 볼 수 있는 '인공생명'에 대한 연구 결과들이 발표되면서 '생명이란 무엇인가'라는 문제와 관련하여 여러 가지 논란이 생겨났다. 인간 게놈(genome, 또는 유전체) 지도 완성으로 유명한 미국의 벤터(Venter, 1946~)가 이끄는 연구팀이 2010년에 인공 게놈의 박테리아(bacteria) 세포 이식에 성공함으로써 그 시작을 알렸다. 박테리아가 생존하는 데 필요한 최소한의 유전정보를 컴퓨터를 이용해서 추론한 후 실험실에서 합성한 DNA를 박테리아 세포에 이식함으로써 이전까지는 존재하지 않았던 박테리아, 즉 새로운 생명체를 만든 것이다. 벤터는 이 연구 결과에 대해 "이번 연구는 과학적으로나 철학적으로 중요한 진전을 이루었으며, 생명과 생명의 작동방식에 대한 내 견해를 바꿔놓았다"라고 자평했다. 2017년에는 미국의 뵈케(Boeke, 1954~)가 이끄는 국제공동연구팀이 생명현상을 유지하는 데 불필요한 유전자가 제거된 인공 효모균을 만들었다는 연구 결과를 학술지 〈사이언스〉에 게재했다. 벤터 연구팀이 만든 박테리아는 (세포)핵이 없는 원핵 생물(prokaryotes)이지만, 뵈케 연구팀의 효모는 사람처럼 핵을 가진 진핵생물(eukaryotes)이라는 점이 다르다. 하지만 두 실험결과 모두 반도체를 설계하고 전자제품을 만들듯 합성 DNA만으로 이루어진 염색체를 지닌 인공 생명체를 설계했으며, 존재하지 않았던 살아 있는 생명체를 만들었다는 점에서 공통점이 있다.

앞에서 데카르트가 '방법론적 회의(methodological skepticism)'에 기반해 육체란 유기체이며 영혼과는 관계없이 그 자체로 작용한다는 심신이원론의 입장에서 유기체론을 주장했다고 했는데, 이를 한 문장으로 정리한 것이 그의 유명한 "나는 생각한다. 그러므로 나는 존재한다."이다. 철학 분야의 '인식론(epistemology)'과 '존재론(ontology)'이라는 이해하기 어려운 측면이 있기는 하지만, 벤터 연구팀의 실험결과를 근거로(비슷한 사례로 핵이식을 통한 재프로그래밍 기술과 복제 양 돌리(Dolly) 등이 있다), 물질들의 적절한 조합만으로 생각하는 생명체가 탄생할 수 있다고 할 때, 데카르트와 비슷한 논리로 "나는 존재한다. 그러므로 나는 생각한다."라고 주장할 수 있다. 그렇다면 "나는 생각한다. 그러므로 나는 존재한다."라는 명제와 "나는 존재한다. 그러므로 나는 생각한다."라는 두 명제가 모두 참이라고 추론할 수 있는데, 이 경우 하나의 명제가 다른 명제의 필요충분조건이라는 뜻이고, 이는 두 명제가 동치라는 것을 의미한다. 그렇다면 벤터 연구팀의 실험결과는 데카르트의 결론이었던 심신이원론이 아니라, 심신일원론을 지지하는 강력한 논증이라고 볼 수도 있지 않을까?

캘리포니아 공과대학교의 볼티모어(Baltimore, 1938~, 1975년 노벨 생리의학상 수상)와 같은 과학자들은 "벤터는 생명을 창조한 것이 아니라 모조품을 만들어냈을 뿐 실질적인 응용 가능성에는 의심을 가질 수밖에 없다"라고 하며 그 가치를 낮게 평가했다. 아울러, 벤터 연구팀의 연구 결과는 '생명의 본질이 무엇인가'라는 문제와 인간이 신의 영역을 침범하려 한다는 생명윤리 차원의 문제 제기뿐만 아니라 '생물학무기로 연구될 때 발생할 문제점은 어떻게 할 것인가,' '유전체 편집(genome-editing)과 유전체 설계(genome-design)의 역할 분담은 어떻게 할 것인가' 등 인류가 함께 고민하고 해결해야 할 많은 질문을 던지고 있다.

20세기 과학이 시작되기 전에는 생명에 대한 신비를 설명하기 위해 '생기론'[4]이나 종교가 필요했다. 그런데 벤터 연구팀 등이 세포 내에서 합성 DNA의 소프트웨어를 작동시키는 데 성공함으로써, 세포의 기제에 대한 우리의 기본적인 이해가 생기론이나 종교의 도움 없이 상당한 지점까지 발전했다는 것이 증명되었다. '생명이란 무엇인가'라는 질문에 대해 슈뢰딩거는 '생명체란 엔트로피 증가를 억제하기 위해서 계속 에너지 공급을 받아야 그 상태를 유지할 수 있는 존재'라는 답을 내놓았다. 즉 생명체의 본질은 '네겐트로피(negentropy)'라는 것이다. 이와 같은 슈뢰딩거의 답에 더하여, 벤터 등은 "DNA는 모든 생명의 소프트웨어이며 기초이다"라는 설득력 있는 대답을 추가로 제공했다. 그렇다면 빅뱅으로 우연히 평형 상태가 아닌 우주가 탄생했기에 우주의 엔트로피는 본질적으로 증가할 수밖에 없는 현재의 조건에서, 생명체란 우연히 형성된 DNA를 포함한 적절한 물질들의 불안정한 조합을 유지하기 위해서 계속 에너지 공급을 받아야 하는 존재로 볼 수 있는 것일까?

시간과 공간의 본질이나 인간의 의식 등에 관한 우리 시대의 위대한 질문이라고 할 수 있는 오래된 질문이 상당히 많이 있다. 그중 생명체와 관련된 대표적인 질문들로는 '무생물에서 어떻게 생물이 탄생했을까?' '원핵 생물에서 어떻게 진핵 생물이 탄생했을까?' '단세포 생물에서 어떻게 다세포 생물이 탄생했을까?' 등이 있다.

4 vatalism: 활력설이라고도 하는 생기론은 생물에는 무생물과는 달리 목적을 실현하는 특별한 생명력이 있다는 이론이다. 철학적으로 물질론과 반대의 입장에 있으며, 현대과학에서는 사실상 폐기되었다.

1. 풀리지 않는 수수께끼, 생명의 기원

생물은 지구 어디서나 존재한다. 세상에서 가장 춥거나 가장 더운 곳에도, 심지어 깊은 심해저나 높은 산꼭대기에서도, 그리고 에베레스트산 높이의 거의 5배에 해당하는 해발 고도 40.8킬로미터 지점에서도 세균이 발견되었다. 지구 어디를 가나 생물을 볼 수 있다.

그렇다면 생물은 언제나 존재했을까? 오랜 옛날로 거슬러 올라가도 우리는 생물이 존재했던 흔적을 발견할 수 있다. 약 40억 년 전의 것으로 추정되는 암석에서 그 당시에 살았던 것으로 보이는 화석이 발견되는 등 많은 과학적 성과들이 있긴 하지만, '생명이 언제, 어디서, 어떻게 탄생했느냐'라는 문제는 오늘날까지 해결되지 못했으며, 여전히 사람들의 관심과 논쟁의 중심에 서 있다.

생명의 기원에 대해서는 여러 가설이 제시됐지만 그중에서도 유명한 가설로는 종교에 기반을 둔 '천지창조설,' 아리스토텔레스의 '자연발생설,' 현재 유행하고 있는 '화학적 진화설'과 우주의 진화에 따른 '생물체의 진화설' 등이 있다.

천지창조설은 과학이 확립되기 전의 이론이라고 할 수 있는데, 훗날 종교적으로 이용되면서 하나의 신앙이 되었다. 따라서 이 책에서는 천지창조설에 관한 추가적인 설명이나 논의는 생략한다.

자연발생설은 19세기 초에 유행한 이론으로 '자생론' 또는 '자연기원론'이라고 불렸다. 자연발생설은 '무'에서 '유'가 탄생할 수 있다고 보는 이론이다. 옛날 사람들이 이러한 생각을 갖게 된 데에는 그들 나름의 이유가 있다. 생물의 탄생과정을 알지 못했던 당시의 사람들은 썩은 풀에서는 개똥벌레가 나오고, 썩은 고기에서는 구더기가 생기는 것을 보면서 아무것도 없는 상태에서 갑자기 이들이 생겨난 것이라고 생각했다. 고대 그리스의 아리스토텔레스 역시 이렇게 생각했는데, 그의 영향을 받아 이 학설은 한동안 진리로 받아들여졌다. 오이 속에 주입한 정액에서 사람이 자연발생적으로 나오거나 고깃국물에서 '미생물(microorganism)'[5]이 자연발생한다는 사실을 언급한 글들도 있었다.

무생물로부터 어떤 종류의 변형을 통하여, 언제든지 생명체가 자연적으로 발생할 수 있다는 이러한 믿음에 따르면, 생명의 기원을 아주 쉽게 설명할 수 있다. 그렇지만 진리를 향한 탐구 정신을 가졌던 과학자들의 엄격한 과학적 분석에 의해 이 가설이 옳지 않은 것으로 판명됐다. 이탈리아의 레디(Redi, 1626~1697)는 1668년에 행한 실험을 통해 구더기는 썩은 고기가 변해서 생기는 것이 아님을 증명했다. 1세기 후인 18세기 이탈리아의 스팔란차니(Spallanzani, 1729~1799)는 '부패한 고기에서 생기는 미생물은 공기에서 비롯된 것이지 자연적으로 생겨난 게 아니다'라는 사실을 실험을 통해 증명했다. 그렇지만 불행히도 몇 명의 과학자들이 스팔란차니의 실험결과에 이의를 계속 제기

5 미생물은 맨눈으로는 관찰할 수 없는 작은 생물을 뜻하는데, 일반적으로 균류(fungi), 원생동물(protozoa, 원생생물은 진핵생물 중에서 동물이나 식물, 균류에 속하지 않는 생물의 분류군이다. 현대의 계통학적 관점에서 볼 때 원생생물이라는 분류군은 진핵생물 중에서 주요 분류군을 제외한 나머지 생물들의 거대한 집단을 의미한다. 현미경으로 볼 수 있는 크기이며, 모든 기능이 하나의 세포 내에서 이루어지므로 하나의 세포가 하나의 개체로 기능한다.), 세균, 바이러스, 조류(algae, 말무리라고도 불리는 조류는 주로 수중에서 생활하며 광합성 색소와 같은 색소를 가지고 독립 영양 생활을 하는 생물의 총칭이다. 과거에는 식물로 분류되기도 했다.) 등을 포함한다.

했기에, 자연발생설의 진위에 관한 논쟁은 그 후로도 지속됐다. 1860년에는 프랑스의 파스퇴르(Pasteur, 1822~1895)가 간단하지만 명확한 실험으로 미생물의 존재를 입증하면서 자연발생설은 종지부를 찍은 것처럼 보였다. 그런데 자연발생설이 폐기될 것 같았던 그때, 골치 아픈 역설이 제기되어 과학자들을 괴롭혔다. '만약 생물이 생물에게서만 발생할 수 있다면, 지구의 생성 초기에 어떠한 생물도 존재하지 않는 상태에서 최초의 생물은 과연 어디서 어떻게 생겨났는가?'라는 역설이 바로 그것이다.

생명의 기원에 관해 이야기하기 전에, 파스퇴르에 대해서 좀 더 살펴보도록 하자. 파스퇴르는 생명의 기원과 관련하여 자연발생설을 부정하는 실험으로 유명하지만, 그의 업적은 이외에도 일일이 기술할 수 없을 정도로 대단히 많다. 그는 현미경을 통해 관찰한 결과 포도주 속에 오늘날 우리가 박테리아라고 부르는 아주 작은 생물이 있어서 부패를 일으킨다는 사실을 알아냈으며, 그 포도주를 끓이면 그 안에 있는 세균(즉 박테리아)이 죽는다는 사실도 밝혀냈다. 그는 많은 전염병이 박테리아 때문에 발생한다는 것을 알게 된 최초의 학자다. 파스퇴르는 광견병 예방약과 치료약 개발, 그리고 '저온살균법(pasteurization)'으로도 유명하다. 파스퇴르는 자신이 고안해서 예방법에 사용한 '약화된 균'을 백신(vaccine)이라고 하고, 백신을 사용해 질병을 예방하는 방법을 예방접종(vaccination)이라고 불렀다. 파스퇴르가 백신을 처음으로 개발했으며 백신이라는 말도 처음 사용했다. 백신이라는 말의 어원은 라틴어로 암소를 의미하는 vacca에서 유래했는데, 제너(Jenner, 1749~1823)가 천연두(smallpox) 예방법을 고안할 때 천연두 균을

의사가 아니었지만 의사보다 많은 사람을 구한 파스퇴르

직접 주입하는 대신 병원성이 약한 우두(cowpox)에 걸린 암소를 이용해서 '우두법'을 만들어낸 것을 기리기 위해 파스퇴르가 붙인 이름이다. 파스퇴르의 업적은 워낙 방대해서 그에 관한 이야기는 뒤에서도 살펴볼 것이다. 파스퇴르는 그가 남긴 명언들로도 유명한데, 그중 몇 가지를 소개한다. "목표를 이룰 수 있게끔 나를 이끌어준 비밀이 있다. 나의 유일한 강점인 끈기다." "관찰이라고 하는 영역은 준비된 자에게만 기회를 준다." "행운은 준비된 사람에게만 온다." "과학에는 국경이 없다. 그러나 과학자에게는 조국이 있다." "순수과학이나 응용과학이란 것은 존재하지 않는다. 오직 과학과 과학의 응용이 있을 뿐이다."

한편, 자연발생설이 부정되던 시기에 다윈(Darwin, 1809~1882)의 『종의 기원(On the Origin of Species)』이라는 저서가 세상에 선보였다. 생물과학사에서 유례없는 논란을 일으키고 변화를 몰고 온 이 책은 생명의 기원에 대해서도 비교적 합리적으로 추론해 생명의 기원에 관한 이론 중 하나인 화학적 진화설의 근거가 되었다.

생물학 분야에서 다윈과 그의 진화론이 차지하는 위치가 워낙 대단하므로, 화학적 진화설에 관한 이야기를 하기 전에 다윈에 대해서 잠깐 살펴보도록 하자. 진화론의 진정한 의미는 무엇이고 다윈 이후 어떻게 발전해왔을까? 또한 21세기인 오늘날 어떤 의의를 지닐까?

현대 학자들은 다윈 진화론의 의미를 크게 다섯 가지로 요약한다. 첫째는 종의 가변성으로 생물계를 포함한 모든 것은 시간이 지남에 따라 변화한다는 것이고, 둘째는 지구상의 모든 생물 종들이 단 하나의 공동 조상으로부터 유래했다는 것이다. 셋째는 진화에 의해 새로운 종들이 나타나면서 생물의 다양성이 증가한다는 이론이고, 넷째는 단계주의 개념으로서 진화는 단절이나 불연속성을 보이지 않고 점진적으로 이루어진다는 것이다. 마지막으로 다섯째는 다윈 진화론의 핵심 개념인 자연선택(natural selection)으로, 냉혹한 생존경쟁 속에서 자연에 적응한 것은 살아남고 그렇지 못한 것은 도태된다는 것이다. 그런데 진화론에서 적자생존에 의한 자연선택은 단순히 자연과 환경에 적응하지 못하는 자들을 절멸시키고 적응한 자들을 살아남게 하는 데 그치지 않는다. 즉 살아남은 자들이 자신들의 우수하고 유리한 형질을 집단 속에 퍼뜨리고 세대를 거듭하면서 발전을 이룸에 따라, 자연선택은 진화를 창조적으로 추동시키는 원동력으로 작용한다. 진화론은 생물학 이론인 동시에 철학적으로도 큰 의미를 함축하기에, 다른 학문에도 커다란 영향을 주었다. 이를 사회과학 분야에 적용한 '사회적 진화론'이 발전했으며 인간의 기원문제 등에 대해 신학과 종교적인 측면에서도 큰 논란이 일어났다.

'진화론'으로 19세기 이후 생물학을 비롯한 자연과학뿐 아니라 사회과학 전반, 세계관 등에 커다란 변화를 가져온 다윈

물론 다윈 이전에도 진화론을

주장한 학자들은 있었으며, 다윈 이후로도 진화의 동인으로서 자연선택만이 유일한 요소로 간주되었던 것은 아니다. 월리스(Wallace, 1823~1913)는 당시 다윈과 함께 '진화론'의 공동 창시자로 평가받았지만, 현재는 대부분의 사람들이 그 이름을 떠올리지 못하는 것이 사실이다. 라마르크(Lamarck, 1744~1829) 등이 주장한 '용불용설'에 의한 획득 형질의 유전 여부는 오랫동안 논란이 되어 왔고(후성유전학과 관련된 최근의 연구 논문들은 라마르크의 용불용설에 관해서 새로운 해석을 내놓았다), 자연선택 외에도 돌연변이, 교잡, 격리 등의 여러 요인에 의해 진화가 이루어지는 것으로 연구되었다. 또한 멘델의 유전법칙 발견 이후 유전학이 발전하고 20세기 중반 분자생물학이 출현하여 유전자와 생명 현상의 본질 등이 밝혀지면서 진화론 역시 새로운 전기를 맞았다. 진화의 요인과 경로 등에 관해서도 새로운 연구 성과들이 축적되었다. 따라서 진화론은 더욱 종합적이고 현대적인 체계를 갖추게 되면서 21세기에는 다양한 방면에 걸쳐서 새로운 의의를 지니게 되었다.

다시 화학적 진화론에 관해 살펴보자. 오늘날까지 많은 과학자의 지지를 얻고 있는 화학적 진화론과 관련된 다윈의 가설은 지구가 형성된 이후 온도가 점차 낮아졌는데, 그 긴 세월 동안 미생물이 극히 복잡한 화학과정을 거쳐 한 단계 한 단계 진화한 것이라는 내용이었다. 먼 옛날의 생명은 무생물 물질에서 생겨났는데, 화학적 진화란 물질들이 단계를 거쳐 생물로 점점 복잡하게 발전해가는 지루한 과정을 의미한다는 것이다. 다윈의 가설은 '화학합성 가설(chemosynthesis hypothesis)' 또는 '생물 발생 이전의 화학(prebiotic chemistry) 가설'로 발전한다. 이 이론은 1920년대 영국의 홀데인(Haldane, 1892~1964)과 러시아의 오

화학합성 가설을 주장한 홀데인(왼쪽)과 오파린(오른쪽)

파린(Oparin, 1894~1980)이 처음으로 제안했다. 홀데인과 오파린의 이론은 약 40억 년 전 지구의 초기 대기 상태에 기초한다. 비록 지구의 초기 대기 상태의 정확한 성분에 대한 직접적인 증거는 없긴 하지만, 홀데인과 오파린은 원시 지구가 목성과 비슷한 상태의 대기를 가졌다고 생각했다. 주로 수소, 암모니아, 메테인, 수증기로 이루어진 후에 수소를 잃고, 암모니아와 메테인은 화학적 과정에 의해 각각 질소와 이산화탄소로 변한 것으로 추정했다. 또한 자외선을 포함한 고에너지 태양 복사와 다반사로 일어나는 번개, 그리고 중력 수축과 방사성 원소의 붕괴로 인해 뜨거웠을 것이라고 짐작했다. 지구에서 생명이 이미 탄생했다는 점을 알고서 제안된 결과론적인 이야기이긴 하지만, 당시의 지구 환경은 최초의 생명체(Last Universal Common Ancestor, LUCA)가 탄생하고 진화하기에 더없이 좋은 조건이었다는 것이다. 그런데 과연 그러한 일이 실제로 일어났을까?

1952년 미국의 밀러(Miller, 1930~2007)는 스승인 유리와 함께 홀데인과 오파린의 이론을 확인하기 위한 실험을 시도했는데, 처음으로 원시 지구에서 생명 탄생의 가능성을 증명했다.

사실 그들의 실험은 당시로서는 평범한 과학자가 상상하기 힘든 실험이었다. 다윈은 기독교적 세계관을 뿌리째 흔든 책 『종의 기원』을 출판하면서도 기독교에서 완전히 자유롭지는 못했다. 이는 그가 책 뒷부분에서 '생명은 어떻게 시작됐을까'라는 질문에 "창조자가 몇 가지 또는 한 가지 형태의 생명체를 만들었고 이처럼 단순한 출발점에서 아름답고 놀라운 무수한 형태가 진화했다"라고 쓰고 있기 때문이다. 그런데 그는 사적인 편지에서 "따뜻한 작은 연못에서 암모니아와 인산염, 빛, 열, 전기 등이 존재하는 상태에서" 생명체가 발생했다고 주장했다. 즉 화학적 진화에 의해서 생물체가 창조됐다는 것이다. 훗날 '따뜻한 작은 연못 가설(warm little pond hypothesis)'로 불린 다윈의 이 생각은 20세기 들어 생명의 기원을 연구하는 과학자들에게 많은 영감을 줬다. 특히 오파린은 다윈의 아이디어를 구체화해서 최초의 생명체는 주위의 유기물질을 이용해 살아가는 단순한 생명체였을 거라고 주장했다. 그리고 오파린은 초기 지구에 유기물질이 풍부하게 존재하려면 지구의 대기가 지금처럼 산화성이 아니라 환원성이었을 거라고 가정했는데, 이는 산화성 대기, 즉 산소가 풍부한 조건에서는 유기물질이 쉽게 분해되기 때문이다.

밀러는 유리 교수의 실험실에 들어간 해인 1951년에 오파린의 가설 등에 관한 유리의 강연을 들은 후, 유리의 실험실에서 혼자 실험을 시작했고 불과 몇 주 만에 놀라운 결과를 얻었다. 이로써 원시지구에서 생명 탄생의 가능성을 증명할 수 있게 되었다. 밀러와 유리는 시뮬레이션 실험 방법을 고안해내 생명의 기원에 관한 연구를 실험과학으로 증명했고 홀데인과 오파린의 가설에 힘을 보탤 수 있었다. 밀러의 실험결과에 깜짝 놀란 유리는 데이터를 정리해 빨리 논문을 쓰라고 재촉했다. 밀러는 불과 두 페이지 분량의 논문을 완성해 학술지에 제출했는데, 흥미로운 사실 중 하나는 논문에 유리의 이름이 들어있지 않다는 것이다. 보통의 경우라면 제1저자(주로 실험을 한 사람)에 밀러, 교신저자(실험의 책임자로 주로 지도교수)로 유리의 이름이 저자로 표시되어야 하기 때문이다. 아마도 유리가 명예욕이 없는 사람이거나 노벨상 수상으로 모든 걸 이뤘기 때문이 아닐까?

밀러의 논문이 발표되자 과학계에는 큰 논란이 일었지만 재현하기가 워낙 쉬운 실험이었으므로 오래지 않아 밀러는 생명의 기원을 밝힌 과학자로 스포트라이트를 받았다. 그 후 미국 휴스턴대학교에 있던 오로(Oro, 1923~2004)는 아미노산이 밀러의 실험 조건보다 더 단순한 조건에서도 만들어질 수 있는지 알아보는 실험을 했다. 즉 물에 알데히드(aldehyde)는 넣지 않고 시안화수소(HCN)와 암모니아만을 넣은 상태에서 반응시켰다. 그 결과 이러한 조건에서도 아미노산이 만들어졌을 뿐 아니라 DNA나 RNA 같은 핵산에 존재하는 염기 중 하나인 아데닌도 합성됐다. 그 뒤 조건을 바꿔가며 진행된 실험에서 나머지 염기인 구아닌, 시토신, 티민도 발견됐다. 중요한 생체분자 대부분을 단순한 화학반응으로도 얻을 수 있다는 말이다. 이러한 결과는 오늘날 생명체의 기원이 이들 화합물의 조합(구체적으로 어떤 방식인지 아직은 모르지만)에서 비롯됨을 시사한다.

홀데인과 오파린의 가설을 실험적으로 증명해낸 밀러

한편 1969년 호주 빅토리아주 머치슨에 떨어진 무게 100킬로그램짜리 대형 운석은 1953년에 있었던 밀러의 실험을 다시 한번 부각시켰다. '머치슨 운석(Muchison Meteorite)'이라고 불리는 이 탄소질 콘드라이트(주로 각섬석과 휘석으로 된 콘드룰(condrul)로 이뤄진 운석)는 지구에는 존재하지 않는 암석인데, 머치슨 운석에 포함된 유기분자의 조성을 분석하자 놀라운 결과가 나왔다. 다양한 아미노산이 발견됐을 뿐만 아니라 그 조성과 함량 비율이 밀러의 실험결과와 상당히 비슷했다. 사실 밀러의 실험이 인정된 이후에도 이는 인위적인 실험 조건일 뿐 과거 지구에서 그런 일이 일어났다는 뜻은 아니라고 주장하는 사람들이 있었다. 그런데 다른 천체의 산물이기는 하지만 자연상태에서 정말 여러 종류의 아미노산이 만들어진다는 사실이 처음 확인되었다.

그렇다면 밀러의 실험으로 생명의 기원에 대한 의문은 해소된 것일까? 물론 그렇지 않다. 원시 지구의 대기를 아무도 정확하게 알 수 없을 뿐만 아니라 밀러의 실험 조건에서는 조그만 실험 용기 안에서 모든 순환이 이루어지므로 밀러의 실험결과에 큰 의미를 두지 않는 과학자들도 있다. 무엇보다 우리는 아직도 생명체가 어떻게 물질로부터 등장했는지를 모르고 있다. 현재 가장 유력한 이론 중 하나인 'RNA 세계(RNA World) 가설,' 즉 '정보도 저장하고 화학반응도 촉매할 수 있는 RNA 분자가 원시 생명체의 출발점'이라는 가설 역시 생명의 기원에 관해 구체적으로 설명하지 못하는 부분이 많다.

밀러의 실험에 이어서, 폭스(Fox, 1912~1998)는 화학합성 가설의 다음 단계에 관한 실험을 했다. 1957년에 그는 18가지 아미노산이 섞인 혼합물을 가열하여, 단백질과 유사한 큰 분자를 얻어냈다. 그리고 다른 과학자들은 유전 물질인 DNA와 RNA를 구성하는 기본 단위인 '뉴클레오티드'[6]를 합성하는 데 성공했다. 미국의 아벨슨(Abelson, 1913~2004)은 1965년에 암모니아와 메테인 대신 질소와 이산화탄소를 집어넣은 보다 현대적인 대기 조건에서 가설 검증 실험을 한 결과, 아미노산과 다른 유기물질들을 얻었다.

한편, 체크(Cech, 1947~, 1989년 노벨 화학상 수상)와 올트만(Altman, 1939~, 1989년 노벨 화학상 수상)은 1983년에 리보자임(ribozyme, 리보스(ribose)를 뜻하는 ribo-와 효소를 뜻하는 -zyme을 붙여서 만든 용어)이라 이름 지은 RNA의 촉매 작용을 발견했는데, 이

6 nucleotide: 뉴클레오티드는 핵산을 구성하는 단위체이며 신진대사에 중축적인 역할을 하는 분자로 염기, 당, 인산으로 이루어져 있다. 참고로, 뉴클레오시드(nucleoside)는 염기와 당으로만 이루어져 있다.

는 단백질이 아닌 핵산인 RNA가 화학반응에 촉매로 작용할 수 있다는 점을 최초로 보여주었다. 이와 같은 실험결과를 근거로 미국의 길버트(Gilbert, 1932~, 1980년 노벨 화학상 수상)는 RNA 세계 가설을 제안했다. 즉 RNA가 DNA처럼 유전정보를 보관하면서 효소로서 생명 현상을 매개할 수 있고 자가복제를 할 가능성이 있다는 점에서, 최초의 생명체는 아마도 RNA로 이루어져 있는 간단한 형태였을 거라는 RNA 세계 가설이 생명의 기원을 설명하기 위한 하나의 가설로서 근거를 갖게 되었다.

이처럼 많은 과학자의 실험을 통해 화학적 진화론이 상당한 신빙성을 획득했다. 오늘날 과학자들은 화학적 진화 과정이 다음과 같이 진행되었다고 본다. ① 지구의 나이가 아직 5억 년이 못 되었을 때 따뜻한 바다에 유기물질들이 쌓였으며, 아미노산이 생성되고 이들이 결합하여 단백질이 만들어졌고, 지방과 당도 만들어졌으며, 당으로부터 녹말이, 그리고 뉴클레오티드로부터 핵산(DNA와 RNA)이 만들어졌다. ② 지구의 바다가 유기물질로 가득 찬 수프가 됨으로써 생명에 필요한 모든 필수 요소가 갖추어졌고, 액체 상태의 물은 분자들이 서로 섞여 반응을 일으킬 수 있는 이상적인 매개체가 되었다. ③ 유기물질의 잡탕에서 원시적 형태의 세포막에 싸여 세포와 같은 구조를 가지게 되고, 필수적인 화학반응을 촉진시키는 효소 체계와 함께 다소 조악하지만 생식을 할 수 있는 기능을 갖춘 생명체가 태어나기까지는 아마도 수억 년이 걸렸을 것이다.

한편, 별과 별 사이의 우주 공간에 존재하는 분자인 성간 분자는 1960년대에 처음 확인된 이후 지금까지 발견된 것만 140여 종에 달한다. 여기에는 혜성의 꼬리에서 발견된 글리신(glycine)과 같은 간단한 아미노산이나 유전물질의 기본 단위인 뉴클레오티드의 구성 성분과 같은 유기물들도 포함된다. 이러한 성간 분자의 존재에 근거하여 또 다시 새로운 생명기원설이 나왔는데, 바로 우주의 진화에 따른 가설이다. 19세기 서양에서 유행한 '생명은 우주가 생겼을 때부터 존재했다'는 학설에서 발전한 이 가설은 생명에 반드시 필요한 물질, 예를 들어 효소, 단백질, 유전인자 등이 형성되려면 수억 년의 시간이 필요하며, 지구가 탄생하고 2년 후부터 생명이 존재하기 시작했다고 주장하고 있다. 다시 말해 지구에 존재하는 생명의 기원은 실제로 지구의 기원보다 앞서고, 생명은 우주의 다른 곳에서 만들어져 적당한 환경을 갖춘 행성인 지구로 옮겨 왔다는 것이다. 이러한 가설을 '범종설(panspermia, 汎種設)'이라고 부르는데, 그 기원은 수천 년 전으로 거슬러 올라간다. 지구를 외계의 생명 종자들이 뿌려진 풍요로운 정원으로 생각한 사람들도 있었다. 19세기에는 켈빈 경(1st Baron Kelvin, 1824~1907)을 위시한 유명한 과학자들이, 운석 속에 있는 생명체가 동면 상태로 갇혀 지구로 날아왔다는 주장을 펼치기도 했다. 이 이론은 '운석 기원설'로 알려져 있다. 1909년에는 스웨덴의 유명한 화학자 아레니우스(Arrhenius, 1859~1927)가 미생물은 지구를 포함한 우주의 한 곳에서 다른 곳으로 복사압에 의해 이동할 수 있다고 주장했는데, 이것은 곧 '복사 기원설'로 명명되었다.

그렇지만 운석에서 생명체의 형태를 발견하려는 시도들은 모두 실패로 돌아갔고, 20세기에 들어서면서 범종설은 과학계에서 인기를 잃었다. 우주 공간을 표류하는 포자나 종자들은 설사 생명력이 길다 하더라도 깊은 우주 공간의 가혹한 온도와 복사를 견뎌내지 못할 것이라고 과학자 대부분이 생각하게 되었고, 오늘날 범종설은 더는 일반적인 생명의 기원에 대한 가설로 받아들여지지 않고 있다. 그런데 세이건(Sagan, 1934~1996)을 비롯한 많은 천문학자가 지구에 쏟아지고 있는 소행성, 혜성, 유성들, 그리고 성간먼지들이 생명 그 자체는 아니더라도, 생명의 진화 과정에서 매우 중요한 선구자 격인 유기물질의 씨를 제공했다고 믿고 있다. 이들은 이러한 유기물질의 씨들을 '생명을 가져온 것들(the bringers of life)'이라고 칭하기도 한다. 하지만 밀러를 비롯한 과학자 대부분은 혜성이나 소행성 같은 천체들이 지구상 생명의 기원에 관여했을 가능성은 거의 없다고 믿었다.

생명의 기원에 관한 또 하나의 이론은 '열수분출공(해저에서 뜨거운 물이 솟아 나오는 구멍) 생명기원설'이다. 수심이 아주 깊은 해저에서는 바닷물이 지각 틈 사이로 스며들어 갈 수 있다. 스며들어 간 바닷물은 뜨거운 마그마에 의해 460℃까지 데워지고, 그러면 주변 암석에 들어있던 일부 금속 성분들이 뜨거운 물에 녹을 수 있다. 뜨거운 바닷물은 지각의 갈라진 틈을 통해 다시 분출되는데, 수심 2,000~3,000미터 깊이에서는 압력이 대기압의 200~300배이므로 물이 수백℃라도 해도 수증기로 변하지 않는다. 이 뜨거운 물이 주변의 차가운 바닷물과 만나면 뜨거운 물에 녹아 있던 물질들이 식어 침전되면서 굴뚝을 만들고, 굴뚝은 시간이 흐르면서 점점 자라는데, 이것을 열수분출공이라 한다.

해저를 직접 탐험할 수 없었던 과거에는 압력이 높고 햇빛도 도달하지 못하는 깊은 해저에 사는 생물들이 없거나 매우 드물 것으로 생각했다. 그러나 기술이 발달하여 깊은 해저를 직접 탐험할 수 있게 되면서 과학자들은 열수분출공 주변에 사는 많은 동물을 발견했다. 열수분출공에서 뿜어 나오는 뜨거운 바닷물에는 황화수소가 많이 들어 있다. 이 황화수소를 체내로 받아들인 후 소화시켜 태양빛 없이도 유기물질을 합성할 수 있는 화학합성 박테리아들이 발견되었고, 이 박테리아들이 다른 생물의 먹이가 되면서 열수분출공 주변에 생태계가 형성될 수 있었던 것으로 생각된다. 그래서 일부 과학자들은 해저의 열수분출공처럼 척박한 환경이 원시 지구의 환경과 비슷했을 것이라고 주장하면서 생명의 기원을 열수분출공에서 찾고 있다. 그들은 열수분출공이 생명 탄생에 적합한 물리·화학적 환경과 에너지를 제공했다고 보았다.

오늘날까지도 과학자들은 생명의 기원에 대한 수수께끼를 완전히 풀지 못하고 있다. 무기물에서 유기물까지, 그리고 다시 유기 화합물에서 유기 생명체까지 수많은 우연이 존재하는 이 과정을 철저히 파헤치려면 아직도 많은 시간이 필요하다. 생명은 어쩌면 광활한 우주 가운데 지구라는 별에만 생긴 것일지도 모르지만, 어쩌면 은하 밖의 어떤 항성계에서 오래전부터 존재하고 있을지도 모르고, 일부 생명체들이 이미 지구를 다녀갔을지도 모를 일이다.

그러면 최초의 원시적인 생명체는 어떻게 진핵 세포로 진화할 수 있었을까? 과학자들은 최초의 원시적인 세포들은 핵을 비롯한 다른 세포 내 기관들을 갖추지 않았을 것이라고 생각한다. 이러한 세포들을 원핵생물이라 부르는데, 이 세포들은 오늘날까지도 박테리아 등의 형태로 남아 있다. 이 세포들은 스스로 자신의 음식물을 만들 수 없는 대신, 바다에 있는 유기물질들을 흡수해서 에너지를 얻는다. 이처럼 이미 만들어져 있는 외부의 음식물을 흡수하는 것을 외부 영양(heterotrophism)이라 부른다. 이 세포들은 음식물들을 분해하는 과정을 통해 에너지를 얻을 때 산소를 사용하지 않는 경우가 많다. 그리고 많은 연구 결과가 초기 지구의 대기에는 유리된 상태의 산소가 아직 존재하지 않았음을 보여주고 있다. 이와 같은 이유로, 최초의 생물체들은 산소가 필요하지 않은 '무기호흡'[7]을 했을 것으로 생각된다.

그런데 유기호흡에 비해서 무기호흡은 매우 비효율적이라는 문제가 있다. 아주 적은 에너지를 얻는 데도 상당히 많은 음식물이 필요하기 때문이다. 비록 처음에는 바다에 유기물이 풍부했다 하더라도, 바다에 있는 음식물은 영원히 남아 있지는 못했을 것이다. 화학적 과정을 통해 바다에 유기물질들이 공급되는 양보다 생명체들이 음식물을 먹어치우는 속도가 더 빠르기 때문이다. 음식물이 없으면 생명체도 당연히 존재할 수 없다. 그렇다면 가장 하등 동물이 진화하여 지상으로 기어오를 수 있게 되기 훨씬 이전에, 생명체들은 굶어 죽기 시작하면서 절멸하는 운명을 맞이할 수밖에 없지 않았을까?

이런 상황에서 '광합성(photosynthesis)'을 할 수 있는 기적의 분자인 '엽록소(chlorophyll)'가 등장했을 것이다. 화석 연구에 따르면 엽록소는 25~30억 년 전에 출현했다고 추정되는데, 이는 생물의 진화 과정을 극적으로 변화시킨다. 엽록소는 태양의 에너지를 받아 그것을 화학 에너지로 쓸 수 있는 음식물의 형태로 전환시킬 수 있기 때문이다.

7 anaerobic respiration: 음식물 분해를 통해 에너지를 얻는 과정을 호흡이라 한다. 이때 산소가 필요하면 산소호흡 또는 유기호흡이라고 하고 산소가 필요하지 않으면 무기호흡이라고 한다.

이제 생명체들은 고갈되어 가는 영양물질에 더는 의존하지 않아도 되었다. 태양빛을 받음으로써 스스로 음식물을 만들 수 있게 된 것이다. 이처럼 생물이 기초 물질로부터 자신의 음식물을 스스로 만드는 영양법을 독립 영양(autotrophism)이라고 한다. 무엇보다 광합성 작용은 대기 중에 유리된 산소를 방출시킨다. 암석들을 화학 분석한 결과에 따르면, 약 20억 년 전에 지구의 대기가 숨 쉴 수 있게 된 것으로 추정된다.

여기서 지구에서 가장 중요한 화학반응인 광합성 작용에 대해서 좀 더 살펴보자. 인류는 일찍부터 땅에 씨를 뿌리고 그에 적합한 조건이 충족되면 싹이 난다는 사실을 알고 있었다. 실제로 어떤 식물은 몇 년 후면 큰 나무로 성장하고, 또 어떤 식물은 1년 이내에 꽃을 피우고 열매를 맺으므로, 과학자들은 식물의 생장에 필요한 영양분의 공급처인 자연에 눈을 돌리기 시작했다.

2,000여 년 전, 아리스토텔레스는 식물체가 '토양즙'으로 구성되어 있다고 주장했다. 즉 식물 생장에 필요한 물질이 전부 토양에서 비롯된다고 여겼다. 그의 영향을 받아 18세기 중엽까지 사람들은 토양이 식물의 영양 공급원이라 굳게 믿으며 식물이 공기 중에서 무언가를 얻을 수 있다고는 생각하지 못했다.

실험을 통해 최초로 아리스토텔레스의 오류를 입증한 사람은 네덜란드의 판 헬몬트(van Helmond, 1580~1644)였다. 1627년 그는 버드나무 분재의 무게를 재는 실험으로 버드나무가 자란 후에도 화분 속 흙의 무게에는 전혀 변화가 없다는 사실을 발견했다. 이에 판 헬몬트는 물이 나무를 자라게 하는 한 원인이라 생각했고 식물의 무게는 흙이 아닌 물에서 비롯된다는 추론을 내놓았다. 하지만 안타깝게도 그는 공기 중의 물질이 유기물 형성에 중요한 영향을 미친다는 사실을 깨닫지는 못했다.

1727년이 되어서야 영국의 헤일스(Hales, 1677~1761)가 식물이 생장할 때 공기를 주요 영양분으로 한다고 주장했다. 이러한 그의 관점을 바탕으로 녹색 식물이 공기 중에서 영양분을 흡수한다는 사실을 증명해낸 사람은 바로 프리스틀리였다. 1771년 프리스틀리는 식물이 촛불의 연소로 탁해진 공기를 정화시킬 수 있다는 사실을 발견했으며, 그 후 식물이 산소를 만들어낸다는 사실을 입증했다. 그러나 그 역시 빛이 생물의 생장 과정에 일으키는 중요한 작용을 깨닫지는 못했다. 그럼에도 현재 사람들이 1771년을 광합성 작용이 발견된 해로 지정하고 있는 이유는 그의 실험이 훗날 광합성 작용의 원리를 발견하는 데 길을 열어주었으며 광화학(photochemistry) 연구의 기반이 되었기 때문이다.

그 후 1779년에 네덜란드의 잉겐호우스(Ingenhousz, 1730~1799)는 식물의 녹색 부분이 빛 아래 있어야 공기 정화 작용이 일어난다는 사실을 발견했다. 1804년 스위스의 드 소쉬르(de Saussure, 1767~1845)는 정량 연구를 통해 이산화탄소와 물이 식물 생장의 주요 원료임을 증명했다. 이는 버드나무의 생장을 돕는 것이 물이라고 말한 판 헬몬트의 추론을 입증하는 결과였을 뿐 아니라 광합성 작용의 본질에 대한 인식을 새로운 단계로 끌어올리는 결과이기도 했다.

1845년 독일의 마이어(Meyer, 1814~1878)는 식물이 태양을 화학 에너지로 전환시킬 수 있다는 사실을 발견했다. 그 후 1864년 독일의 작스(Sachs, 1832~1897)는 광합성 작용으로 산소뿐만 아니라 유기물인 녹말도 생성된다는 사실을 발견했다. 이때가 되어서야 사람들은 식물이 광합성을 하는 과정에서 이산화탄소와 물을 이용해서 유기물을 만들고 산소를 배출한다는 사실을 믿게 되었다. 광합성 반응식 역시 이 시기에 탄생했다. 1880년 독일의 엥겔만(Engelmann, 1843~1909)은 실험을 통해 광합성 과정에서 산소를 만들어내는 부분이 엽록소임을 발견했고, 엽록소가 많이 들어 있는 색소체인 엽록체(chloroplast)가 광합성 작용이 이루어지는 장소라는 결론을 도출했다.

200여 년 동안 판 헬몬트에서 작스, 엥겔만에 이르는 과학자들의 노력으로 사람들은 드디어 광합성이 이루어지는 장소와 조건, 원료, 그리고 광합성에 의한 산물 등을 조금씩 알게 되었다. 광합성에 대한 지식과 광합성 반응식의 확립은 광합성이라는 복잡한 반응 메커니즘에 관해 심층적인 연구를 할 수 있는 환경을 마련해주었다. 흥미롭게도, 1930년대에 미국의 루벤(Ruben, 1913~1943)과 카멘(Kamen, 1913~2002)이 동위원소를 이용해 '광합성 작용 중에 배출되는 산소가 물에서 비롯되는가, 이산화탄소에서 비롯되는가'라는 문제를 연구했는데 광합성으로 인해서 배출되는 산소는 100% 물에서 비롯된다는 결론을 얻었다.

이러한 상황에서, 즉 광합성에 의해 유리된 산소가 대기 중에 존재하게 된 상황에서, 호기성 생물들이 나타나고 진화하기 시작하지 않았을까? 산소를 이용하면, 세포들은 산소가 존재하지 않을 때보다 약 20배나 더 많은 에너지를 얻을 수 있다. 광합성 등으로 인해서 음식물의 장기간 공급이 가능해지자 점점 더 복잡한 유기체들이 진화할 수 있게 된 것은 아닐까?

이처럼 간단한 원핵세포들이 점점 발달함에 따라, 세포막 속에 핵을 갖춘 최초의 진핵세포가 등장했다. 화석 연구 결과 이는 약 14억 년 전의 일로 추정되었다. 이러한 사실들이 조금씩 알려진 1960년대에, 미국의 마굴리스(Margulis, 1938~2011)가 '세포 내 공생설(Endosymbiotic theory)'이라는 가설을 제안했다. 이 가설은 대부분의 세포소기관과는 달리 핵의 지배를 받지 않고, 자체 DNA를 가지며 필요한 효소 일부를 스스로 합성하는 등 독자적인 행동을 하는 미토콘드리아(mitochondria)와 엽록체의 유사성에 착안하여 그들의 기원을 설명하기 위해 제안되었다. 서로 다른 성질의 원핵생물들이 생존을 위해 공존을 모색하다 진핵생물로 진화했다는 가설이다. 다른 원핵생물에게 먹힌 원핵생물이 소화되지 않고 남아 있다가 결국에는 공생하게 되었다는 것이다.

그리고 단세포 형태의 진핵 세포들이 분리되지 않고 모여서 다세포 형태의 유기체를 형성하는데, 가장 오래된 다세포 동물의 화석은 약 10억 년 전의 것이다. 오늘날 존재하는 모든 동물과 식물은 진핵세포들로 이루어져 있다.

현재까지 알려진 자료들로 판단해보면, 생명체는 태양계의 다른 어느 곳에서도 진화하지 않았다. 화성과 달의 토양을 직접 분석한 결과 어떠한 생명 활동도 발견되지 않았다. 금성은 너무 뜨겁고, 수성은 밤낮에 따라 고온과 극저온이 교차할 뿐만 아니라, 태양 복사가 너무 강렬하게 쏟아진다. 그리고 기체 행성들은 생명체가 진화하기에 적절한 물질들로 이루어져 있지 않으며, 표면 온도가 너무 차갑다. 생명의 진화는 적절한 종류의 물질들, 적절한 에너지, 적절한 온도, 액체 상태의 물과 시간이 모두 갖추어져야 가능한[8] 매우 까다로운 작업이다. 그러므로 지구처럼 생명체가 더 복잡하고 다양하게 진화하려면 결정적인 순간마다 그에 상응하는 조건들이 적절히 변해 주어야 하는데, 이러한 기적들은 오직 지구에서만 일어났을 뿐 다른 곳에서는 일어나지 않았다고 생각된다.

그러면 인간은 어떻게 탄생하게 되었을까? 앞에서 언급한 다윈의 『종의 기원』은 출판되자마자 이 문제에 대한 논란으로 엄청난 논쟁을 불러일으켰다. 논쟁의 핵심 쟁점은 단 하나였는데, 바로 수많은 종이 공통된 조상을 가지고 있다는 내용이었다. 예를 들어 사자와 호랑이, 고양이는 공통점이 아주 많은데, 다윈은 이들이 유사한 이유가 조상이 같기 때문이라고 해석했다. 바로 상고시대에 이미 멸종된 것으로 생각되는 원시고양이가 그들의 조상이라는 것이다. 다윈은 다른 동식물들 역시 마찬가지라고 기술했다. 이러한 진화의 관점에 따르면, 인간과 원숭이의 조상이 같을 것이라는 추론을 할 수 있다. 정말 인류가 원숭이와 조상이 같을까? 『성경』의 내용은 제쳐두더라도, 이는 당시의 일반인들이 받아들이기 힘든 이야기였을 것이다. 논리적인 문제라기보다는 감정적인 문제로 받아들이기 쉬운 이러한 문제는 인간의 고정관념과 사고방식에 영향을 주었고, 따라서 한순간에 받아들이기 어려웠던 것이다.

사실 다윈은 『종의 기원』에 인류 역시 하나의 생물 종에서 진화했

8 때에 따라서는 골디락스(goldilocks) 조건 또는 원리라는 표현을 사용하기도 한다. 이 표현은 관심 있는 어떤 사건이 실현되기 위해서 특정한 조건들이 존재함은 (결과론적으로) 추론할 수 있지만 그 조건들이 정확하게 어떤 것인지 그리고 정량적인 값들은 어떻게 되는지 모를 때 사용되는 경우가 많다.

다고는 언급하지 않았다. 다윈이 진작부터 고민해왔던 것이기도 했고, 소동을 일으키고 싶지도 않았기 때문이다. 하지만 『종의 기원』에 밝힌 관점만으로도 책을 읽은 사람들이 쉽게 인류와 원숭이의 조상이 같다는 점을 추론해낼 것이라는 예상은 다윈도 했을 것이다. 이는 1871년에 출판한 『인류의 기원과 성선택(The Descent of Man and Selection in Relation to Sex)』에서도 알 수 있다. 다윈은 이 책에서 생물계에서 인간의 위치, 인간과 고등 동물의 관계와 차이점을 설명했다. 인류가 동물에서 비롯됐으며, 유인원에서 진화한 것이 바로 인류, 즉 호모 사피엔스(*Homo Sapiens*, 인류의 학명)라는 주장이 이 책에 기술되어 있다.

인류의 진화에 관한 다윈의 관점은 그 후 고고학 발굴을 통해 점차 입증되었다. 그 결과 현재는, 물론 지금도 여전히 완고하게 이러한 관점을 부정하는 사람들이 존재하긴 하지만, 다윈의 관점이 일반적이고 과학적인 이론으로 받아들여지고 있다. 인류 최초의 화석은 1856년에 독일인이 발견했다. 네안데르탈인(*Homo neanderthalensis*)이 살았던 것으로 추정되는 산골짜기에서 출토된 이 화석은 일반인의 뼈대에 비해 훨씬 두껍고, 두개골의 모습 역시 현대인과는 거리가 멀었다. 그 후 멸종한 다른 인종의 유골들도 발견되었다. 이외에도 네안데르탈인이 어떻게 멸종했는지 등 아직도 해결되지 않은 흥미로운 문제들이 많이 남아 있다. 화석 연구와 유전물질 (서열) 분석 등의 과학적인 연구에 기반해서, 인간이 오늘날부터 최소 500만 년 전에 아프리카에서 살았던 유인원과 비슷한 종에서 분화되어 독자적으로 진화한 것으로 추측하고 있다.

2. 모든 세포는 세포에서 유래된다

– 세포설, 파스퇴르의 자연발생설 부정과 세균(학)설

생명이 있는 것을 우리는 생물 또는 생명체라고 부르며, 그렇지 않은 것은 무생물로 분류한다. 슈뢰딩거의 '생명은 무엇인가'에 따르면, 무생물은 정리되지 않은 방 안과도 같다. 방 안이 언제부터 쌓였는지 모를 잡동사니와 각종 쓰레기로 무분별하게 어질러져 있는 반면에, 생물은 여기서 약간의 규칙과 노력을 통해 어느 정도 정리된 것이라고 볼 수 있다. 즉 생물은 엔트로피 증가를 억제하는 존재라고 할 수 있다.

지구에 있는 모든 살아 있는 생물은 세포를 기반으로 이뤄져 있다. 세포는 테두리에 벽(세포벽 또는 세포막)이 있어서 주변 환경으로부터 자신을 보호하며, 외부와 어느 정도 격리된 채 스스로 반응하고 성장하면서 진화의 주체가 되기도 한다. 그렇다면 세포야말로 생명의 근원이자 시작이 아닐까?

여기서 주목할 만한 한 가지 재미있는 사실은 세포가 생명의 가장 보편적 증거라 해도 세포를 구성하는 모든 것, 즉 그 물질들은 전혀 살아 있지 않다는 점이다. 세포는 그 자체로 살아 있는 존재로, 세포를 구성하는 각 부분에서 수백만 종류의 화학반응이 오케스트라처럼 복잡하게 일어나긴 해도 정작 세포의 어느 부분도 살아 있지는 않다. 생명이란, 마치 무생물로 이뤄진 부품이 결합해 하늘을 나는 비행기가 되거나 빠른 자동차가 되는 것처럼, 그리고 얀센의 예술 작품

들처럼, 죽어 있는 모든 것으로 이루어진 세포의 동력기관이라고 볼 수도 있지 않을까?

한편, 영국의 도킨스(Dawkins, 1941~)는 생명체 가운데 가장 우수한 설계도에 따라 만들어진 생명체만 운 좋게 살아남고, 그 설계도는 다양하게 변형돼 다음 개체에 다시 옮겨진다고 주장한다. 유전자라는 설계도는 생명체에 반드시 필요하며, 생존에 매우 중요한 요소다. 이러한 유전자 정보가 포함된 설계도를 DNA라 부른다. 살아 있다고 착각하는 시간은 어찌 보면 단순히 정보를 옮기는 과정에 불과한데, 그렇다면 계속 옮겨지는 DNA야말로 생명이라고 볼 수 있지 않을까? 하지만 DNA 스스로는 아무것도 할 수 없다. 과연 생명이라는 것이 어디서부터 시작하며, 어느 시점부터를 생명체로 볼 수 있을까? 한 가지 확실한 점은 살아 있는 존재들이 무언가 특별한 신비로운 재료들로 구성된 것이 아니라, 살아 있지 않은 것들과 똑같은 또는 비슷한 물질들로 만들어졌다는 사실이다. 생명이란 무엇일까? 생명은 어떻게 정의되며, 생명의 본질은 무엇일까?

제목이 질문으로 시작하는 책들에는 재미있는 공통점이 발견되는데, 그 공통점은 직설적인 질문에 대한 결론이 '그것이 무엇인지 모른다'는 것이다. 미국 정치철학자 샌델(Sandel, 1953~) 교수의 책은 셀 수 없을 만큼 많이 팔렸지만, 결코 '정의(justice)'라는 것이 책 한 권으로는 완벽하게 설명될 수 있는 개념이 아니라는 사실을 알려주는 듯싶어 조금은 아쉽다. 우리는 무엇인가를 알려주는 책을 통해 그것이 무엇인지 쉽게 정의할 수 없다는 것을 경험적으로 터득할 수 있을 뿐이다. 생명도 마찬가지다. 짧은 글로 생명이 무엇인지를 알아내는 것은 불가능에 가깝다. 삶과 죽음에 대한 명확한 정의를 내리는 것도 어려운 것이 현실이다.

이처럼 생명은 정의하기가 어렵지만, 그럼에도 우리가 생명체라고 부르는 존재들의 몇 가지 공통점은 알고 있다. 그중 가장 대표적인 것이, 바이러스나 '바이로이드'[9] 같은 비(非)세포 생명체를 제외한 기타 유기 생명체는 모두 구조와 기능 단위가 세포로 이루어져 있다는 점이다. 세포는 막으로 둘러싸인 '원형질'[10]로, 생명체의 구조와 기능의 기본 단위이자 생명 활동의 기본 단위다. 그리고 세포분열을 통해 번식하는 세포는 생명체의 개체 발생과 계통 발생의 기반이 된다. 하나의 세포가 독립된 생명 단위를 구성하거나 여러 개의 세포가 세포 군체 또는 조직, 기관, 신체를 구성한다.

최초로 살아 있는 완전한 세포를 관찰한 사람은 레이우엔훅(Leeuwenhoek, 1632~1723)이었다. 레이우엔훅은 포목상 일을 하다가 나중에 네덜란드 델프트의 지방 정부 관리가 되었는데, 그가 만든 렌즈를 활용한 확대경으로 그가 얻을 수 있는 물건이면 무엇이든지 살펴보는 것이 그의 주된 취미였다. 그의 렌즈들은 유럽에서 가장 우수했다. 1673년을 시작으로 레이우엔훅은 그의 현미경으로 10년 이상에 걸쳐 수천 종의 물질을 살펴보았고, 많은 미생물 종들로 이루어진, 완

9 viroid: 바이로이드는 단백질 외피 없이 짧은 원형 단일가닥 RNA로 이루어진 관다발식물을 감염시키는 병원성 물질이다. 200~400개의 염기로 구성되어 있으며, 알려진 병원성 물질 중 크기가 가장 작다고 알려져 있다.

10 protoplasm: 원형질은 세포를 이루는 세포질과 핵을 통틀어 이르는 것으로, 세포막 내에 존재하는 물질 전부를 의미한다.

최초로 살아 있는 완전한 세포를 관찰한 레이우엔훅

전히 새로운 미소 유기체[11]의 세계를 발견했다. 그는 1673년에 그의 관찰 결과들을 영국 왕립협회에 보고했는데, 덕분에 레이우엔훅은 순식간에 세계적인 유명인사가 되었다. 그 후 현미경의 제작기술이 향상되면서 세포에 관한 연구는 갈수록 심화되었는데, 이로써 생물은 세포로 구성된다는 사실을 설명해주는 수많은 연구 결과가 보고되었다. 1809년 프랑스의 저명한 박물학자 라마르크는 만약 생물체의 구성 성분이 세포성 조직 또는 세포성 조직이 형성한 무언가가 아니라면 생존할 수 없다고 말했다.

11 사실상 미생물을 의미한다. 미소 유기체라는 용어는 이 당시에 현미경으로 관찰된 미소 유기체가 생명체라는 생각을 못 했기 때문에, 유기물질로 이루어진 아주 작은 물질이라는 의미로 사용되었다.

최근 '후성유전학' 덕분에 다시 주목받는 라마르크에 대해 살펴보자. 진화론을 주창한 다윈과 '우생학(eugenics)'의 창시자 골턴(Galton, 1822~1911)의 할아버지인 이래즈머스 다윈(Darwin, 1731~1802)은 『동물학』에서 "모든 온혈 동물은 자신의 일부를 변형하는 힘을 갖고 있고, 이렇게 개량된 형질은 자손에게 이어진다"라고 했다. 이어 1809년에 라마르크는 『철학적 동물학』에서 이래즈머스 다윈의 학설을 이어받아 "동물들은 평생을 자신의 필요 때문에 특정 형질을 발달시키며 이를 자손에게 물려준다"라고 말했다. 이래즈머스 다윈과 라마르크가 주장한 것이 바로 용불용설이다. 생물체는 환경에 대한 적응력이 있어서, 자주 사용하는 기관은 발달하고 그렇지 않은 기관은 퇴화한다는 학설이다. 하지만 이 학설은 다윈의 진화론과 유전자가 발견되면서 역사에서 사라졌다.

그런데 앞에서 언급한 것처럼, 최근 후성유전학의 발달로 용불용설이 다시 주목받고 있다. 후성유전학은 DNA의 염기서열이 변화하지 않는 상태에서 이루어지는 유전자 발현의 조절을 연구하는 유전학의 하위 학문이다. 후성유전학에 따르면 DNA 염기서열이 변하지 않아도 특정 형질이 나타나거나 발현되지 않을 수 있으며, 따라서 한 세대에 특정하게 나타난 형질이 대를 거쳐 유전될 수도 있다. 이는 DNA 염기서열의 변화 없이 특정 형질이 다음 세대에 전해지면서 점진적인 변화를 이끌어낸다는 용불용설과 비슷한 맥락이다. 획득한 형질이 유전된다는 라마르크의 주장과 후성유전학은 비슷한 점이 있다. 다윈의 진화론과 라마르크의 용불용설(또는 후성유전학) 등을 바탕으로 현대 진화 이론은 생물 집단 내에 존재하는 개체들 간의 차이를

'생물은 그 환경에 따라서 사용 빈도가 높은 기관은 발달하고 그렇지 않은 기관은 퇴화하여 사라진다'는 '용불용설'을 주장한 라마르크

대립형질의 발현으로 파악하며, 자연선택에 의해 대립형질 발현 빈도가 변화하는 것을 진화의 원인으로 보았다.

생명체의 구조, 형질 발현, 진화 등과 같은 생명 활동의 기본 단위인 세포에 관한 이야기로 다시 돌아오자. 1838년 독일의 슐라이덴(Schleiden, 1804~1881)은 식물 세포에 관해 연구한 끝에 식물의 기원을 주제로 한 논문을 발표했는데, 여기서 세포는 식물체를 구성하는 기본 단위라고 역설했다. 독일의 슈반(Schwann, 1810~1882)은 동물 세포에 관한 연구를 진행했다. 그는 닭, 개구리, 포유류의 난황 등을 비교하여 "동식물의 구조와 성장 일치에 관한 미세 연구"를 발표했다. 이 논문에서 세포 구조는 모든 동물체가 공유하는 구조적 특징이라는 의견을 제시한 슈반은 더 나아가 동물과 식물의 구조적 통일성을 지적했다. 그는 동식물이 모두 세포로 구성되어 있으며 세포 구조는 생물체의 공통된 특징이라고 주장했다. 슈반은 최초로 '세포설(cell theory)'이라는 용어를 사용한 과학자이기도 하다. 세포설은 오늘날의 생물학에서 세포의 고유한 특성을 설명하는 과학 이론이 되었다. 세포가 모든 생물의 기본 단위이자 재생산의 단위이기도 하다는 점을 강조하는 세포설이 생물학의 기초 지식으로 자리 잡은 것이다. 몇 가지가 추가되어야 한다는 의견도 있기는 하지만, 오늘날 세포설의 세 가지 기본 핵심 개념은 다음과 같다. ① 모든 생물은 하나 이상의 세포로 이루어져 있다(그러나 바이러스와 같은 비세포성 생물에 대한 논란이 있다). ② 세포는 생물을 이루는 기본 단위다. ③ 세포는 이전에 이미 존재한 세포로부터 나온다.

이처럼 슐라이덴과 슈반은 연구를 통해 세포의 기능을 비교적 정확하게 정의했고, 세포설의 기본 원칙을 확립했다. 그러나 그들이 잘못된 개념을 제시한 것도 있는데, 새로운 세포가 기존의 핵과 비세포 물질로부터 생성된 후 기존 세포의 붕괴로 완성된다고 한 것이다. 훗날 수많은 연구자들이 관찰한 결과 세포는 오로지 기존 세포의 분열을 통해서만 생성된다는 점이 드러났다. 특히 1858년에 독일의 피르호(Virchow, 1821~1902)가 세포설의 기본 핵심 개념 중 세 번째인 '모든 세포는 세포에서 비롯된다'라는 주장을 했다. 생물 활동의 기본 단위인 세포의 본질을 보다 심층적으로 파헤친 이 주장은 일반적으로 세포설을 뒷받침하는 든든한 버팀목으로 여겨졌다. 심지어 이 주장이 제시되고서야 비로소 세포설이 완성되었다고 말하기도 한다.

세포설의 정립과 생명체에 있어서 세포의 중요성은 물리·화학 분야에서 원자가 갖는 의미만큼이나 크다. 세포설은 생물계 전체가 구조적으로 통일성을 가지고 있으며, 진화적으로 공통의 기원을 가졌다는 사실을 입증했다. 이 학설의 정립은 생물학의 발전을 촉진하는 한편 소위 '변증유물론(dialectical materialism)'과 같은 이론들에 중요한 자연과학적 근거를 제공해주기도 했다. 세포설은 다윈의 진화론과 함께 '19세기 생물학의 3대 발견' 중 하나로 손꼽히기도 한다.

한편, 진핵생물과는 달리 눈에 보이지 않는 원핵생물의 발견, 자연발생설의 부정과 관련해서는 파스퇴르의 연구를 다시 살펴보아야 한다.

19세기 중엽 프랑스의 포도주 생산량은 유럽 전체에서 1위를 차지할 정도로 독보적이었지만, 프랑스의 양조업자들에게는 한 가지 고민이 있었다. 당시 대다수의 양조장에서는 전통적인 방식으로 술을 빚었는데, 이 방식에는 하나의 세포로 이루어진 단세포 생물인 '효모(yeast)'를 이용해 포도즙을 '발효(fermentation)'시켜 주정으로 바꾸는 중요한 단계가 있었다. 발효는 넓은 의미로는 미생물이나 균류 등을 이용해 '육종'[12]하는 과정을 말하고, 좁은 의미로는 산소 없이(즉 무기호흡) 당을 분해해서 에너지를 얻는 대사 과정을 말한다. 발효의 생성물은 유기산, 가스 또는 알코올인데, 효모를 이용해서 빵이나 알코올 발효(진정효모류)에 활용하는 것이 대표적인 예다.

19세기 중엽 프랑스 양조업자들의 고민은 바로 이 발효 과정 중에 술이 신맛으로 변하는 경우가 허다하다는 것이었다. 그러나 술통 속의 포도즙이 향과 맛을 겸비한 훌륭한 술이 될지 아니면 쏟아버릴 수밖에 없는 신맛이 나는 물이 될지 예측할 수 있는 사람은 아무도 없었다. 양조업자들은 이러한 고민이 해결되길 간절히 바라는 상황이었다. 1857년에 한 양조장 주인이 어떻게 해서든 포도주가 산화되는(즉 신맛이 나는) 원인을 밝혀야 한다는 생각으로 파스퇴르를 초청했다. 파스퇴르는 효모에 문제의 원인이 있음을 확인하고 그에 관해 연구하기 시작했다.

몇 달 동안 효모와 발효의 관계를 연구한 끝에 파스퇴르는 효모의

12 breeding: 육종은 농작물 등을 개량하여 실용가치가 높고 우수한 새로운 품종으로 육성, 증식, 보급하는 기술을 의미한다.

작은 과립, 즉 오늘날 우리가 말하는 효모균이 살아 있다는 사실을 발견했다. 이 균은 다른 생명체와 마찬가지로 끊임없이 증식해 양분을 섭취하고 운동을 하면서 점점 몸집을 불려 나갔다. 포도즙에 효모를 첨가하면 이 균들이 즙에 함유된 양분을 먹고 성장하여 끊임없이 번식하는데, 바로 이 과정에서 희석해서 음용할 수 있는 에탄올인 주정이 생겨난다. 따라서 주정은 효모균의 배설물이라고 할 수 있다.

주정이 만들어지는 과정에서 효모가 하는 역할을 파악한 파스퇴르는 다시 어떻게 하면 좋은 술이 되고, 또 어떻게 하면 시큼한 술이 되는지 분석했다. 그리고 얼마 후, 좋은 술 속에 든 효모균은 원형이지만 시큼한 술 속에 든 균[13]은 가늘고 긴 모양이라는 사실을 발견했다. 그는 이 가늘고 긴 (세)균이 효모균과는 다른 (세)균이며 주정이 아닌 신맛의 물질을 만들어낸다고 밝혔다. 결국 둘은 다른 생명체였던 것이다. 그 후 파스퇴르가 찾아낸 해결 방법은 간단했다. 가늘고 긴 (세)균을 제거하기만 하면 되는 일이었는데, 효모를 넣은 포도즙을 섭씨 50℃까지 가열하기만 하면 포도주 속의 불청객인 (세)균을 없앨 수 있었다. 이 방법이 바로 오늘날까지도 우리가 광범위하게 사용하고 있는 소위 저온살균법이다. 이러한 발견을 계기로 파스퇴르는 '포도주 산업의 구세주'라는 칭송을 받게 된다.

이뿐만 아니라 파스퇴르는 효모에 관해 계속 연구하면서 미생물이 과즙을 발효시키거나 포도주를 산화하는 역할만 하는 건 아니라

13 여기서의 균은 박테리아, 즉 세균을 뜻한다. 원래 균은 버섯을 뜻하는 말이지만, 근대에 들어 균류는 서로 유연관계가 없는 여러 계통의 작은 진핵생물의 다양한 분류군을 가리키게 되었고, 현미경을 통해 발견되는 미생물인 박테리아는 세균이라는 말로 번역되고 있다. '-균(결핵균, 유산균 등)'으로 불리는 박테리아는 대부분 세균에 속한다.

는 사실을 깨달았다. 1858년에 그는 '세균병인설(또는 세균설)'이라는 새로운 학설을 발표했다. 세균병인설이란 미생물이 인체에도 해를 끼칠 수 있다는 내용으로, 사람들이 병에 걸리는 원인이 미생물에 있다는 것이었다.

파스퇴르의 세균병인설을 뒷받침하는 예는 아주 많다. 예를 들어 당시의 오스트리아-헝가리 의사인 제멜바이스(Semmelweis, 1818~1865)가 언급한 청결을 위한 손 씻기는 파스퇴르의 세균병인설로 쉽게 설명되었다. 실습생이 손으로 시체를 만져 시체의 세균에 감염됐고, 세균은 실습생의 손을 통해 다시 임산부에게 옮겨가 결국 임산부가 사망했기 때문이다. 실습생이 염소수로 손을 씻으면 세균은 죽고 임산부는 죽지 않을 수 있다는 것이다. 그럼에도 당시의 많은 사람이 자그마한 세균이 이처럼 사람의 생명을 앗아갈 수 있으며 직접적인 신체 접촉을 하지 않더라도 전염될 수 있는 질병이 많다는 사실을 믿지 않았다. 파스퇴르는 미생물이 공기 중에 떠다닌다는 주장을 펼치며 자신의 학설을 조금씩 보완했다. 그 후 끊임없는 노력과 많은 과학적 사실이 더해지면서 사람들은 점차 파스퇴르의 세균병인설을 받아들이기 시작했다. 이로써 파스퇴르의 명성과 그의 세균병인설은 프랑스를 넘어 다른 나라에까지 전해졌다.

당시 파스퇴르의 학설을 100% 수용한 사람들이 있었는데, 그중 한 명이 바로 영국의 외과의사 리스터(Lister, 1827~1912)였다. 그는 석탄산 수용액을 이용해 환자의 상처를 소독하면 환자의 생존율이 뚜렷하게 상승한다는 사실을 발견했다. 또 다른 한 명은 세균학의 아버지라고 불리는 독일의 의사 코흐(Koch, 1843-1910, 1905년 노벨 생리의학상 수상)였다.

그는 뜨거운 물로 수술용 기구를 소독해야 한다고 강조했는데, 이 방법이 바로 오늘날의 '고온살균법(또는 코흐 살균법)'이다. 코흐는 1890년대에 콜레라와 결핵을 일으키는 병원균을 발견해 세균병인설에 힘을 실어주었다.

이와 함께 다양한 세포배양법도 개발되었는데, 현대 세포생물학의 발전과 관련해서 특기할 만한 두 가지 유명한 세포가 있다. 하나는 1951년 당시 31세였던 랙스(Henrieta Lacks, 1920~1951)의 자궁경부암 조직에서 채취한 세포를 배양해 얻은, 그래서 그녀의 이름을 딴 헬라세포(HeLa cell)다. 배양의 용이성과 무한증식이 가능한 '불멸의 세포'라는 특성 덕분에 전 세계 과학자들이 헬라세포를 이용해 많은 연구를 진행해 엄청난 학문적·경제적 성과를 얻었다. 당시까지는 세포배양을 하면 세포는 일정 기간 세포분열을 하고 난 뒤 2~3일 이내에 죽어버린다고 알려져 있었는데, 헬라세포는 몇 달이 지나도 왕성하게 증식하는 특성을 보였다. 헬라세포가 세계적으로 유명해진 것은 소크(Salk, 1914~1995)가 소아마비 백신(폴리오 백신) 개발에 성공한 직후였다. 이후 헬라세포는 빠른 속도로 전 세계 연구실로 퍼져나갔다. 2010년까지 전 세계 연구실에서 증식한 헬라세포의 총량은 대략 20톤 정도로, 랙스 본인 몸무게의 무려 400배 정도를 불린 셈이다. 이렇게 증식한 세포주[14]는 암 연구뿐 아니라 후천성 면역결핍증(Acquired Immuno Deficiency Syndrome, AIDS) 연구, 약물 등의 독성 분석, 유전자 지도 작성 등 다양한 분야에 이용됐다. 헬라세포를 이용한 연구를 통해 2010년까지 6만

14 細胞株: 세포 배양을 통해 계속 분열, 증식하여 대를 이을 수 있는 배양 세포의 클론.

폴리오 백신으로 소아마비를 퇴치한 소크

편 이상의 논문이 발표되었고, 현재도 매달 300편 정도씩 새로운 논문이 쏟아진다고 하니 학술적으로 얼마나 중요한 세포인지 짐작할 만하다. 헬라세포를 이용한 관련 특허 또한 약 11,000건에 이른다고 하니 학술적으로뿐만 아니라 경제적으로도 매우 유용한 세포라고 할 수 있다.

헬라세포를 이용해서 소아마비 백신을 개발한 소크에 관한 이야기도 빼놓을 수 없다. 미국 캘리포니아의 아름다운 해변 도시 라호야에 소크연구소라는 생물학 연구소가 있는데, 이 연구소의 설립자인 소크는 소아마비 백신을 대량 생산해 미국을, 나아가 전 세계를 소아마비의 공포로부터 해방시킨 과학자였다. 소크는 수많은 시행착오 끝에 1950년대 말 뛰어난 증식 능력을 가진 헬라세포를 이용해 소아마비 백신을 대량 생산하는 데 성공했다. 그 덕분에 미국은 소아마비 풍토병에서 해방됐고 소크에게는 엄청난 부를 거머쥘 기회가 생겼다. 하지만 소크는 돈에 욕심이 없었다. 그는 소아마비 백신 대량생산 기술을 특허 등록도 하지 않았고 그의 재산을 소크연구소 설립을 통해 사회에 환원했다. 왜 그 기술을 특허 등록하지 않았냐는 질문에 그는 "특허 같은 건 없습니다. 태양에도 특허를 낼 건가요?"라고 답했다.

세포생물학의 발전과 관련해서 중요한 또 하나의 세포는 낙태한 태아의 폐 조직에서 얻은 WI-38 세포다. WI-38 세포는 세포 노화의 원인을 밝히는 데 결정적인 역할을 했다. 뿐만 아니라 풍진, 광견병, 소아마비, 홍역, 수두, 대상포진 등에 대한 백신 생산에 널리 이용돼 인류의 보건에 중요한 기여를 했다. 헬라세포가 암세포에서 떼어냈기에 무한증식이 가능한 불멸의 세포라면, WI-38 세포는 이론적으로 불멸의 세포는 아니지만 실질적으로는 실험실에서 계속해서 배양해 실험하고 있다는 의미에서 역시 불멸의 세포라고 할 수 있다. 헤이플릭(Hayflick, 1928~)은 WI-38 세포를 배양해서 세포 노화 등 세포 생존 한계를 나타내는 '헤이플릭 분열한계'[15]를 발견했다. 헤이플릭이 배아 조직 배양 실험을 시작할 당시는 헬라세포의 영향 탓에 '배양된 세포는 적절한 조건만 제공되면 영원히 증식한다'라는 생각이 만연할 때였다. 그런데 헤이플릭이 막상 태아 조직을 배양해 세포주

15 Hayflick limit: 헤이플릭 분열한계는 세포를 계대 배양(subculture, 배양 주기에 따라 이전의 배지에서 신선한 배지로 옮겨 배양하는 방법)하면 50회가량은 분열하지만 그 이후로는 분열 능력을 상실하게 되는 현상을 뜻한다.

를 키워보니 오래된 세포들이 천천히 증식하다 결국 한꺼번에 성장을 멈추는 것을 발견했다.

흥미로운 점은 헬라세포와 WI-38 세포의 제공자들은 어떠한 경제적 이득도 취하지 못했고, 이들을 개발한 과학자들 역시 만족스러운 보상을 받지 못했다는 사실이다.

세포를 실험실에서 배양할 수 있게 되면서 생화학, 세포생물학 등 관련 분야가 엄청나게 발전했다. 그런데 연구원이 휴가를 가는 등의 이유로 배양을 계속할 수 없을 때는 세포들을 어떻게 처리할까? 놀랍게도 세포는 냉동 보관이 가능하다. 즉 세포를 배양기에서 배양한 후, 동결 보관액[16]을 첨가하여 얼려서 액체 질소에 보관할 수 있고 적절한 조건에서 얼어있는 세포를 녹여서 다시 배양할 수 있다. 세포가 이렇게 냉동 보관을 거치면 세포의 생물학적 특성이 바뀌지 않을까? 과학자들도 이런 의문을 가지고 많은 비교 실험을 했는데, 냉동 보관 전의 세포나 이후의 세포나 생물학적인 특성이 같다는 결과를 얻었다. 그리고 남성의 정자를 냉동 상태에서 보관한 후에 여성의 난자와 수정시키는 '체외 수정'이 가능하다는 사실이 이미 1950년대부터 알려져 있었다.

이처럼 세포를 냉동 보관할 수 있고 녹여서 재생시킬 수 있다면, 그런 세포들로 이루어진 생명체도 냉동 보관이 가능하지 않을까? 그리고 냉동인간의 부활이 가능하지 않을까?

냉동인간에 대해 살펴보기 전에, 인공적인 동면(겨울잠)에 대해서 먼

16 오늘날 사용되고 있는 대부분의 동결 보관액은 FBS(Fetal Bovine Serum), 항생제(Antibiotics), DMSO(Dimethyl Sulfoxide) 등을 포함하고 있다.

저 살펴볼 필요가 있다. 인공적인 동면은 원리적으로는 불가능하다고 볼 수는 없다. 어찌 보면 인공적인 동면과 매우 유사한 원리가 자연에서, 그리고 의학계에서 이미 사용되고 있다. 뱀이나 개구리와 같은 변온동물들만 동면하는 것이 아니라 이보다 훨씬 고등한 동물, 즉 곰, 두더지 같은 포유류들도 동면하기 때문이다. 외과의 심장 수술 등에 활용되고 있는 '저체온 수술법'도 체온을 낮추어서 인간의 신진대사를 아주 느리게 한다는 점에서 일종의 인공적인 동면으로 볼 수 있다. 다만 이 경우 수술을 끝낼 수 있는 1~2시간 정도가 저체온을 유지할 수 있는 현재의 수준이며, 그 이상은 견디기 어렵다고 한다. 따라서 장거리 우주여행 등에 이용될 정도로 몇 년 이상씩 인공적인 동면을 취하여 수명과 에너지를 아낀다는 것은 현재의 과학기술로는 아직은 먼 이야기다. 다만 동물의 동면을 유도하는 물질 등에 관한 여러 연구가 진행되고 있다. 그 메커니즘을 정확히 밝혀내고 이를 인간에게도 적용 가능한 방법을 확립할 수 있다면, 미래에는 인공적인 동면을 통하여 인간의 수명을 연장시킬 수 있을 것이다.

'멀쩡한 사람을 냉동시켰다가 100년이나 200년, 아주 오랜 시간이 흐른 뒤에 다시 깨어나게 하는 것'은 공상과학 영화나 소설에 가끔 등장하는 이야기다. 인공적인 동면과 유사하면서도 인체를 훨씬 온도가 낮은 상태로 보존하는 인간 냉동기술은 생각보다 역사가 길다. 앞에서 이야기한 것처럼, 인간의 몸 전체를 냉동한 것은 아니지만, 남성의 정자를 냉동 상태에서 보관한 후에 여성의 난자와 수정시키는 '체외수정' 기술은 이미 1950년대부터 가능했다. 그리고 현재 미국에는 실제로 냉동인간 상태로 보관되어서 미래에 깨어나기를 기다리는 존재들이 있다. 바로 미국 애리조나주 스콧데일 공항 근처에 있는 알코어 생명연장재단 이야기다.

'사망한 지 얼마 되지 않은 시신을 수술대에 올리고, 의료진이 얼음을 부어 신체 온도를 영하로 낮추면서 동시에 피가 굳지 않도록 하는 특수 약물을 주입한다. 그런 다음 혈액을 빼내면서 16가지 장기 보존액을 주입한다. 마지막으로 동결 보존액을 주입한 후 서서히 냉동시켜 -196℃의 액화 질소 탱크에 보존하고….' 1982년에 설립된 알코어 생명연장재단에는 현재 미국은 물론 일본, 중국 등지에서 온 냉동인간 150여 명이 미래를 기다리며 잠들어 있다. 불치병에 걸렸거나 자신의 생명을 연장하기를 바라는 사람들이 의학이 훨씬 발달했을 먼 미래에 부활할 것을 꿈꾸며 냉동 상태에 들어간 경우가 대부분으로, 냉동 인간을 자원하는 사람들 역시 적지 않다. 물론 이론적인 가능성 유무를 떠나서, 아직 인간을 냉동시켰다가 되살리는 데 성공한 적은 없다.

현재로서는 생체의 냉동과 해동의 신비가 모두 벗겨진 것이 아니다. 그렇지만 냉동기술 자체는 꾸준히 발전하여 최근에는 항온 동물인 개나 토끼를 짧은 시간 동안이긴 하지만 얼린 후에 해동하여 살리는 것이 가능한 수준이다. 또한 인위적인 실험이 아닌 사고이긴 했지만, 캐나다에서는 13개월 된 아기가 -20℃의 날씨에 밖에 나간 후 눈에 파묻혀 꽁꽁 얼어붙는 사고를 당했는데, 10시간 만에 발견되어 구조된 후 의료진의 예상을 뒤엎고 극적으로 살아난 예도 있다. 따라서 먼 미래에는 불치병의 치료나 생명 연장뿐만 아니라, 냉동인간을 해동시키는 기술 역시 발전하여 별문제 없이 되살릴 수 있을 것이라 기대된다.

그런데 냉동인간의 부활 여부와는 별개로, '과연 되살아난 인간이 예전의 지능이나 기억을 유지할 수 있을 것인가'라는 더욱 어려운 문제가 남아있다. 인간의 지능이나 기억의 메커니즘에 대해서는 아직도 밝혀지지 않은 부분이 많다. 냉동과 해동이라는 엄청난 변화가 뇌의 신경망과 프로세스에 악영향을 주지는 않을지, 복잡하기 그지없는 신경세포와 기억회로망을 완벽히 복구할 수 있을지 등을 아직은 알지 못한다. 사실 냉동인간을 되살리는 것 자체는 가능할 것이라 믿는 과학자들조차도 기억의 유지와 회복은 어려우리라 예측하는 경우가 많다.

냉동인간과는 조금 다른 이야기이긴 하지만, 생명 연장과 노화(aging)에 도전하는 인간의 꿈이 과학자들의 노력으로 조금씩 현실화되고 있다. 예를 들어 2017년 미국 질병통제예방센터(CDC)는 나이가 들면 생기는 당연한 현상인 근감소증에 'M62.84'라는 질병분류 코드를 부여했다. 사람의 근육량은 20대 무렵 최대치에 이른 뒤 서서히 줄어들어 70대 이후에는 40% 이상이 감소하는데, CDC의 이번 조치는 노화를 바라보는 시선이 '질병'으로 바뀌고 있음을 의미한다, 즉 '치료' 가능성이 있다는 걸 의미한다. 국내 의료계에서도 근감소증에 대한 질병분류 코드를 부여하는 걸 검토 중이다.

또 다른 예로는 세포 속 생체시계라고 할 수 있는 '텔로미어(telomere)'를 들 수 있다. 노화가 독자적인 연구 주제로 자리 잡은 건 헤이플릭의 연구 결과가 발표된 이후인데, 2009년 노벨 생리의학상이 이와 같은 세포를 이용한 실험을 통해 텔로미어의 역할을 확인한 블랙번(Blackburn, 1948~, 2009년 노벨 생리의학상 수상) 등 3명에게 돌아가면서 노화 연구는 혁명기를 맞았다. 세포 속 염색체 끝단을 의미하는 텔로미어는 운동화 끈 끝을 감싼 플라스틱처럼 세포 속 염색체 끝부분에 위치하는 유전자 조각이다. 텔로미어는 세포분열이 일어날수록 길이가 짧아지는데, 그 길이가 노화점보다 짧아지면 세포는 노화 세포에 접어들어 결국 죽는다.

세포를 이용한 실험을 통해 텔로미어의 역할을 확인한 블랙번 © The Nobel Foundation

그러면 불로(늙지 않는 것)나 생체시계를 되돌리는 회춘은 가능한 것일까? 블랙번은 "텔로메라아제(telomerase) 기능이 활발해져 텔로미어 길이가 줄어들지 않으면 세포 노화가 일어나지 않는다"라고 했다. 텔로메라아제는 텔로미어가 짧아지는 것을 막는 몸속 효소인데, 암세포가 무한 증식할 수 있는 건 텔로메라아제 활성으로 텔로미어가 짧아지지 않기 때문이다. 그래서 텔로메라아제의 활성이 유지되도록 하여 세포 노화를 막을 수도 있다. 최근까지 진행된 연구를 종합해보면 노화는 근육 감소, 암, 심혈관질환, 치매 등 각종 질병의 원인으로 꼽힌다.

한편, 노화로 향하는 생체시계를 되돌리는, 즉 회춘하는 실험에 성공한 사례도 있다. 2010년 하버드 의대 연구팀은 유전자 조작을 통해 나이 든 생쥐를 젊어지게 만드는 데 성공했다고 발표했다. 연구팀

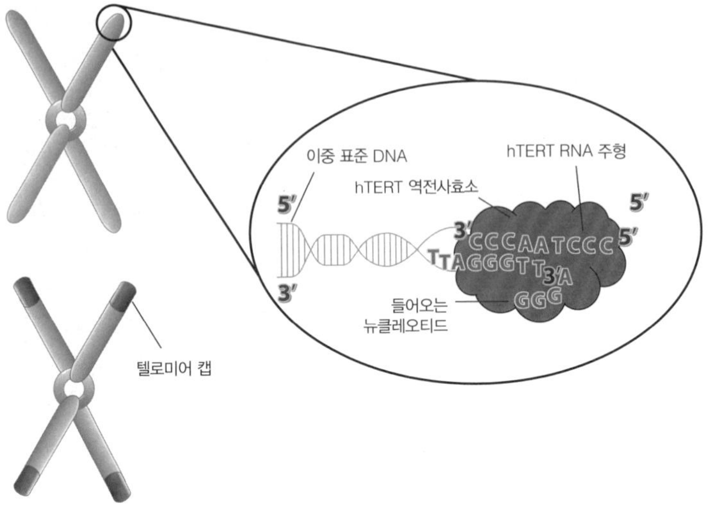

염색체 말단을 보호하는 텔로미어

은 유전자 조작을 통해 텔로메라아제를 조절할 수 있는 스위치를 쥐의 세포에 장착했다. 유전자를 조작한 쥐에서 털 색깔이 회색으로 변화하는 등 노화 현상이 나타나는 것을 확인한 후, 연구팀은 그 쥐의 텔로메라아제 효소 활성화 스위치를 작동시켰다. 한 달이 지나자 쥐의 회색 털이 검은색으로 변했고 줄어든 뇌의 크기도 정상으로 회복됐다. 인간으로 치면 노인의 털 색깔과 뇌의 크기가 젊은이의 그것들로 변한 격이다. 연구팀은 "노화 속도를 늦출 수 있는지 알아보는 실험이었는데, 천천히 늙는 것을 넘어 젊어진 것을 확인했다"라고 말했다.

3. 남녀 성별의 수수께끼를 밝히다

– 성 결정과 유전자

앞에서 살펴본 것처럼, 유전학의 창시자 멘델이 19세기 중엽에 발견한 유전법칙은 20세기 초가 되어서야 과학계의 인정을 받았다. 20세기 첫 해에 세 명의 생물학자가 각자 독립적으로 똑같은 결론을 도출해냈다. 그들이 내놓은 결론은 멘델의 발견과 같았고, 이로써 멘델의 유전법칙은 마침내 빛을 보기 시작했다. 멘델의 유전법칙을 설명하기 위해 1909년에 '유전인자'라는 용어가 생겼는데, 그리스어로 탄생이라는 의미를 담고 있다.

현미경으로 동물과 식물의 세포를 관찰해보면 막으로 둘러싸인 둥근 핵이 보이고, 좀 더 자세히 살펴보면 그 속에 밝은색의 실처럼 보이는 염색체가 들어있음을 알 수 있다. 사람의 경우 정상적인 세포의 핵은 23개의 염색체 쌍을 가지고 있다. 난자와 정자에는 각각 23개의 염색체가 있고, 따라서 이 난자와 정자가 만나서 형성되는 사람의 세포는 23쌍의 염색체를 갖는다. 이들 23쌍의 염색체들은 그 크기와 모양이 각기 다르지만, 쌍을 이루는 두 염색체는 크기와 모양 등이 서로 대응되지 않는 X 염색체와 Y 염색체의 경우를 제외하면, 정확히 같게 보인다.

과학 지식의 부재로 인해서 성(sex)과 생식(reproduction)의 특별한 관계를 전혀 알 수 없었던 1667년, 최초의 현미경 학자인 레이우엔훅이 정액 속에 정자가 들어 있다는 사실을 발견했다. 그는 현미경을 통해서만 보이는 미세 동물이 난자로 들어가서 수정될 것이라고 가정하긴 했지만, 그 후 200년에 가까운 시간 동안 이 가설은 증명되지 못했다. 멘델 역시 유전인자가 구체적으로 무엇인지 명확히 밝히지 못했음은 물론이다.

1854년부터 약 20년에 걸쳐 개구리와 성게의 수정(fertilization)을 연구한 현미경 학자들이 암수 배우자의 융합 과정을 그림 등으로 상세하게 기록하면서 성과 생식의 관련성을 조금씩 이해할 수 있게 되었다. 1879년 독일 생물학자들은 세포 속의 '염색체(chromosome, 참고로, chromo-가 color를 의미한다)'를 발견했는데, 알칼리성 아닐린 염료를 이용하면 투명한 핵의 미립물질을 쉽게 염색할 수 있었으므로 염색체라고 이름 붙였다. 이로써 그들은 세포분열의 전 과정을 염색체 수준에서 관찰할 수 있었다. 하지만 안타깝게도 당시에는 멘델의 유전이론이 널리 알려지지 않았다. 만약 그들이 멘델의 유전이론을 알고 있었다면 '세포의 분열과정은 멘델의 유전이론과 어떠한 관련이 있을까?'라는 질문을 할 수 있었을 테고, 그러면 염색체와 유전인자의 관계에 대한 초기의 답을 20세기가 오기 전에 알 수 있지 않았을까?

염색체와 유전인자의 관계에 관심을 가진 사람 중 미국의 서턴(Sutton, 1877~1916)을 빼놓을 수 없다. 서턴은 1903년에 세포의 염색체와 멘델의 유전인자 사이에 평행관계가 존재한다는 사실에 주목했다. 그는 미국 컬럼비아대학교에서 메뚜기(Brachytola magna) 정소(testis)의 '시원세포'[17]를 이용해 연구했는데, 메뚜기 정소의 시원세포들이 감수분열을 거쳐 정자로 변환됨을 관찰했다. 그는 메뚜기 정소에 있는 시

17 primordial cell: 시원세포는 조직 분화를 시작하는 세포를 뜻한다. 고등 식물의 경우, 생장점의 끝을 이루는 세포로 분열을 계속하여 새로운 세포가 생긴다.

염색체설을 주장한 서턴

원세포가 감수분열 전에는 총 24개의 염색체를 가지며, 이 중 22개는 서로 그 크기와 모양이 일치하는 11쌍으로 구성된 상염색체들임을, 그렇지만 나머지 염색체 2개는 서로 크기와 모양이 일치하지 않음을 발견했다. 그는 그 두 염색체를 '성염색체(sex chromosome)'라고 명명하면서, 둘 중 큰 염색체를 X 염색체, 작은 염색체를 Y 염색체라고 불렀다.

그 실험에서 시원세포의 감수분열로 생성된 정자들은 두 종류가 관찰되었다. 생성된 정자의 절반은 11개 상염색체와 X 염색체를 가지고 있었고 나머지 절반은 11개 상염색체와 Y 염색체를 가지고 있었다. 이와는 대조적으로 암컷 메뚜기에서 생성된 모든 난자는 11개 상염색체와 X 염색체만을 가지고 있었다. 그는 계속된 관찰을 통해서 X 염색체를 가진 정자가 X 염색체를 가진 난자와 수정되면 XX 염색체를 가진 암컷 메뚜기로, Y 염색체를 가진 정자가 X 염색체를 가진 난자와 수정되면 XY 염색체를 가진 수컷 메뚜기로 성장함을 관찰했다. 따라서 서턴은 X 염색체와 Y 염색체가 성을 결정한다고 결론 내렸다.

1902년과 1903년에 서턴은 자신의 연구 결과와 함께, 독일의 보베리(Boveri, 1862~1915), 뉴욕의 윌슨(Wilson, 1856~1939), 그리고 여러 연구자가 제시한 이론과 실험결과들을 종합적으로 정리해 최초로 '염색체설'

을 제안했다. 서턴은 1902년에 발표한 그의 논문에서, "부계와 모계 염색체들의 쌍 형성과 감수분열 동안 이들이 분리되는 것은 (…) 멘델의 유전법칙의 물리적 기초를 구성할 것"이라고 주장했고, 1903년에는 염색체가 멘델의 유전법칙의 기본 단위를 운반한다고 보았다. 이때부터 세포학과 유전학은 긴밀하게 연결되었고, 이는 유전학 연구의 지름길이 되었다.

미국의 모건(Morgan, 1866~1945, 1933년 노벨 생리의학상 수상)은 이 지름길의 최초 수혜자였다. 그는 초파리를 연구 대상으로 삼았는데, 이는 초파리가 기르기도 쉽고 한 번에 200마리 정도가 태어나기 때문이었다. 무엇보다 초파리는 태어난 지 2주가 지나면 생식능력이 생겨서 연구 주기를 크게 단축시킬 수 있다. 멘델이 완두를 이용하여 손자 시대에 이르기까지 형질의 차이를 밝히는 데 3년이 넘는 시간이 걸린 것을 감안하면, 초파리를 이용한 실험은 시간적인 측면에서 훨씬 유리하다. 물론 연구 주기를 단축한 것보다 더 중요한 사실은 모건이 유전학 연구의 지름길을 찾았다는 것이다. 이는 초파리의 세포 내 염색체 수가 완두에 비해 훨씬 적고, 그중 일부는 일반 현미경으로도 관찰할 수 있기 때문이다. 예를 들어 초파리의 몸은 일반적으로 작고 길이가 2~3밀리미터 정도이며, 황갈색 몸에 녹색 눈을 가지고 있다. 모건은 자세한 관찰 결과를 통해 초파리마다 미묘한 차이가 있으며, 이런 특징이 다른 모든 생물의 성질처럼 유전된다는 사실을 알게 되었다.

모건의 연구 등에 사용된 초파리에 관해서 좀 더 살펴보자. 초파리를 이용한 연구 업적으로 노벨상 수상자가 선정된 것이 지금까지 최소 여섯 번인데, 2017년 생리의학상을 공동 수상한 미국의 로스배시

(Rosbash, 1944~, 2017년 노벨 생리의학상 수상)가 수상 소식을 듣고 "초파리에게 감사한다"라고 말하면서 화제가 됐다. 이어 미국 〈뉴욕타임스〉와 영국 〈가디언지〉 등에 "또다시 노벨상이 초파리에게 주어졌다"라는 기사가 실리면서 초파리에 대한 관심이 다시 높아졌다. 앞에서 말한 것처럼, 초파리 연구로 과학자들이 노벨상을 받은 것은 지금까지 최소 여섯 번이다. 1933년 미국의 모건이 '유전 현상에서 염색체의 역할을 규명'한 공로로, 1946년 미국의 멀러(Muller, 1890~1967, 1946년 노벨 생리의학상 수상)가 'X-선에 의해 돌연변이가 발생할 수 있음'을 밝힌 공로로, 1995년 독일의 뉘슬라인-폴하르트(Nuesslein-Volhard, 1942~, 1995년 노벨 생리의학상 수상)가 '초기 배아(embryo) 분화를 조절하는 유전자 무리인 호메오박스(homeobox)를 발견'한 공로로 노벨상을 받았다. 또 2004년 미국의 액설(Axel, 1946~, 2004년 노벨 생리의학상 수상)과 벅(Buck, 1947~, 2004년 노벨 생리의학상 수상)이 공동으로 '냄새 수용체와 후각 시스템의 구조에 대한 연구'로, 2011년 프랑스의 호프만(Hoffmann, 1941~, 2011년 노벨 생리의학상 수상)과 캐나다의 스타인만(Steinmann, 1943~2011, 2011년 노벨 생리의학상 수상)이 공동으로 '면역체계 활성화를 위한 핵심 원칙 발견'으로 노벨상을 받았다. 그리고 2017년 미국의 홀(Hall, 1945~, 2017년 노벨 생리의학상 수상)과 로스배시(Rosbash, 1944~, 2017년 노벨 생리의학상 수상), 영(Young, 1949~, 2017년 노벨 생리의학상 수상) 세 사람이 '생체시계를 통제하는 분자 메커니즘을 발견'한 공로로 노벨상을 받았다. 이들은 모두 초파리를 연구해 놀라운 과학적 성과를 거뒀다.

실제로 초파리는 과학자들이 가장 좋아하는 실험 대상 중 하나다. 초파리는 몸집이 작지만 유전자 개수는 모두 13,000개 정도로 인간과 약 60% 일치한다. 과학자들이 초파리를 인간 유전자 연구의 대상으로 삼는 이유이기도 하다. 다운증후군이나 알츠하이머, 자폐증, 당뇨병, 각종 암 유발 유전자 등 인간의 질병과 관련된 유전자 중 75%가 초파리의 유전자에서 발견됐다. 게다가 10일에 500가량의 알을 낳을 정도로 번식력도 좋아 실험대상을 구하기도 쉽다.

유전과 관련된 생물학 연구에 많이 사용되는 초파리

다시 모건의 초파리를 이용한 실험으로 돌아오면, 모건은 초파리 실험을 통해 멘델의 유전법칙을 이해했을 뿐만 아니라 멘델 법칙과는 다른 양상을 보이는 새로운 유전법칙인 '성별 유전법칙'을 발견했다. 그는 생물의 성별 유전은 바로 성염색체가 결정한다고 보았다. 생물의 성별 유전인자는 성염색체상에 있는데, 바로 이 성염색체가 성별 유전인자의 물질적 책임자라는 것이다. 이 발견으로 생식과 성별 결정의 비밀도 그 베일을 벗었다. 모건은 자신이 발견한 생명체의 실제 유전방식이 멘델이 상상한 것보다 훨씬 복잡하다는 점을 인식했다. 몇 년 동안의 연구를 거쳐 모건은 마침내 중요한 결론에 도달했다. 즉 몇 가지 유전자의 염색체상 위치를 실험적으로 추정함으로써 초파리가 가지는 4쌍의 염색체상에 각 유전자가 물리적으로 배열된 유전자의 위치도를 그릴 수 있게 된 것이다. 바로 이렇게 '유전자설'이 탄생했다.

서턴과 모건 등의 연구 결과로 성별의 수수께끼도 마침내 풀렸다. 이때부터 유전학은 공상의 시대를 끝내고 위대한 발견이 계속 이어지면서 가장 활발한 연구 분야 중 하나가 됐다.

앞에서 언급한 것처럼, 생명체 중에서 많은 종은 암수 구별이 있고 유성 생식(sexual reproduction)을 통해서 자손을 낳는다. 그런데 생식을 하려면 이보다 훨씬 간단하고 쉬운 방법이 있다. 바로 무성 생식(asexual reproduction)이라는 방법인데, 사실 유성 생식을 하는 종들이 출현하기 전 약 10억 년에 걸쳐 생물들은 이 무성 생식을 통해 번식했다.

무성 생식에서는 부모가 어느 한쪽만 있어도 충분하다. 대부분은 아니지만 많은 식물이 무성 생식을 통해 번식한다. 정원수의 가지를 잘라 땅에 심는 경우도 무성 생식이다. 세균이나 단세포 생물이 반으로 분열하여, 2개의 딸세포를 만드는 '이분법'도 무성 생식이다. 곰팡이나 버섯 같은 균류 중에는 '포자(spore)법'으로 번식하는 것들이 있다. 이들 포자는 날아가서 그대로 새로운 곰팡이나 버섯으로 성장하므로, 이것 역시 무성 생식의 일종이다.

동물 중에도 무성 생식을 하는 종류가 있다. 물론 무성 생식을 하는 동물은 일부 하등 동물에 제한되어 있다. 예를 들어 동물 중에서 가장 간단한 종인 해면동물은, 단순히 세포들을 뿌리면 그것들이 새로운 해면동물로 자란다. 해파리의 친척인 히드라는 자기 몸에서 새로운 개체가 쑥 솟아 나와 독립하는데, 이 기묘한 무성 생식법을 '출아(budding)법'이라고 부른다. 해파리의 또 다른 친척인 말미잘은 번식할 때는 간단히 몸 중간 부분이 둘로 나누어지고, 2개의 새로운 개체가 생긴다. 어떤 편형동물들은 번식하고자 할 때 신체 일부가 잘려 나가고, 이 잘려 나간 조각 하나하나가 새로운 개체로 성장하는 놀라운 능력을 보여준다. 물에 잠긴 통나무나 돌 밑바닥에 붙어 사는 플라나리아가 바로 그러한 편형동물이다.

그렇지만 진화의 사닥다리 위쪽으로 올라갈수록 무성 생식은 점차 보기 힘들어진다. 척추동물(어류, 양서류, 파충류, 조류, 포유류)이 무성 생식을 하는 경우는 매우 드물게 나타나며, 나타난다고 해도 그렇게 특이한 양상을 보이지는 않는다. 팔이나 다리가 떨어져 나가 새로운 개체로 성장하는 일은 절대로 일어나지 않는다. 무성 생식이 일어나는 예외적인 경우는 난자가 정자와 수정을 거치지 않고, 혼자서 새로운 개체로 발생하는 형식을 취한다. 이것을 척추동물 '단위 생식' 또는 '처녀 생식'이라고 하는데, 어류와 양서류, 도마뱀류 중 몇몇 종에서 볼 수 있다.

배우자의 존재 없이 쉽고 간단하게 번식할 수 있는 무성 생식의 이점에도 불구하고, 척추동물은 말할 것도 없이 곤충이나 거미류, 게, 바닷가재, 지렁이 따위도 반드시 암컷과 수컷의 교미를 통해 유성 생식을 한다. 짝을 찾는 데 드는 시간과 에너지, 교미에 필요한 복잡한 생식기를 갖추어야 하는 번거로움에도 불구하고, 유성 생식은 동물의 세계에서 보편적인 현상이다. 무성 생식을 하는 가장 간단한 동물도 경우에 따라서 유성 생식을 선택하는 경우가 있다.

왜 그럴까? 동물들이 이토록 집착하는 유성 생식에는 어떤 이점이 있을까? 한마디로 대답하자면, '다양성' 때문이라고 답할 수 있다. 무성 생식의 경우는 부모를 그대로 복사한 개체들이 만들어지므로, 새로운 개체들은 겉모습이 같을 뿐만 아니라 간혹 일어나는 돌연변이를 예외로 하면 유전적으로도 동일하다. 그런데 모든 개체가 유전적으로 똑같은 것은 그다지 좋은 일이 아니다. 만약 한 호수에 사는 모든 물고기가 특정 세균에 민감하다고 가정할 경우, 그 세균이 호수에 흘러 들어오면 그 물고기들은 모조리 전멸할 수도 있다. 즉 그 세균에 덜 민감한 변종들이 있다면, 그들 중 일부 물고기는 살아남아서 대를 이어갈 수 있다. 집단 내에서의 다양성, 이것이 바로 유성 생식으로 얻을 수 있는 이점이다. 수컷과 암컷이 교미를 통해서 수정될 때 수컷과 암컷의 유전자가 혼합된다. 그래서 새로운 개체들은 부모로부터 서로 다른 유전자들을 물려받게 되며, 따라서 어떤 개체도 똑같은 유전자 세트를 가질 수 없다. 똑같은 부모에게서 난 개체들이라 해도 마찬가지다. 단 예외가 있다면, 유전적으로 동일한 일란성 쌍둥이의 경우다.

사람의 수정란(zygote)은 유성 생식, 즉 정자와 난자가 융합(fuse)되어 수정되는 과정을 거치면서 생성되는데, 정자로부터 받은 한 개의 성 염색체와 22개의 보통 염색체(상염색체, autosome), 그리고 난자로부터 받은 같은 수의 염색체들을 갖는다. 유성 생식의 경우 수정이라는 과정을 통해 완전한 23쌍의 염색체를 지니게 된다. 이때 오로지 X 염색체만을 가질 수 있는 난자가 X 염색체를 지닌 정자와 수정하면 그 수정란은 결국 XX 염색체를 갖는 수정란이 될 것이다. 반면에 정자의 성 염색체가 Y 염색체일 경우에는 그 수정란이 XY 염색체를 갖게 된다. 다시 말해 사람의 경우 수정란의 성별을 결정하는 유전인자는 성염색체 안에 있다. 아버지로부터 X 염색체나 Y 염색체 중 어떤 염색체를 받느냐에 따라 자식의 성이 결정되는 것이다.

XY 염색체를 갖는 사람의 수정란이 남성으로 자라는 이유는 무엇일까? 일반적으로 남성의 성을 결정하는 특별한 단백질과 관련된 유전정보가 Y 염색체 내에 존재하기 때문이다. 이와 같은 특별한 단백질이 과학적으로 밝혀지기 시작한 것은 1955년부터다. 미국의 이치월드(Eichwald, 1913~2007)는 쥐를 이용한 실험에서 수컷만이 특정 항원 단백질을 갖고 있음을 보였다. 1960년에는 영국의 빌링햄(Billingham, 1921~2002)이 좀 더 정밀한 실험을 통해서 이 단백질을 조직적합성-Y 항원(histocompatibility-Y antigen 또는 H-Y 항원)이라고 이름 지었다. 그 후 독일의 울프(Wolf, 1933~2017)를 포함한 많은 학자가 사람뿐만 아니라 모든 포유동물에서 수컷(남성)은 이 H-Y 항원을 가지고 있음을 밝혔다. Y 염색체를 지닌 수정란이 세포분열을 통해 태아가 되는 과정에서, 아직 미분화된(undifferentiated) 상태일 때 생식기관의 세포막에 이 H-Y 항원이 생성되어 작용한다는 것이다. 정확한 메커니즘은 아직 밝혀지지 않았지만, 이 H-Y 항원이 미분화된 생식기관을 성숙한 정소로 발육시키는 데 큰 역할을 하는 것은 확실하다. 한편 일단 정소가 형성되기 시작하면 사람의 성별을 결정짓는 Y 염색체의 임무는 끝난 것으로 보인다. 이후에 나타나는 생식기관의 발육이나 남성적인 체격·외모와 같은 수컷(남성)으로서의 성징 발달은 정소에서 분비되는 호르몬들에 의해 조절되는 것으로 알려져 있다.

암컷(여성)의 경우에는, 그 성 결정이 H-Y 항원과 같은 특별한 물질에 의한 것이 아니고, 함께 존재하는 두 가지 X 염색체에 있는 유전정보의 조절(물론 포유류 암컷(여성)의 경우에 'X 염색체 비활성화'[18]도 고려해야 한다)에 따라 나

18 X-inactivation: X 염색체 비활성화는 포유류 발달의 초기 배아 단계에서 X 염색체 중 무작위로 선택된 하나에 있는 거의 모든 유전자가 비활성화되는 것을 말한다. 즉 포유류 암컷(여성)의 경우, 세포마다 2개의 X 염색체 중에서 임의로 선택된 하나의 X 염색체에 있는 유전정보만이 발현되는 현상을 말한다.

타나는 것으로 추정된다. 여성은 Y 염색체가 없으므로 H-Y 항원이 당연히 존재하지 않으며, 그에 대응하는 수용체 또한 존재하지 않는다. 따라서 2개의 X 염색체 내에 있는 유전정보의 조절에 의해 태아의 생식기관이 생성되고, 그 이후에는 미분화된 생식선이 정소 대신 난소(ovary)로 분화된다. 사람의 경우, 남성은 사춘기가 될 때까지 정자의 형성이 억제되는 반면 여성은 태아 때부터 수백만 개의 소난포들을 가지고 있으며, 이 소난포들이 자라서 성숙한 난자가 된다.

사람의 성별을 구별짓는 방법(성별 판별법)은 연구된 시간 순서에 따라서 다음의 세 가지가 있다. 첫 번째는 XY 염색체에 기반한 것이고, 두 번째는 H-Y 항원의 존재 여부로 판단하는 방법이며, 세 번째 방법은 *SRY*(sex determining region of Y, Y 염색체 내 성 결정 유전자) 유전자의 유무를 살피는 것이다.

1980년대에 남성을 결정하는 중요한 요인은 Y 염색체 전체가 아니라 *SRY*라고 하는 Y 염색체 내의 특별한 유전자라는 사실이 발견되었다. 남녀의 성별을 결정짓는 가장 중요한 요소가 *SRY*의 유무에 달려 있는데, 정상인의 경우 *SRY* 유전자는 Y 염색체의 진정염색질(enchromatin)에 있다.

SRY 유전자가 남성을 결정한다는 과학적 추론은, 성염색체 이상증 환자들의 염색체 구조와 그에 따른 성전환(sex reversal) 현상에 관한 연구로부터 도출되었다. 즉 XY 염색체를 가지고 있으면서도 외형적으로는 여성인 성염색체 이상증 환자에 관한 연구를 통해서 Y 염색체의 진정염색질에 마땅히 있어야 할 *SRY* 유전자가 없거나 기능이 훼손된 돌연변이 *SRY* 유전자를 가지고 있음이 발견되었다. 이와 대

조적으로, XX 염색체를 가지고 있으나 외형적으로 남성인 성염색체 이상증 환자의 경우에는, X 염색체에 Y 염색체로부터 유래된 것으로 보이는 *SRY* 유전자를 가지고 있었다. 이러한 연구 결과에 기반한 *SRY* 유전자에 대한 가설은, 그 후 생쥐를 이용한 실험을 통해 정말로 *SRY* 유전자가 수컷(남성)을 결정한다는 것이 증명되었다. 즉 수정 후 일정 시간이 지나면, *SRY* 유전자에 의해 만들어진 단백질은 XY 염색체(혹은 성염색체 이상증으로 인해 성전환된 XX 염색체)를 가진 배아에서 정소 발달을 활성화한다. 이때 배아의 정소는 수컷(남성) 생식기관의 발달을 촉진하거나 암컷(여성) 생식기관의 형성을 저해하는 호르몬들을 분비한다. 반면 *SRY* 유전자에 의해 만들어진 단백질이 존재하지 않으면 정소 대신에 난소가 발달하고, 이어서 여러 가지 암컷(여성) 생식기관들이 발달한다.

Y 염색체에는 약 110개의 단백질을 암호화한 유전자들이 존재한다. 그중에서 Y 염색체의 양 말단은 X 염색체의 말단과 각각 같아서 위상염색체 부위(Pseudoautosomal Regions, PARs)라고 명명되었다. 두 PARs(PAR1과 PAR2)는 30개 정도의 유전자들을 포함하는데, 이들은 X 염색체와 Y 염색체 양쪽 모두에서 발견된다. 한편, Y 염색체 내에 존재하는 유전자들 대부분은 남성 특이적 부위(Male-Specific Region, MSR)라고 불리며 *SRY* 유전자와 정자 형성에 필요한 유전자들을 포함하는 것으로 알려져 있다. Y 염색체와는 달리, X 염색체는 약 1,100개의 유전자를 포함하고 있다. 이들 대부분은 성 결정과는 관련이 없는 유전자들로, 남성과 여성 양쪽 모두에 필요한 단백질들이 암호화되어 있다.

이처럼 성 결정에서 *SRY* 유전자의 역할에 관한 연구를 통해서, 일반적인 경우를 고려했을 때 사람에게서 실제 성징의 차이를 나타나게 하는 것은 Y 염색체의 존재 여부임을, 따라서 Y 염색체를 가진 사람은 모두 남성임을 설명할 수 있게 되었다. 이러한 과학적 결론을 통해 드물게 발견되는 X 염색체 2개와 Y 염색체 1개를 가진 사람(XXY)이 남성임을, 그리고 하나의 X 염색체만을 가진 사람(XO)은 여성임을 이해할 수 있다. 전자는 클라인펠터 증후군(Klinefelter syndrome)이라는 증상을 가진 남성, 후자는 터너 증후군(Turner's syndrome)이라는 증상을 가진 여성이다. 이러한 증후군 증상을 가진 사람들이 태어나는 이유는 다음과 같다. 난자 형성 과정에서 하나의 세포가 둘로 분리될 때 비(非)분리현상(nondisjunction)이 일어나면서 하나의 난자세포가 2개의 X 염색체를 갖게 되며, 다른 난자세포는 아무것도 받지 못하게 된다. 이들 비정상적인 난자도 정자를 만나면 수정될 수 있다. 따라서 47개 또는 45개의 염색체를 갖는 수정란이 형성되면 각각의 수정란은 성인으로의 발육이 가능하다. 반대로, XXY 염색체를 가진 사람들이 남성이라는 사실은 Y 염색체가 존재하면 두 X 염색체들만으로는 여성으로 발달할 수 없음을, 즉 Y 염색체의 작용으로 인해 생식기관이 정소로 분화되므로 남성으로 성장한다고 이해할 수 있다(그런데 여분의 X 염색체로 인해 정자 형성의 미숙과 같은 정소기능부전증(testicular dysfunction) 등이 야기되기도 한다). 또한 XX 염색체를 가진 난자가 X 염색체를 지닌 정자를 만나 형성된 수정란의 경우 그 유전자형이 XXX가 될 것이고, 이 XXX 염색체를 가진 사람은 거의가 정상적인 여성으로 자란다고 이해할 수 있다. 한편, 비분리현상으로 생성된 성염색체가 없는 난자세포가 X 염색체를 지닌 정자를 만나 수정되면 그 수정란의 유전자형은 XO가 되는데, 앞에서 이야기한 것처럼 하나의 X 염색체만을 가진 사람, 즉 터너증후군 증상을 가진 여성이 된다. 터너증후군 여성들은 X 염색체 1개만을 가지고 있는데 Y 염색체가 없어서 여성으로 자라기는 하지만 보통 불임이고, 2차 성징 발달이 미약하다. 반면에, 비분리현상으로 생성된 성염색체가 없는 난자세포가 Y 염색체를 지닌 정자를 만나 수정되면 그 수정란의 유전자형은 OY이다. 이 경우의 수정란은 보통 배발생 단계에서 사망해서 태아 수준까지 이르지 못하는 것으로 보고된다.

이쯤에서 최근의 성별 검사와 관련된 논란을 살펴보는 것도 의미있다. 잘 알려진 것처럼, 국제적인 운동경기에 참가하는 여성들에 대한 성별 검사(gender verification test)가 실시되고 있다. 운동경기에서 성별 검사가 실시된 것은 1966년 유럽육상선수권대회가 시초였다. 여성의 인권 존중에 반한다는 여성단체들의 반발로 인해 폐지되었다가, 1967년에 국제올림픽위원회(IOC)에서 다시 관련 문제가 제기된 뒤 1968년부터 확대 실시되고 있다.

IOC는 성별 검사를 하는 목적이 혹시라도 성전환한 남성이나 중성(또는 간성)인 선수가 근육이나 체력 등에 이점을 지닌 채로 여자 경기 종목에 참가할 경우 생길 수 있는 불공평을 배제하기 위해서임을 분명히 하고 있다. 그렇지만 많은 관련 학자나 내분비계통의 의사들은 이러한 성별 검사만으로 대상자의 선수 자격을 박탈하면 오히려 불공평할 수 있다고 주장한다. *SRY* 유전자가 없거나 기능이 훼손된 돌연변이 *SRY* 유전자를 포함한 XY 염색체를 지닌 여성의 경우, 대부분이 안드로겐 무반응증(androgen insensitivity syndrome) 증세를 보인다. 이러한 여성은 XX 염색체를 갖고 있는 정상적인 여성과 비교했을 때 운동선수로서의 이점이 전혀 없다. 이런 안드로젠 무반응증 증세가 있는 선수의 대표적인 예가 2006년 카타르 도하아시안게임 여자육상 800미터에서 은메달을 딴 인도의 순다라얀(Soundarajan, 1981~)이다. 순다라얀은 경기가 끝난 후 성별 검사를 했는데 자신이 여성 염색체(XX)가 아닌 남성 염색체(XY)를 지닌 안드로젠 무반응증 환자라는 사실을 그때서야 알게 되었고 메달을 박탈당했다.

한편, 남아프리카공화국 육상 여자 국가대표인 세메냐(Semenya, 1991~)는 2009년 베를린 세계육상선수권대회 여자 800미터 결승전에서 우승을 차지해 금메달을 딴 순간부터 '성 정체성' 논란에 시달렸다. 얼굴에 난 거뭇한 털, 완벽하게 갈라진 어깨 근육 등이 의심의 표적이 되었는데, 승리하려는 욕망에 사로잡혀 남성 호르몬 주사를 맞은 것이 아니냐는 주장이 제기되었다. 이에 따라 국제육상경기연맹(IAAF)은 그에게 성 감별 검사를 요구했다. 검사 결과, 세메냐는 중성인 것으로 밝혀졌다. 즉 남자와 여자의 성별 특성을 모두 지닌 사람으로 확인되었는데, 밖으로 드러난 남성 생식기는 없으나 그렇다고 해서 자궁과 난소가 있는 것도 아니었다. 한편, 몸속에선 일반 여성보다 3배 이상 많은 테스토스테론(남성 호르몬)이 확인되었다. 당시 IAAF는 자체 결론을 내지 않았는데, 그로부터 6년이 지난 2015년에 슬그머니 새 규정을 발표했다. 남성 호르몬 수치를 기준으로 하여 여성 운동경기 출전자를 가려내겠다는 것이었는데, "근거가 부족하고 차별의 소지가 있다"며 스포츠중재재판소(CAS)가 제동을 걸어 이 규정은 효력을 잃었다. 성소수자 차별 논란이 거세지자 IOC는 결국 안드로젠 무감응 증후군이 있는 사람이 여성으로 출전하는 것을 허용했다.

그러면 중성은 어떻게 태어날까? 일반적으로 중성은 섹스와 젠더(gender)가 상이하게 나타난다. 이는 앞에서 살펴본 것처럼 XX 염색체 또는 XY 염색체의 존재 그 자체보다는, 성을 결정하는 단일유전자인 *SRY* 유전자에 의해서 결정되기 때문이다. 즉 XY 염색체를 가진 사람의 경우 Y 염색체를 가지고 있음에도 *SRY* 유전자가 없거나 돌연변이 등으로 제대로 기능을 못 할 경우에는 여성의 특성을 가질 수 있으며, XX 염색체를 가진 사람의 경우 Y 염색체 자체는 없음에도 염색체 교차 등으로 인해서 *SRY* 유전자를 가지고 있는 경우에는 남성의 특성을 가질 수 있다. 성(性)을 의미하는 영어 단어인 섹스와 젠더의 의미를 생각해보면, 섹스는 신체의 외형에 따라 구분되는 남성 혹은 여성을 뜻하는 반면 젠더는 몸짓, 행동, 태도 등에 따라 자신이 느끼는 남성 혹은 여성을 뜻한다. 일반적으로 섹스와 젠더는 일치하지만, 흔히 반음양(半陰陽)이라고 일컫는 중성은 섹스와 젠더가 서로 다른 경우가 대부분이다. 외부 생식기가 남성인지 여성인지 모호한 중성은 여성반음양, 남성반음양, 진성반음양으로 분류된다. 여성반음양은 염색체 검사상으로는 정상적인 여성인데 외부 생식기가 남성화한 경우이고, 남성반음양은 염색체 검사상으로 정상적인 남성이며 고환도 있지만 남성 호르몬인 안드로젠의 합성과 작용의 장애로 인해서 외부 생식기가 여성화한 경우이다. 반면 진성반음양은 고환과 난소를 동시에 갖고 있거나 염색체 검사 결과 남성과 여성의 염색체를 공유하는 경우인데, 한 몸에 남성과 여성이 공존하는 양성이 진성반음양에 해당한다.

그런데 인간 외의 다른 종은 XX 염색체와 XY 염색체에 의한 성 결정 전략에 대해서 다양한 변이를 보여준다. 예를 들어 초파리의 경우 정상 암컷은 XX이고, 정상 수컷은 XY지만 Y 염색체의 존재 여부가 아니라 X 염색체 수에 의해 최종적인 개체의 성이 결정된다. 이처럼 사람과 초파리에서 똑같은 비정상적인 염색체 조성에 대한 반응이 다르다는 것은 초파리와 사람의 성 결정 기작이 다르다는 것을 의미한다. XXY 염색체를 가진 초파리는 X 염색체가 2개이므로 암컷이지만, XXY 염색체를 가진 사람은 Y 염색체가 있어서 남성이다. 이와 대조적으로, X 염색체가 하나인 XO 염색체를 가진 초파리는 수컷이지만, Y 염색체가 없는 XO 염색체를 가진 사람은 여성이다.

XX 염색체를 가지고 있으면 여성이고 XY 염색체를 가지고 있으면 남성이라는 성 결정 전략 역시 보편적인 것이 아니다. 예를 들어 나방류 일부 종의 경우 암컷은 XX 염색체를 가지고 있지만, 수컷은 XO 염색체를 가지고 있다. 예쁜 꼬마선충(*C. elegans*, 선충류의 일종)에서 XO 염색체를 갖는 개체는 수컷이지만, XX 염색체를 갖는 개체는 암컷이 아니고, 난자와 정자를 모두 생성할 수 있는 자웅동체다. 조류와 나비류의 경우, 수컷은 같은 성염색체 쌍을 가지고 있지만, 암컷은 일치되지 않는 성염색체 쌍을 가지고 있다. 과학자들은 이러한 종들의 경우에 성염색체를 수컷은 ZZ, 암컷은 ZW로 표시한다. 꿀벌과 장수말벌은 또 다른 복잡한 성 결정의 변이를 보여준다. 이 경우에 암컷은 이배체(diploid)이고 수컷은 반수체(haploid)다. 두 성의 염색체들이 서로 동일하지만, 온도 변이와 같은 환경변화 등에 의해 성이 결정되는 종들도 있다. 도마뱀과 악어는 차가운 온도에서는 암컷으로, 따뜻한 온도에서는 수컷으로 결정된다. 반대로 육상거북과 바다거북은 따뜻한 온도에서는 암컷으로, 차가운 온도에서는 수컷으로 결정된다. 아네모네 물고기는 나이가 들면서 수컷에서 암컷으로 성이 전환된다.

그런데 암수 구분에 관한 오늘날의 기준은 적절한 것일까? 일본 홋카이도대학교 요시자와 카즈노리 교수팀은 '세계 최초로 암수 생식기 역전 생물을 발견'한 연구 결과로 2017년 '괴짜 노벨상'으로 불리는 이그노벨상 생물학상을 수상했다. 수상자는 자신의 발견이 암수의 구분에 관한 기존의 기준을 바꿀 수도 있다고 하면서 "수컷의 생식기는 수컷의 것이라고 쓰인 전 세계의 사전은 모두 시대에 뒤처지게 됐다"라고 단언했다. 요시자와 카즈노리 교수팀이 발견한 암수 역전 곤충은 브라질의 동굴 속에서 발견한 다듬이벌레다. 암컷이 다른 종의 수컷이 가지는 외형의 생식기를, 수컷은 그 반대의 생식기를 갖고 있어서 암수 역전이 확인된 첫 사례로 보고되었다. 곤충은 보통 수컷이 암컷의 위에 올라타고 교미를 하는데, 브라질의 동굴에서 발견된 이 다듬이벌레는 생식기를 상대의 몸속에 넣는 쪽이 암컷, 그걸 받아들이는 쪽이 수컷이기 때문이다. 이런 내용이 신체의 외형에 따라 암수를 구분하는 것이 옳은가라는 문제 제기로 세계 여러 나라 과학자의 논문에 잇따라 인용되면서 화제가 되었다.

이제, 우리의 상상력을 동원해서 하나의 사고실험을 해볼까 한다. 남성 또는 여성이 존재하지 않는 세상이 과연 가능할까?

앞에서 이야기한 것처럼, 최근 들어 '클론'[19] 기술 연구와 'iPS 세포

19 clone: 클론은 간단히 말해서 무성 생식을 의미한다. 동일하거나 거의 동일한 유전인자를 가진 개체를 여러 개 만들어내는 행위를 클로닝(cloning)이라 하며, 그렇게 만들어낸 개체 각각을 클론이

(Induced Pluripotent Stem Cells, 유도 또는 역분화 만능줄기세포)' 등과 같은 '줄기세포'[20] 연구가 활발히 진행되고 있는데, 특히 줄기세포 등을 이용해서 특정 세포로 분화(differentiation)시키는 연구가 많은 관심을 받고 있다.

현실적으로 아직은 가능하지 않지만, 향후 과학기술의 발달로 암컷(또는 여성)의 줄기세포(또는 유도된 줄기세포)를 인위적으로 감수분열이 일어나게 할 수 있고, 더 나아가 정자로 분화되게끔 할 수 있다고 가정해 보자. 그렇게 해서 얻어진 X 염색체만 가지고 있는 정자를 암컷(또는 여성)의 난자와 체외수정을 시켜 수정란을 얻고 그 후 암컷(또는 여성)의 자궁에 착상시킨다면 새로운 생명이 태어날 수 있지 않을까? 1996년 세계 최초의 체세포 복제로 복제 양 돌리가 태어났을 때 수컷(또는 남성)의 정자가 전혀 필요하지 않았다. 그렇다면 수컷(또는 남성)이 존재하지 않는 세상도 가능하지 않을까?

수컷(또는 남성)의 줄기세포(또는 유도된 줄기세포)를 인위적으로 감수분열이 일어나게, 그리고 난자(egg)로 분화되게 한 경우는 조금 다르다. 얻어진 난자는 X 또는 Y 염색체만 있을 텐데, Y 염색체를 가지는 난자는 우리가 아직은 제대로 알지 못하는 존재이므로 그 생리적 특성 등에 관한 연구가 이루어져야 한다. 만약 Y 염색체를 가지는 난자가 생존 능력이나 수정 능력 등이 없다면, X 염색체만 가지는 난자를 분리할 필요가 있다. 한편, X 염색체만 가지는 난자를 분리하는 것이 가능하다고 가정하더라도 수컷(또는 남성)의 정자와 체외 수정하여 얻을 수 있는 수정란은 XY 염색체 또는 XX 염색체를 가질 것이다. 그래서 Y 염

라고 부른다.

20 줄기세포는 배아 또는 성체에 있는, 여러 종류의 세포로 분화할 수 있는 미분화된 세포를 뜻한다.

색체를 가지는 정자를 분리할 수 있는 기술이 있어야만 XY 염색체를 가지는 수정란을 얻을 수 있다. 또한 XY 염색체를 가지는 수정란을 태아로 키우려면 암컷(또는 여성)의 자궁 또는 인공 자궁이 반드시 필요하다. 암컷(또는 여성)이 존재하지 않는 세상이 과연 가능할까?

놀랍게도, 2018년에 암컷끼리 또는 수컷끼리 생식세포를 결합해 건강한 새끼가 태어나게 하는 쥐 실험에 세계 최초로 성공했다는 보고가 있었다. 포유류에서 단성 생식이 성공한 사례로는 처음이었는데, 일부 새끼 쥐는 성체로 자라 정상적으로 번식까지 했다. 동성의 부모로부터 인위적으로 자손이 태어나게 할 수 있음을 보여준 연구다. 이를 보고한 중국과학원(CAS) 연구팀은 일반적인 포유류에 비해 DNA를 반만 지닌 일종의 '반쪽' 짜리 생식세포를 만들었다. 이들은 이렇게 만든 암컷 또는 수컷 쥐의 반수체 배아 줄기세포를 준비한 뒤, 각각의 생식세포에서 부모한테 받은 유전자 중 어떤 유전자를 발현할 것인지 결정하는 '각인유전자'[21]를 인위적으로 없앤 후, 암컷 쥐 반수체 배아 줄기세포를 2개 준비하고 이를 대리모 쥐의 난자에 주입했다. 그 결과 210개의 배아에서 모두 29마리의 건강한 쥐(암컷의 X 염색체만 받았기 때문에 암컷만 생긴다)가 태어났으며, 이들 2세대가 정상적으로 자라서 다시 새끼(3세대)도 낳을 수 있음을 관찰했다. 이 연구팀은 비슷한 방법으로 수컷에서도 단성 생식에 성공했다.

21 imprinted gene: 예를 들어 키가 큰 엄마와 키가 작은 아빠가 있다면 키를 크게 하거나 작게 하는 유전자가 자식에게 다 있을 수 있지만, 이 가운데 누구의 유전자가 작동할 것인지는 바로 이 각인유전자의 결정에 달렸다.

4. 전염병을 예방하는 백신을 발견하다

– 우리 몸속 면역의 역할과 항체 연구

인류의 오랜 생존의 역사는 각종 질병에 맞선 투쟁의 역사라 해도 과언이 아니다. 페스트, 디프테리아, 콜레라, 티푸스, 이질, 유행성 감기, 천연두 등과 같은 전염병이 끊임없이 생겨나 인간을 위협하고 직접적인 피해를 주기도 했다. 강력한 전염병이 돌면 한 번에 수천, 수만 명의 사람이 목숨을 잃는 비극이 벌어지기도 했다.

이렇게 무서운 살인자들의 정체는 무엇이며 어디에 숨어있었던 걸까? 전 세계 과학자들은 문제의 답을 찾기 위해 끊임없이 노력했다. 그들의 정체는 바로 우리 몸속을 비롯해 세계 곳곳에 분포해 있는 미생물이었다.

미생물은 이미 40억 년 전부터 지구에 살고 있었다. 과학자들은 이들이 바닷물 속의 복잡한 유기물 또는 원시 육지를 돌고 있는 거대한 구름 무리로부터 형성되었으며, 수십억 년에 걸쳐 진화하면서 지구상에 다양한 종류의 생명을 탄생시켰다고 추정한다. 따라서 미생물은 모든 생명의 시조라 말할 수 있다.

미생물은 그 크기가 너무 작아 육안으로는 볼 수 없기 때문에, 현미경이 발명되기 전까지는 미생물의 존재를 알 수 없었다. 현미경이 발명된 후 미생물의 신비가 하나둘씩 밝혀지기 시작했다.

앞에서 이야기한 것처럼 가장 먼저 미생물의 존재를 발견한 사람은 레이우엔훅이었고, 그가 미생물을 발견한 시기는 1674년이었다. 레이우엔훅은 자신이 직접 만든, 확대율이 270배에 달하는 현미경으로 물방울을 관찰하다가 물 한 방울 속에 그때까지 알지 못했던 무수한 비밀이 숨어있음을 발견했다. 물속에 아주 자그마한 무언가가 살아 움직이고 있었던 것이다. 그는 이들을 '아주 미미한 동물'이라고 이름 붙이고 그 크기를 측정했다. 더 세부적인 관찰을 통해 레이우엔훅은 수많은 하등 동물과 곤충들의 생활사를 발견했다. 이들은 모래나 진흙 또는 이슬 속에 자연히 생겨나는 것이 아니라 알에서 부화해, 바람을 따라 이동하기도 했다. 레이우엔훅은 서신을 통해 영국왕립학회에 자신의 발견을 발표했고, 1680년에 연구 성과를 인정받아 왕립학회 회원이 되었다. 당시로서는 그야말로 파격적인 대우였다. 하지만 안타깝게도 레이우엔훅은 기초지식이 부족해서 자신의 발견을 이론으로 발전시키지 못했다. 게다가 현미경 제작기술도 제자리걸음으로 발전하지 못해, 그가 세상을 떠난 후 100여 년 동안 미생물 연구는 침체기에 빠졌다.

한편, 19세기 이전에 유럽과 아시아, 아니 전 세계에서 가장 무서운 병 중 하나는 천연두였다. 이 전염병으로 인해서 수천, 수만 명이 죽었다. 프랑스의 루이 15세(Louis XV, 1710~1774)도 천연두로 죽었으며, 미국의 워싱턴(Washington, 1732~1799) 대통령도 얼굴에 천연두 자국이 있었다. 이 병의 예방법이나 치료법은 당시에는 없었다. 그렇지만 당시에도 이 병에 대해서 한 가지는 분명히 말할 수 있었다. 그것은 이 병에 걸려도 죽지 않는다면 이 병에 대해 다시는 앓지 않는 '면역'을 얻을 수 있다는 것이었다.

영국의 의사인 제너는 이러한 면역에 주목해, 병에 걸리지 않고 그 병에 대한 면역을 얻는 방법을 고민하기 시작했다. 그러던 중, 튀르키예에서 귀국한 영국의 대사 부인 몬터규(Montagu, 1668~1762)로부터 기묘한 이야기를 들었다. 튀르키예인 중에는 가벼운 천연두에 걸린 사람으로부터 일부러 전염되거나 환자의 병균을 묻히는 사람들이 있었는데, 그런 사람들 대부분은 가볍게 앓고 나서 병의 증세가 없어진다는 것이었다. 몬터규 부인은 천연두에 대해 이와 같은 예방접종을 해야 한다는 생각을 확고히 가지고 있었다. 그렇지만 당시 영국에서 이런 접종을 하려고 하는 사람들은 극소수에 불과했다.

세계 최초의 백신인 천연두 백신을 만든 백신의 선구자 제너

이 이야기를 들은 제너는 고향 글로스터셔에 전해 내려오는, 소젖을 짜는 여자는 천연두에 절대 걸리지 않는다는 이야기를 떠올렸다. 그는 그 이야기를 조사해 보았는데, 정말로 목장에서 일하는 여자 중에 얼굴에 천연두 자국이 있는 여자를 찾아보기 힘들었다. 그와 함께 제너는 목장에서 일하는 여자들이 우유를 짜는 암소에서 옮아 우두라는 병에 걸린 사실을 알게 되었다. 우두는 그렇게 큰 병이 아니어서 양손에 작은 발진이 생기는 정도이고, 그나마도 곧 사라져버리는 병이다. 제너는 '우두에 접촉한 사람들은 천연두에 걸리지 않는다'는 사실을 깨달았다.

그 후 제너는 위험하지만 중요한 실험을 해봐야겠다고 생각했다. 그래서 그는 1796년에 우두에 걸린 채 젖을 짜던 여자의 손에서 분비액을 추출하여 한 소년의 팔에 그 분비액을 발랐다. 그로부터 2개월 후, 제너는 소년에게 진짜 천연두 병균을 접종하는 실험을 했다. 소년에게 예방접종을 한 셈인데, 다행히도 소년은 병에 걸리지 않았다. 천연두에 대한 면역이 생긴 것이다. 제너는 다른 환자들에게도 같은 실험을 반복했는데, 그들 역시 면역이 생겼다.

제너는 당시 만연했던 치사율 30%에, 심각한 곰보 자국을 얼굴에 남기는 천연두에 대한 예방법으로 인두법 대신 우두법을 제안했다. 이로 인해 그는 전 세계 누구보다도 많은 사람의 생명을 구한 과학자로 평가된다. 그의 우두법은 현대 면역학 분야의 발전을 위한 토대를 놓았기에 면역학의 아버지로 불렸다. 제너가 천연두 백신을 만든 후 200년 가까이 지난 1980년에 세계보건기구(World Health Organization, WHO)는 천연두 종식을 선언했다. 오늘날 천연두는 제너 덕분에 멸종한 것이다.

현대 면역학 분야의 발전을 위한 토대를 놓은 제너의 우두법(종두법)은 과학자들에게, 무서운 병에 대한 면역을 만드는 데 인체의 방어 기능을 이용하는 방법을 알려주었다. 제너의 성공 이후 파스퇴르가 질병의 원인 중 하나가 세균일 수 있다는 세균병인설을 주장했는데, 이는 과학자들의 끊임없는 노력과 과학적 사실들이 더해지면서 사람들에게 점차 받아들여졌다. 천연두에 대한 제너의 우두법은 결핵이나 장티푸스, 황열, 소아마비 같은 병에 대한 백신 요법의 발달을 촉진했다.

여기서 면역, 그리고 백신 요법과 깊은 관련이 있는 항체에 대해서 좀 더 자세히 살펴보자. 겨울이 지나고 낮이 길어지면 더는 찬바람에

코가 시리지 않지만 날씨가 따뜻해지는 시기에 곤경에 처하는 사람들이 있다. 매년 봄만 되면 전쟁을 준비하듯이 의료용 마스크를 구입하고 약을 쌓아놓아야 하는 이들은 바로 심한 알레르기로 고생하는 환자들이다. 이들에겐 계절의 변화 자체가 심각한 위협이 될 수 있다. 알레르기의 원인은 우리의 면역체계와 관련이 있다.

면역체계의 기본적인 역할은 우리 몸을 위험하지 않게 지켜주는 것이다. 면역체계에서 가장 중요한 요소 중 하나는 '적응 면역'[22]이라는 반응이다. 적응 면역 세포들은 문제를 일으키는 바이러스나 박테리아가 다음번에는 몸 안에 침입하지 못하도록 기억한다. 하지만 가끔은 적응 면역에 문제가 생겨서 엉뚱한 상대를 공격하기도 한다. 대표적인 예가 주변 환경에서 볼 수 있는 일부 해가 없는 물질 또는 식품이 알레르기를 유발하는 경우다.

이 과정에는 적응 면역을 지휘하는 세포인, B세포(여기서 B는 세포가 만들어지는 곳인 골수를 뜻하는 bone marrow에서 유래했다)라고도 불리는 B-림프구(B-lymphocyte)에서 생산되는 특수한 항체 분자가 관련되어 있다. B-림프구는 세포 표면의 고유한 모양을 통해서 해로운 미생물 등을 인식한다. 과학 수사관들이 범죄자의 지문 기록을 가지고 있듯이 B-림프구도 우리가 이미 겪은 모든 감염에 대한 기록이 필요하다.

우리 몸속에는 수많은 B-림프구가 있다. '유전자 재조합(DNA recombination)'에 의한 돌연변이로 그 유전자가 변형된 B-림프구는 각

22 adaptive immunity: 후천 면역, 특이 면역 또는 획득 면역이라고도 불리는 적응 면역은 질병에 걸렸거나 예방접종을 함으로써 얻어지는 면역을 말한다. 적응 면역은 척추동물에서 발견되는 내재 면역(innate immunity)과 더불어 두 가지 주요한 면역 전략 중 하나다.

B-림프구마다 독립적인 항체 유전자를 가지게 되고 그 유전자에 대응하는 항체를 만든다. 마치 열쇠와 자물쇠의 관계처럼, 감염으로 병원체(즉 항원)가 들어왔을 때 병원체 표면의 올록볼록한 부분과 퍼즐 조각처럼 모양이 일치하는 항체가 림프절에 존재할 확률이 높다. 병원체가 우리 몸 내부로 들어오면 B-림프구는 병원체를 물리칠 항체를 만들 준비를 하라는 신호를 받는다. 병원체가 우리 몸에 위험하다는 사실이 다른 면역 세포에 의해 확인되면 B-림프구는 병원체 표면에 더욱 잘 맞도록 유전자 재조합에 의한 돌연변이로 항체 유전자를 변형한 후 항체의 구조를 변경한다. 그리고 많은 양을 생산한 뒤 혈관, 침샘, 장 등으로 단백질인 항체를 방출한다.

어떤 병원체가 우리 몸에 들어왔을 때 항체와 모양이 딱 맞으면 그 항체들이 금세 몰려와 병원체의 표면에 달라붙는다. 그리고 면역체계 세포들은 대부분 병원체 표면에 붙은 항체의 손잡이 부분을 인식하고 잡을 수 있어서 붙어있는 병원체와 항체를 같이 잡아먹거나 독소[23]로 감염시킨다. 게다가 비만 세포(mast cell)라는 감시병은 미리 항체를 붙잡고 항체에 병원체가 붙을 때까지 기다리기도 한다.

비만 세포는 가려움이나 부어오름, 발진과 같은 알레르기 증상의 원인이 되는 세포다. 항체가 붙어있는 비만 세포의 표면에 병원체 또는 알레르겐(allergen, 알레르기를 일으키는 물질)이 붙으면 비만 세포는 활성화되어서, 가능한 그 부분을 다른 조직에서 고립시키고 혈관을 막아 다른 면역 세포들을 가능한 한 많이 끌어들이므로 부종이 발생한다. 그리

23 독소는 일반적으로 생물(식물이나 동물) 안에서 생성되는 독성 물질을 말한다.

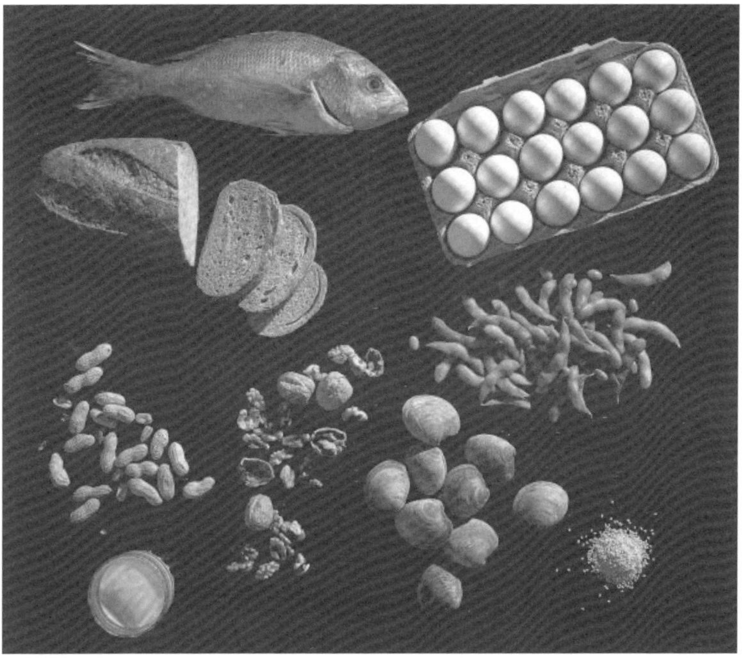

알레르기를 잘 일으키는 식품들. 땅콩 등의 견과류나 꿀은 건강에 좋지만, 누군가에게는 생명을 위협하는 '독'이 될 수도 있다.

고 활성화된 비만 세포와 몰려든 다른 면역 세포들은 신경 전달 물질들을 분비한다. 그중에서 활성화된 비만 세포는 가려움증을 유발하는 물질인 '히스타민'[24]을 외부로 과다하게 분비하여 알레르기 반응이 일어난다. '항히스타민(anti-histamine)' 계열의 알레르기 약들은 히스타민이 히스타민 수용체와 결합하는 것을 억제해 알레르기 반응이

24 histamine: 히스타민은 외부 자극에 대하여 신체가 빠르게 방어하기 위해 분비하는 유기물질 중 하나로, 상처가 난 곳이 붉게 부어오르며 통증을 느끼는 염증(inflammation) 반응을 일으키는 물질이다. 과다하게 분비되면 알레르기 반응이나 만성염증 등이 발생할 수 있다. 아미노산 중 하나인 히스티딘(histidine)에서 이산화탄소가 떨어지는 반응을 통해 만들어진다.

일어나지 않게끔 또는 적게 일어나게 하는 역할을 한다. 이처럼 약물이 수용체를 차단하여 다른 화학물질이 자극하지 못하게 함으로써 작용하는 경우가 있는데, 이러한 약물 계열을 '안타고니스트(antagonist)' 계열이라고 한다. 이에 반해, 약물이 수용체에 결합한 이후 그 수용체를 자극함으로써 어떤 약물 효과를 보이는 반응을 일으키는 경우도 있는데, 이런 약물 계열은 '아고니스트(agonist)' 계열이라고 한다.

활성화된 비만 세포와 그것에 의해 몰려든 면역 세포들이 분비한 신경 전달 물질들로 인해서 다양한 경로로 신호 전달이 일어난다. 특히 B-림프구가 침범한 미생물이나 물질을 선택적으로 가두는 항체를 생산하려면 또 다른 경로로 이 새로운 물질이 정말 위험하다는 것을 확인받아야만 한다. 항체가 우리 몸에 유익한 물질을 공격할 가능성을 최소한으로 만들 예방책이 필요하기 때문이다. 이와 같은 중요한 역할을 하는 세포, 즉 어떤 물질이 우리 몸에 해로운지(즉 non-self 인지) 또는 해롭지 않은지(즉 self인지) 결정하는 세포가 '보조 T세포(helper T cell, 여기서 T는 세포가 최종적으로 만들어지는 곳인 흉선을 뜻하는 thymus에서 유래함)'다. T-림프구(T-lymphocyte)의 한 종류인 보조 T세포의 주요 임무는 병원균 감염으로 발생한 손상을 분석하고 그에 따른 가장 효과적인 반응을 선택하는 것이다. 즉 정상적인 사람의 몸에 들어온 물질이 조직에 손상을 주지 않으면 보조 T세포는 활성화되지 않는다. 이런 점에서 B-림프구와 함께 우리 몸의 면역체계를 책임지는 든든한 아군이다.

그런데 보조 T세포가 적절하게 조절되지 않고 활성화되어 항체 생산을 가속화하는 경우가 알레르기 반응의 원인 중 하나로 알려져 있다. 왜 이런 현상이 일어나는지는 아직 명확하게 규명되지 않았지만,

알레르기 반응은 몸에 들어온 알레르겐에 대하여 너무 많은 항체를 분비시켜 면역체계가 잘못 반응하는 것이라는 사실, 그리고 동물의 털이나 먼지, 식품 성분 등 많은 요소가 알레르겐이 될 수 있다는 사실 등은 잘 알려져 있다.

코로나19로 인한 피해 등을 고려했을 때, 세균성 및 바이러스성 질병과 항체의 관계에 대한 우리의 과학적인 이해가 어떻게 발전해왔는지 살펴보는 것도 의미가 있다. 먼저 앞에서 언급한, 발효 연구를 통해 알게 된 원핵생물 등에 관한 이야기를 좀 더 자세히 살펴보도록 하자.

16세기 말 완전히 새로운 미생물의 세계가 네덜란드의 레이우엔훅 등의 현미경 연구를 통해 알려진 후 19세기 중엽에는 더 좋은 현미경의 도움을 받아 살아 있는 미생물의 존재를 많은 사람이 인정하게 되었다. 그렇지만 당시의 과학자 중에서 미생물이 발효에 영향을 끼치며 질병의 원인이 될 수 있다는 사실을 믿는 사람은 거의 없었다.

그러던 중, 과학자들이 당시에는 잘 알려져 있지만 이해가 잘 되지 않았던 발효 과정에 육안으로 보기에는 너무 작은 생명체들이 관여하는지 여부를 궁금해하기 시작했다. 설탕에서 알코올을, 포도에서 포도주를, 발효된 보리에서 맥주를 만드는 데 효모가 필요하다는 것은 수백 년 전에 이미 알려져 있었는데, 당시의 몇몇 과학자들은 '효모가 살아있는 미생물일 수 있을까?'라는 의문을 갖기 시작했다. 효모가 살아있다는 생각조차 하지 못했던 것이다.

발효라는 현상에 필수적인 것으로 보이는 효모와 같은 작은 물질을 당시에는 효소라고 불렀는데[25], 19세기 중반에 큰 논쟁거리 중 하나는 이 발효의 원인체가 살아있는지 여부였다.

참고로, 19세기 초 패러데이의 스승인 데이비(Davy, 1778~1829)를 포함한 많은 뛰어난 화학자들은 어떤 화학반응 중에 특정 물질이 첨가되면 반응 속도가 많이 증가하는데, 이 첨가된 물질은 반응 후에 그 상태가 변하지 않음을 밝혀냈다. 예를 들어 녹말은 황산을 가하고 가열함으로써 당으로 분해될 수 있었지만, 황산이 빠지면 녹말은 당으로 분해될 수 없었고, 황산은 이 반응 후에 전혀 변하지 않았다. 녹말이 당으로 분해된 후에도 분해 반응이 일어나기 전과 똑같은 양의 황산이 존재했다. 같은 식으로 백금 가루는 반응하는 동안 자신은 변하지 않으면서도 과산화수소를 물과 산소로 분해했다. 이러한 사실이 확인된 이후 황산, 백금과 같이 주어진 화학반응에서 자신은 변하지 않으면서 화학 변화율(즉 화학반응 속도)을 증가시키는 물질을 촉매라고 부르게 된다.

효모는 알코올 발효 과정 중에 없어지진 않지만, 효과적인 발효를 위해 필요한 물질이다. 그래서 당시 화학자들은 설탕이 알코올로 전환될 때 이 물질이 단지 촉매 역할을 하며, 일반적인 촉매는 온도가 올라가면 그 반응 속도가 증가하지만 발효의 원인체는 최적화 온도가 존재하므로 효소의 한 가지로 보아야 한다고 주장했다. 당시의 효

25 당시의 정의에 따른 효소를 의미하는 것으로, 지금은 효모 내지는 세균을 뜻하는 박테리아라는 용어를 대신 사용할 수 있다. 용어의 정확한 사용을 위해서 앞으로는 '발효의 원인체'라는 표현을 사용할 것이다. 효소의 오늘날의 정의는 살아있는 생명체를 제외하고 세포 내에서 합성되어 소화나 호흡 등, 생체 내에서 행해지는 거의 모든 화학반응의 매개체가 되어 촉매 역할을 하는 모든 고분자 화합물이다.

소라는 정의에 따라 이 발효의 원인체에 추가하여 몇 가지 다른 물질이 효소로 알려졌는데, 그중에 포도주를 식초로 바꾸는 발효의 원인체도 있었다. 스웨덴의 베르셀리우스(Berzelius, 1779~1848)는 이 발효의 원인체들이 무기적이고, 무생물적인 촉매에 불과하다고 했다. 또 한 사람의 뛰어난 화학자인 독일의 폰 리비히(von Liebig, 1803~1873)는 발효의 원인체가 살아있는 작은 생물일 가능성을 받아들이긴 했지만, 여전히 알코올 생성의 원인이 되는 발효의 원인체는 죽은 또는 죽어가는 유기체가 내놓은 무생물 촉매라고 믿었다. 발효의 원인체가 미생물이라는 생각을 사람들이 받아들이기를 꺼린 것은 부분적으로 그 당시 화학자들의 견해에서 기인했다. 그래서 당시의 교과서들은 발효의 원인체를 무생물 촉매라고 정의했다.

파스퇴르가 발효에 관한 연구를 하기 시작했을 때, 다양한 종류의 발효가 알려져 있었다. 다른 과정, 가령 육류 등의 부패는 악취 나는 최종 산물을 내는 반응에 관여하는 발효의 원인체들에 기인한다고 여겨졌다. 파스퇴르는 주의 깊고 꼼꼼하게 설계된 실험을 통해 효모와 다른 발효의 원인체들이 실제로는 미생물임을 세상에 알렸다.

파스퇴르는 화학자로 훈련받았는데, 그의 초기 연구 중에는 그가 발견한 분자 비(非)대칭 현상에 대한 연구가 있었다. 어떤 물질은 왼쪽 장갑과 오른쪽 장갑처럼 2개가 거울상 형태로 존재하는 경우가 있는데, 종종 이러한 두 형태는 화학적으로 쉽게 구별되지 않았다. 그런데 이와 같은 2개의 거울상 형태의 물질은 편광을 회전시키는 성질이 달라서, 한 형태는 반시계 방향으로 그것을 회전시키고 또 다른 형태는 시계 방향으로 회전시키게 된다. 파스퇴르는 포도에 있는 중요한 유기산 중 하나인 타르타르산의 결정이 거울상 형태로 존재하며 두 형태가 반대 방향으로 편광을 회전시킴을 발견했다. 또한 그는 타르타르산의 형태 중 하나만이 생명체에 의해 물질이 대사될 수 있음을 입증했다. 다른 거울상 타르타르산은 생명체에서 전혀 사용되지 않는다는 것이다. 생명체가 분자의 거울상 형태를 식별하는 능력이 있음을 발견했다는 점에서 중요한 이 연구 결과는 생화학과 생물학에 대한 이후의 이해에 큰 영향을 미쳤다.

파스퇴르는 발효에 대한 실험을 시작하기 몇 년 전부터 발효의 과정에 대해 어느 정도는 알고 있었다. 발효의 원인체에 대한 그의 지적 호기심은 어떤 발효의 원인체가 타르타르산처럼 거울상 분자 형태로 존재할 수 있는 아밀알코올을 만들어낸다는 것을 알게 되었을 때부터 비롯되었다. 파스퇴르에게 특히 흥미가 있었던 것은 발효 중에 생성된 아밀알코올이 두 가지 가능한 형태 중에서 오직 한 가지 형태만으로 존재한다는 사실이었다. 그는 보통의 화학반응과는 달리 살아 있는 생명체만이 화학물질의 거울상들을 식별할 수 있다고 생각했다. 파스퇴르는 처음부터 이 결과의 중요성을 인식했고 발효가 살아 있는 유기체에서 기인한다고 확신했다. 당시 과학자들이 받아들이기를 거부했음에도 불구하고, 파스퇴르는 발효의 원인체에 관한 연구를 통해 발효의 원인체가 살아있는 유기체에서 기인한다고 믿었다.

발효에 관한 파스퇴르의 실험은 그가 교수가 된 지 1년 후인 1855년에 진지하게 시작되었다. 한 학생의 아버지가 효모를 사용해 사탕무를 알코올로 발효시키는 증류주 제조장을 소유하고 있었는데, 그 과정에서 문제가 생겼기 때문이다. 학생의 아버지는 조언을 듣기 위해 파스퇴르를 찾아왔고, 파스퇴르는 자신이 이러한 문제 해결에 도움이 될 수 있는지 알아보기 위해 효모를 조사하기로 했다. 현미경으로 효모 알갱이를 관찰하던 중 발효 과정에서 손상을 입으면 그것들의 모양이 어떻게 바뀌는지 알아차린 파스퇴르는 효모에 대하여 큰 관심을 갖게 되었고, 발효를 깊이 연구하기 시작했다.

그 후 몇 년 동안 파스퇴르는 주의 깊고 자세하게 다양한 효모들을 연구했고, 알코올, 젖산(lactic acid), 타르타르산(tartaric acid), 낙산(butyric acid)을 만드는 발효의 원인체들에 대해서도 관심이 있었다. 그는 우유를 시게 만드는 낙산 발효의 원인체도 발견했다. 그것은 효모 알갱이보다 훨씬 작지만 모양은 그와 비슷한 미소 입자로 이루어져 있었다. 파스퇴르 이전에는 아무도 신 우유에서 미소 입자를 보지 못했는데, 파스퇴르는 낙산 발효의 원인체가 작은 입자라는 사실을 발견할 정도로 관찰력이 뛰어났다. 그는 이 입자들을 분리해냈고 그것이 우유를 시게 함을 입증했다. 또한 그것들이 다른 점에서도 효모와 매우 유사하게 행동함을 발견했다. 파스퇴르는 영양액을 이용해서 이 작은 발효의 원인체들을 배양했을 때 그것들이 빠르게 번식하고 그 자손들은 모체를 닮았음을 알아냈다. 그는 발효의 원인체들의 성장률이 낙산 발효의 정도에 비례함을 입증했다. 또한 그는 양파즙이 몇 가지 발효의 원인체들을 죽이지만 어떤 것들은 죽이지 못하는 것을 밝혀냈다. 이것이 그의 눈에 살균(sterilization) 방법의 힌트가 되었음은 당연하다. 이 살균 방법은 파스퇴르 연구의 산물이었으며 나중에는 외과 수술 분야 등에서 혁명을 일으켰다. 그렇지만 이러한 연구들만으로는 이 작은 발효의 원인체가 살아있음을 증명할 수 없었다. 예를 들어 리비히는 발효의 원인체가 죽어가는 미생물이 내놓는 살아있지 않은 물질이라고 주장했다.

시간이 좀 더 흐른 후, 파스퇴르가 계속 진행한 실험을 통해서 화학자 대부분은 효모뿐만 아니라 낙산 발효의 원인체 역시 아주 작은 생물이라는 것을 확신했다. 파스퇴르는 먼저 발효가 이전에 생각한 것과는 달리 그렇게 간단한 현상이 아님을 보여주었다. 예를 들어 파스퇴르가 알코올 발효의 생성물을 조사했을 때, 그는 알코올 외에 글리세린, 숙신산 등 알코올과는 다른 화학물질을 발견했다. 베르셀리우스와 그의 추종자들이 주장한 대로 알코올 발효가 단순한 화학반응을 촉진하는 화학적 촉매에 기인하는 것이라고 한다면 설탕이나 포도당에서 직접 생성되기 어려운 많은 화학물질이 어떻게 생성될 수 있었는지가 쉽게 설명될 수 없었다. 파스퇴르는 발효에 의한 생성물의 복잡성에 대해서 살아있는 유기체가 책임이 있다는 생각과 연결시켰다. 또한 그는 발효 중에 생성된 많은 부산물이 분자 비(非)대칭을 이루며, 두 가지 가능한 거울상 형태 중에서 오직 한 가지 형태만이 존재함을 발견했다. 그는 이것을 생명체 개입의 증거로 믿었다.

파스퇴르는 설탕, 암모니아, 단순 무기염으로만 만든 배양액에서 효모를 자라게 했을 때, 좀 더 중요한 큰 성과를 얻을 수 있었다. 이런 조건하에서는 효모 알갱이의 수를 증가시킬 수 있었는데, 그 과정에서 배양액의 성분들을 다 사용해버렸다. 효모 알갱이의 성장률은 알코올의 생성률과 비례했는데, 이러한 발효 현상은 확실히 효모의 분해나 죽음의 결과가 아니었다. 다시 말해, 효모 알갱이들의 수가 상당히 증가하면 생성되는 알코올 역시 양적으로 증가하는 관계라는 의미였다. 효모는 배양액에 있는 물질들을 포획하고 영양분으로 이용해서 단백질과 효모의 다른 성분을 만든다. 반면, 무생물인 촉매는 촉매 작용을 하는 화학반응 과정 동안 그 수의 증가가 없는 상태로, 변하지 않고 남아있을 뿐이므로 효모와는 다르다. 이와 같은 실험결과들은 효모 알갱이가 살아있다는 생각과 일치했고, 효소(즉 발효의 원인체)의 무기 이론을 주장하는 과학자들과의 심각한 논쟁을 불러일으켰다.

앞에서 이야기한 것처럼, 파스퇴르는 낙산 발효의 원인체도 발견했다. 이 작은 발효의 원인체는 움직이는 한 종류의 미생물로 이루어져 있었는데, 꿈틀대며 배양액 속에서 재빨리 헤엄쳤기에 의심의 여지 없이 살아있다고 판단했다. 낙산 발효 원인체의 많은 특징이 그가 연구 중에 발견한 다른 발효 원인체의 특징과 유사했다. 또한 파스퇴르는 낙산 발효의 원인체는 산소가 있을 때보다 없을 때 더 쉽게 수가 증가함을 발견했다. 이것으로 그는 특정 유기체가 산소가 없는 상태에서도 번식하고 왕성하게 자랄 수 있다는 것을 밝혀낸 최초의 과학자로 인정받았다.

파스퇴르의 훌륭한 발효의 원인체 연구를 통해 발효 과정을 수행하는 생명체의 성장에 요구되는 영양 조건 역시 정확하게 밝혀졌다. 발효의 원인체의 각 유형은 자신만이 선호하는 독특한 산도(acidity), 성장 온도, 영양 조건을 갖고 있으며 발효의 원인체 각각은 자신의 특징적 산물을 내놓는다. 이러한 발효의 원인체에 관한 철저한 연구를 통해 다양한 발효 과정에 요구되는 최적의 조건을 확립할 수 있게 되어 식초, 포도주, 알코올 산업에 매우 중요한 정보를 제공했다. 일상

생활에서 파스퇴르의 이름은 우유, 포도주 같은 음료와 음식물 속에 있는 미생물의 성장을 막기 위해 가열함으로써 살균하는 방법인 저온살균법이란 명칭 속에 살아있다. 파스퇴르는 이 방법을 1850년대에 포도주 산업에 응용했는데, 포도주 숙성 과정에서 세균 감염을 줄이고 맛과 질을 개선하는 데 중요한 공헌을 했다.

한편, 특별한 조건에서는 발효 과정이 제대로 일어나지 않는다는 것이 확실해졌다. 파스퇴르는 발효 미생물을 포함한 발효의 원인체로 인해 생기는 '병'이라고 할 수 있는 이러한 현상이 발효의 원인체와는 다른 미생물의 존재로 기인하거나, 발효의 원인체가 잘못된 최종 산물을 내놓게 하는 부정확한 성장 조건에 기인함을 인식했다. 이런 연구를 하는 동안 파스퇴르가 인간의 질병과 미생물 사이의 연관성을 깨닫기 시작했음은 의심의 여지가 없다. 특정 유형의 미생물이 발효와 부패를 야기할 수 있다면, 그리고 다른 미생물이 발효 과정에서 병을 일으킬 수 있다면, 어떤 동물의 병이 특정 미생물의 감염으로 야기될 수도 있음을 추측할 수 있기 때문이다.

파스퇴르는 화학으로부터 발효로, 그리고 자연발생설 부정에 관한 연구로 성공을 거두었다. 그리고 낙산 발효의 '세균 이론'을 질병의 '세균 이론'에 적용하는 것이 그에게는 불가피한 순서였다. 1862년에 그는 "세균 연구는 동물과 식물의 병과 많은 연관이 있어서 부패성 질병과 전염병의 탐구에서 첫 단계가 된다"라고 썼다. 그로부터 14년 후에 탄저병 박테리아를 이용해서 실험을 시작했고 세균 이론을 확증하게 된다.

전염병의 세균 이론이 받아들여지기 전에, 병의 원인은 오랜 세월 신비와 오해에 묻혀 있었다. 어떤 사람들은 병을 타락이나 죄에 대한 징계로 생각했고, 어떤 이들은 땅의 힘이라는 게 있어서 이 힘이 제어되지 않을 때 병에 걸리고 병이 퍼진다고 믿었다. 그리고 어떤 사람들은 병이 나쁜 공기, 즉 독기로 생긴다고 믿었다. 예를 들면 말라리아(말라리아라는 단어는 이탈리아어로 '나쁜 공기'를 뜻한다)는 늪에서 올라온 독기 때문에 생긴다고 생각했다. 살아있는 미생물로부터 전염병이 생긴다고 생각한 사람은 당시에 거의 없었고, 그렇게 생각한 사람들조차도 결정적인 실험적 증거를 내놓을 수 없었다.

1836년에 이탈리아의 바시(Bassi, 1773~1856)는 누에에 문제를 일으켜서 당시 견직 산업을 어렵게 했던 백강병의 원인이 한 종류의 곰팡이임을 입증했다. 바시는 백강병에 걸린 누에에 생긴 흰 반점에서 채취한 물질을 건강한 누에에 주입했을 때, 똑같은 병이 유발되는 것을 밝혀냈다. 그는 그 전염성 물질을 현미경으로 관찰했을 때 곰팡이가 있는 것을 발견했고, 사람이 걸리는 질병인 아구창 같은 질병도 곰팡이 때문에 생긴다는 것이 확실해졌다.

누에가 걸리는 병은 파스퇴르에게 실험적 수준에서 전염병과 직접 접촉할 수 있는 최초의 기회를 제공했다. 당시 프랑스의 견직 산업은 전염병으로 많은 어려움을 겪고 있었는데, 상업적으로 이용되던 누에들이 대량으로 병에 걸려 죽어가고 있었던 것이다. 1856년에 프랑스 농무부는 누에 전염병 연구 프로젝트를 시작했고 파스퇴르가 그 연구를 이끄는 것으로 결정되었다. 파스퇴르는 프로젝트 초기에 미생물, 즉 세균이 누에가 걸리는 병과는 무관하다고 생각했다. 전염된 누에와 번데기, 그리고 거기서 나온 나방에서 '미소 입자'가 발견되긴 했지만, 그 병이 단지 누에의 생리적 문제일 뿐이라고 생각했다. 그러나 몇 년간의 실험 후에 파스퇴르는 프랑스 견직 산업을 망치는 누에가 걸리는 병의 원인으로 미생물을 확인했다. 파스퇴르의 실험적 발견을 통해 그는 그 병을 제거할 최선의 수단에 관해 견직 산업에서 일하는 사람들에게 조언할 수 있었고, 그럼으로써 프랑스와 다른 나라들의 견직 산업에 중요한 기여를 했다.

누에 전염병에 관한 파스퇴르의 연구는 다른 동물들과 인간에 대한 질병의 세균 이론을 실험적으로 확증하는 데 디딤돌 역할을 했다. 1876년에 파스퇴르는 왼쪽이 마비되는 중풍으로 고통받는 병자였음에도 불구하고 프랑스에서 양(sheep)의 수를 격감시키는 무서운 병인 탄저병에 관한 실험을 했다. 탄저병에 걸린 양의 피에서 막대 모양의 미생물이 발견됐고, 탄저병에 걸린 양들의 피가 건강한 양에 주입되자 탄저병이 유발됐다는 연구 결과를 다른 과학자들이 10여 년 전에 발표하긴 했지만, 이 실험결과들은 세균 이론의 반대자들을 만족시킬 만큼 결정적이지 못했다.

한편, 파스퇴르가 탄저병에 관한 연구를 시작했을 때, 독일의 코흐 역시 그 병을 집중적으로 연구하고 있었다. 코흐는 파스퇴르와 함께 질병의 세균 이론을 확증하고 오늘날 우리를 무서운 세균성 질환에서 자유롭게 했다는 평가를 받는 과학자다. 코흐는 탄저병에 걸린 양의 피에서 발견된 '미소한 막대'를 토끼의 피나 눈에서 채취한 액에서 키웠다. 그는 현재 탄저병 바실루스로 알려진 이 막대들을 생쥐에 주입했을 때 탄저병이 유발됨을 밝혀냈고, 감염된 생쥐에서 더 많은 바실루스를 발견할 수 있었다. 건초 같은 다른 출처에서 채취된 막대 모양의 박테리아는 탄저병을 유발하지 않았는데, 이를 통해 코흐는 탄저병이 특정 유형의 바실루스에 의해서 야기되는 것임을 밝혀냈다.

역사상 가장 중요하고 영향력 있는 세균학자 중 한 사람으로, 현대 세균학의 아버지라고 불리는 코흐에 대해 간략하게 살펴보자. 코흐는 결핵, 콜레라, 탄저병의 특정 원인인자를 발견하고 전염병의 개념에 대한 실험적 증거를 제공한 과학자다. 그뿐 아니라 미생물학 분야에서 오늘날까지도 사용하고 있는 많은 창의적이고 기본적인 실험 기술과 테크닉을 개발하고 개선했으며 전염병을 막기 위한 공중보건과 위생과 관련해서 중요한 발견을 했다. 코흐가 과학자로서 파격적으로 명예로운 대우를 받는 것은 그의 연구가 다른 어떤 과학자보다 중요한 영향을 끼쳤기 때문이다. 코흐는 19세기 후반 의학계가 배출해낸 세균학의 최고 권위자로 파스퇴르와 함께 위대한 과학자였다. '혈청'[26]을 이용한 디프테리아 치료법인 '면역혈청요법'[27]을 발견한 공로로 1901년 제1회 노벨 생리의학상을 수상한 폰 베링(von Behring, 1854~1917), '마법의 탄환(magic bullet)'이라고 불린 '살바르산(salvarsan)'을 발견한 공로로 1908년 노벨 생리의학상을 수상한 에를리히(Ehrlich, 1854~1915) 등이 코흐의 제자들이다.

26 serum: 혈액에서 혈구 세포들인 적혈구, 백혈구, 혈소판을 제외한 액체 성분을 혈장(plasma)이라고 하고, 그 혈장에서 혈액을 응고시키는 역할을 하는 피브리노겐(fibrinogen)을 제외한 액체 성분을 혈청이라고 한다.

27 인체가 어떤 병에 감염됐을 때 그 병원체나 독소에 대한 항체를 몸 안에 직접 주입하거나 몸 안에서 생산하도록 하는 치료법을 면역요법(immunotherapy)이라고 한다. 혈청요법(serotherapy)은 수동성 면역요법으로서 전자의 예고, 백신요법(vaccine therapy)은 능동성 면역요법으로서 후자의 예다. 면역혈청요법은 항원의 주사에 의해 항체가 생성된 동물의 혈청이나 회복기 환자의 혈청을 같은 병의 환자에게 주사하여 치료하는 것으로, 병원체의 박멸이나 독소의 중화를 꾀하여 병의 치료와 동시에 예방에 쓰이고 있다.

우표 모델로 최다 출연한 과학자 코흐

다시 세균 이론으로 돌아오면, 코흐 같은 과학자들의 노력 덕분에 토끼의 피나 눈물에서 채취한 액으로 탄저병 바실루스를 배양함으로써 병인성 미생물을 분리하여 그것을 동물체 외에서 배양하는 중요한 진보를 이루었다. 이제는 세균이 질병을 유발할 뿐만 아니라 그것이 배양될 수도 있고 다른 동물과는 무관하게 대량으로 연구될 수 있음이 확실해졌다. 하지만 몇몇 과학자들은 여전히 코흐의 연구에 비판적이었다. 그들은 탄저병이 바실루스에 의해서가 아니라 감염된 동물에서 피가 채취될 때 그것과 함께 실려 온 다른 인자에 의해 야기된다고 믿었다. 파스퇴르는 이러한 비판에 바로 대응했으며 질병의 세균 이론이 확립되는 데 기여했다. 파스퇴르는 탄저병 바실루스를 변에서 배양했는데, 최초의 배양액을 계속 묽게 하여 바실루스와 함께 있던 번식하지 않는 오염 인자가 희석되어 결국에는 하나도 남지 않을 때까지 계속했다. 그리고 탄저병 바실루스가 계속해서 자라던 배양액은 여전히 동물에 강한 감염을 유발한다는 것을 보여줌으로써, 실제로 바실루스가 탄저병을 유발함을 의심의 여지 없이 합리적으로 입증했다. 또한 파스퇴르는 그의 배양액에서 바실루스를 여과시켜 제거했을 때, 그 배양액이 감염 능력을 상실한다는 것을 보여주었다. 질병의 세균 이론이 확립되자 과학자들은 코흐와 파스퇴르가 개발한 방법을 사용해 미생물이 탄저병 외의 병을 야기할 가능성을 조사하기 시작했다.

질병의 세균 이론은 수술의 상처 자리에 있는 박테리아를 죽이는 살균법의 개발로도 이어진다. 영국 외과의사 리스터는 부패를 야기하는 미생물에 관한 파스퇴르의 연구를 듣고, 미생물이 외상에 종종 나타나는 무서운 감염의 원인이 된다고 믿었다. 19세기 중엽까지 외과 수술은 의학적 문제들의 치료에 있어 마지막 방도로 생각되었으며, 외과적 개입의 결과 생긴 감염으로 인한 사망은 예외적인 게 아니라 당연한 것으로 여겨지던 상황이었다. 리스터는 이러한 감염이 미생물에 의한 것이라면 미생물을 죽이는 화학적 처리를 함으로써 수술에 수반되는 문제들을 줄일 수 있으리라고 추론했고, 1864년에 '살균 수술법'을 제안했다. 석탄산 분무기로 거둔 그의 성공은 대단했으며, 수술 이후 감염과 감염에 의한 사망의 발생률을 극적으로 줄였다. 오늘날의 수술실에 적용되는 엄격한 기준이 리스터의 살균 수술법으로부터 나온 것이다.

세균이 질병을 야기할 수 있다는 것이 확실해지고 많은 원인균이 분리 및 확인되자 몇몇 과학자들은 감염된 동물을 죽이지 않고 미생물만 죽이거나 방해하는 물질에 관심을 가지기 시작했다. 리스터의 살균 수술은 세균을 죽임으로써 상처의 감염을 예방할 수 있음을 입증했다. 19세기 말에는 많은 병이 비(非)위생적

살균 수술법을 개발한 영국 외과의사 리스터(1902)

생활 조건과 관련되어 있으며 많은 전염병을 예방하는 데 깨끗한 생활 습관이 도움이 된다는 것이 확실해졌다. 그리고 제너가 개발한 예방접종법 덕분에 대대적으로 정복되던 천연두의 경우 예방접종에 의해 예방되는 메커니즘이 모호했는데, 세균 이론의 확립으로 그 메커니즘에 대한 이해도가 높아져 많은 전염병에 대한 새로운 백신의 생산으로 이어졌다. 파스퇴르는 이와 같은 새로운 백신의 개발에도 주된 역할을 했다.

이로 인해 질병이나 백신과 관련이 깊은 면역체계와 항체에 대한 사람들의 이해가 높아졌다. 항체에 관한 이야기를 좀 더 이어가기 위해 혈액형과도 관련이 있는 정상 항체 또는 동종 항체에 대해 살펴보자. 자신의 혈액형을 모르는 사람은 거의 없겠지만, 불과 100년 전만 해도 혈액형이라는 개념 자체가 없었다. 20세기 초반 오스트리아의 란트슈타이너는 수혈 중에 일어나는 비극적인 합병증에 대해 '어떤 수혈은 괜찮은데, 어떤 수혈은 급격한 이상 반응을 일으키는 것일까?'라는 의문을 품게 되었다. 그는 곧 인간에게는 세 가지 종류의 혈액형이 있다는 사실을 깨달았다. 그는 각각의 혈액형에 A형, B형, C형으로 이름을 붙였는데, 훗날 C형은 O형으로 이름이 바뀌었다. O형 혈액에는 혈액형과 관련된 항원이 없기 때문인데, 여기서 'O'는 '아무것도 없다'는 뜻의 독일어 'Ohne'에서 따왔다.

적혈구 세포의 표면에는 일종의 '당단백질(glycoprotein)'이 있다. 당단백질의 끝부분에 'N-아세틸 갈락토사민(N-acetylgalactosamine)'이 있으면 'A형 항원'이 있다고 하고 '갈락토스(galactose)'가 있으면 'B형 항원'이 있다고 오늘날 표현하고 있다. 그러므로 이러한 항원에 반응하는 항체가 혈청에 있는 경우에 면역 반응이 유발된다. 예를 들어 B형 혈액형을 가진 사람이 A형 혈액을 수혈받을 경우, 자신의 혈청에 존재하는 항A 항체가 수혈받은 적혈구 표면에 있는 A형 항원과 반응해 용혈반응(hemolysis)이 일어난다. 그런데 O형 혈액은 항원이 없으므로 누구에게 수혈해도 용혈반응이 일어나지 않는다. 이와는 대조적으로 AB형은 혈청에 항체가 없어서 누구의 피를 수혈받아도 괜찮다.

Rh 혈액형도 란트슈타이너가 발견했다. 붉은털원숭이의 적혈구를 토끼에 주사하여 항체를 만들고, 항체가 생긴 토끼의 혈청을 다시 붉은털원숭이의 적혈구에 반응시켜 응집시키는 방법으로 찾아냈다. 여기서 Rh란 Rhesus, 즉 붉은털원숭이(Rhesus macaque)의 속명이다. 만약 혈액에 그 항원이 있으면 Rh^+, 없으면 Rh^-이며, Rh^-인 사람은 Rh^+ 항원에 대한 항체를 가지고 있으므로 Rh^+의 혈액을 수혈받으면 안 된다.

그런데 혈액형은 인구 집단에 따라서 그 빈도가 상당히 다르다. 예를 들어 아시아인은 Rh^-인 사람이 거의 천 명 중 서너 명밖에 없지만, 유럽인의 경우에는 Rh^-의 빈도가 상당히 높아서 열 명 중 두 명 수준이다. ABO 혈액형도 한국인의 경우 가장 많은 혈액형은 A형이고 B형도 상당히 많지만, 사실 각 혈액형의 빈도가 크게 차이 나는 것은 아니다. 그런데 아메리카 원주민은 거의 모든 사람이 O형이고, 유럽인은 A형이 많다고 한다.

한편, 면역 항체는 오늘날 연구나 산업적인 측면에서 진단 및 정량 분석법이나 약물의 운반체로 사용되거나 그 자체로 항암제와 같은 의약품으로 이용되기도 하고, 3세대 항암제라고 불리는 면역 항암제와 관련해서도 중요한 역할을 한다. 20세기 후반기에는 많은 질병에 대해 더 깊이 이해할 수 있게 되었다. 새로운 약제와 농산물을 더욱 풍부하게 해줄 DNA 재조합 기술 발전 등으로 인해 면역 항체 분야에서 환상적인 진보가 있었던 것이다. 이처럼 면역 항체는 현재 질병에 대한 예방, 진단, 치료 등 다양한 목적으로 사용되고 있다. 면역 항체를 좀 더 이해하려면 '단일클론 항체(monoclonal antibody)'에 대해서 알아볼 필요가 있다.

질병에 관한 연구에서 기념비적 진보 중 하나는 면역학 분야에서 일어났는데, 1975년에 생명체가 감염성 유기체를 격퇴하는 데 사용하는 방어 체계에 관한 연구를 통해서였다. 생물학적·의학적·생화학적 연구에서 막강한 무기로 사용되는 단일클론 항체를 얻어낸 것이다. 단일클론 항체는 단 하나의 항원 결정소(epitope)에만 항체 반응을 하는 순수한 항체를 뜻한다. 이런 특징으로 인해 단일클론 항체는 암과 다른 질병의 진단, 임신이나 코로나19 감염 여부 테스트, 항암제 등 다양한 분야에 쓰이며 과학에 큰 기여를 했다. 단일클론 항체 연구를 통해 앞으로도 더 많은 혜택이 생겨날 것으로 보인다.

단일클론 항체를 어떻게 만드는지, 왜 그것이 그렇게 중요한지 이해하려면 동물 면역체계의 몇 가지 특성을 이해할 필요가 있다. 면역체계가 없으면 인간은 출생 이후 정상적인 몸 상태로 오랫동안 살 수 없으며, 감염성 질병에 걸려 죽을 확률이 높다. 면역 기능의 상실이 가져올 심각한 결과는 면역체계의 특정 성분이 결핍된 AIDS로 고통받는 환자에게서 쉽게 볼 수 있다. 이 환자들은 중증 복합성 면역결핍 증후군(Severe Combined Immunodeficiency Syndrome, SCID)이나 AIDS에 걸리지 않은 사람들의 경우에는 좀처럼 걺지 않는 감염을 일으키는 경향이 있다. 예를 들면 AIDS의 주된 질환은 대부분 주변에 존재하는 미생물에 의해 야기되는 폐병인 폐낭염이다. 우리는 매일 미생물과 만나고 그것을 폐로 들이마시지만, 그것들은 우리에게 아무 해를 끼치지 못한다. 우리가 어렸을 때, 폐낭염에 대한 면역을 이미 형성했기 때문이다. 면역체계는 우리가 그 미생물을 접촉할 때마다 성공적으로 그것을 물리친다. 그러나 AIDS 환자는 AIDS 바이러스가 면역체계의 T세포를 손상시키므로 AIDS 환자의 방어 체계에 결함이 있다. T세포는 폐낭염을 일으키는 것들을 포함하는 체외 미생물에 대한 방어의 중요한 부분이므로 T세포에 결함이 있는 AIDS 환자는 더 이상 면역력을 갖지 못한다. 그래서 결과적으로 그들은 쉽게 폐낭염 미생물에 감염된다. 우리가 거의 매일 접촉하지만 어려서 이미 면역이 형성되었기 때문에 보통은 해가 없는 미생물들이 야기하는 몇 가지 다른 병에도 AIDS 환자는 쉽게 감염된다. 이와 같은 감염을 '기회감염(opportunistic infection)'이라 부른다.

우리가 일상 환경에서 만나는 보통의 무해한 미생물로부터 우리를 보호하는 것에 추가해서, 우리의 면역체계는 해가 되는 많은 유기체를 물리쳐 병에서 회복되도록 도움을 준다. 질병에 대한 백신 예방접종을 함으로써 장래에 그 병에 걸리지 않게 하는 것도 면역체계 덕분이다. 면역체계는 전염성 질병과 다른 질병의 더 나은 치료와 예방뿐만 아니라 이식된 장기를 수혜자 안에서 잘 정착하게 하는 데 필수적이다. 한 사람의 면역체계는 그 사람의 장기와 다른 사람 장기의 차이를 알고 있어서 이식 거부반응을 일으키기도 한다.

AIDS 환자에게 결여된 T세포 같은 세포는 면역체계를 구성하는 중요한 성분이다. 면역체계의 또 다른 성분들은 항체를 포함하는 비(非)세포성 물질들이다. 항체는 항원이라고 불리는 박테리아나 단백질과 같은 외래 물질을 선택적으로 인식하고 달라붙는 매우 특별한 분자다. 즉 항체는 일반적으로 외래 물질의 단일 분자에만 달라붙고 다른 물질에는 달라붙지 않는다. 이는 특정 단백질에 달라붙는 항체가 다른 단백질에는 달라붙지 않으며, 후자 단백질에 달라붙지만 전자 단백질에는 붙지 않는 항체가 독립적으로 존재할 수 있다는 것을 뜻한다. 단백질은 3차원 구조로 되어 있고 단백질의 특정 부분에 달라붙는 항체는 그 단백질의 특정한 3차원 구조 부분(즉 항원 결정소)을 인식하므로, 그 외의 다른 부분이나(일반적으로 한 생명체 내의 단백질들은 각각의 고유한 3차원 구조로 되어 있다는 측면을 고려했을 때) 다른 단백질에는 달라붙지 않는다. 다시 말해, 항체는 항원에 대해 매우 선택적이고 특이하다. 그러므로 일반적으로 각각의 항체는 단 한 가지 유형의 항원 내지는 특정 항원의 한 영역만 인식하고 결합한다.

항원, 즉 외래 유기체나 우리 몸이 알지 못하는 물질이 우리 몸 안에 들어올 때 우리는 종종 그것에 대한 항체를 만들어낸다. 이 항체는 B림프구에 의해 만들어진 후 우리 몸속 혈액에 존재하므로 간단한 생화학적 기술에 의해 검출될 수 있다. 그런데 우리 몸에서 어떤 박테리아를 항원으로 인식하고 그에 대한 항체들을 만들어낸다고 가정해보자. 박테리아는 단백질인 항체에 비해 매우 크다. 따라서 박테리아의 3차원 구조를 고려한다면 우리 혈액 속에서는 박테리아와 면역반응을 할 수 있는 많은 다른 항체들(항원 결정소를 달리하는 항체들)이 존재할 수 있다. 그 항체 중 일부는 박테리아가 가지고 있는 하나의 특정 항원 결정소에 대항하고 다른 항체들은 박테리아의 또 다른 항원 결정소에 대항할 수 있다. 이처럼 항체들은 단일 박테리아 항원의 서로 다른 항원 결정소들을 인식할 수 있다. 생활하면서 그 박테리아와 이전에 한 번도 접촉한 적이 없더라도 우리는 그 항원을 인식하는 많은 항체를 만들어낼 수 있다. 심지어는 자연적으로 존재하지 않고 보통 환경에서는 동물에 들어갈 가능성이 전혀 없는 작은 합성 분자 같은 인공 물질에 결합하는 항체가 만들어질 수도 있다. 이와 같은 원리를 이용하여, 생물학적·화학적 항원을 선택적으로 인식하면서도 다른 알려진 물질은 전혀 인식하지 못하는 항체를 실험용 동물 안에서 쉽게 만들어낼 수 있다. 하지만 한 종류의 박테리아에 대한 항체라고 하더라도 그 박테리아는 서로 다른 항원 결정소를 가질 수 있다. 이러한 방법으로 얻은 동물의 혈청에는, 원래 그 동물이 가지고 있는 항체들과 함께 박테리아의 서로 다른 항원 결정소를 각각 선택적으로 인식하는 항체들이 섞여 있게 된다.

항원-항체의 특이적인 반응과 관련해서 해결되어야 할 또 다른 문제가 있다. 우리의 면역체계가 잠재적으로 인식할 수 있는 서로 다른 항원의 수는 수백만을 넘어 수천만에 달할 것으로 추정된다. 다시 말해, 우리의 면역체계는 각기 다른 독특한 항원을 인식하는 수백만 종류의 서로 다른 항체를 생성할 능력이 있다. 그런데 인간이 가지고 있는 유전자 개수는 30,000개도 되지 않는다. 어떻게 이것이 가능할까? 어떤 놀라운 메커니즘이 항원-항체 반응의 다양성과 특이성을 야기하기에 동물들이 수백만의 낯선 외래 물질을 인식할 뿐만 아니라 이 물질들 각각을 식별할 수 있는 것일까?

외래 물질에 대한 항체 반응의 복잡성을 설명하고자 하는 이와 같은 연구는 1975년에 단일클론 항체 생산법의 개발로 우연히 이루어졌다. 단일클론 항체 생산법을 발견한 두 과학자는 영국 케임브리지 대학교에서 일하던 쾰러(Koeler, 1946~1995, 1984년 노벨 생리의학상 수상)와 밀스타인(Milstein, 1927~2002, 1984년 노벨 생리의학상 수상)이었다. 쾰러가 밀스타인의 실험실에 합류하기 전에도 밀스타인은 항체 생산을 연구하고 있었다. 밀스타인은 한 동물이 왜 다른 항원에 특이성을 가지는 수백만 종류의 항체를 만들어낼 수 있는가를 이해하려고 노력했다. 사실 이 문제는 항체 연구사에서 연원이 상당히 오래된 것이다. 이때까지의 항체 연구의 역사를 간단하게 살펴보자.

앞에서 이야기했듯이, 항체의 다양성에 관한 연구는 역사적으로 많은 부분이 제너와 파스퇴르의 백신 개발과 함께 시작되었다. 19세기 말경에는 동물들이 외래 미생물로 인한 질병을 방어할 수 있을 뿐만 아니라 죽거나 비(非)활성인 병인성 미생물을 동물에 주입하면(즉 백신 접종을 하면) 그 미생물이 유발하는 많은 질병에 대한 면역이 인위적으로 유도될 수 있음이 확실해졌다. 파스퇴르 이후 백신 개발이 가능해지자 많은 과학자가 다양한 질병에 대한 면역의 메커니즘을 진지하게 탐구하게 되었다.

그러던 중, 1890년에 독일의 폰 베링과 일본의 기타사토(Kitasato, 1853~1931)가 파상풍에 대한 면역이 혈액 속 물질들의 존재에 기인함을 입증해 면역학 분야에서 또 하나의 진보를 이루었다. 당시에 파상풍 박테리아는 대부분의 파상풍 증상을 일으키는 유독 물질(즉 독소)을 만

디프테리아 해독제를 개발한 폰 베링

들어내며, 그 독소는 이 박테리아가 배양되는 영양액에서 얻을 수 있다고 알려져 있었다. 폰 베링과 기타사토는 토끼에게 반 치사량의 파상풍 독소를 주사하면 토끼에게 면역이 유도되는 것을 발견했다. 면역이 생긴 토끼들은 살아있는 감염성 파상풍균의 뒤이은 주입에도 죽지 않았다. 폰 베링과 기타사토는 면역이 생긴 토끼로부터 피를 채취하여 혈구세포와 피브리노겐을 분리해내서 피의 비세포 부분인 혈청만 남겼고, 이 혈청을 생쥐에게 주사하여 감염성 파상풍균에 노출되도록 했다. 그 결과 생쥐는 파상풍에 걸리지 않았다. 향후 항독소(antitoxin)라고 부르게 될, 면역이 생긴 토끼의 혈청 속 무언가가 생쥐를 파상풍의 독소로부터 보호하고 있음이 확실했다. 이러한 발견으로 면역이 생긴 동물의 혈청을 병에 감염된 사람에게 투여하면, 투여된 혈청의 항독소 작용으로 환자의 병이 악화되는 것을 보호해주는 혈청요법의 길이 열렸다. 폰 베링은 이 혈청요법을 19세기 말 어린아이들의 주요 사망 원인이었던 디프테리아에 적용했다. 디프테리아균에 면역이 생긴 말에서 뽑은 혈청은 일시적이긴 했지만 아이들을 디프테리아 감염에서 보호하는 데 효과적이었다. 1894년 폰 베링이 개발한 디프테리아 해독제가 상업적으로 판매되면서 인간의 질병 치료에 큰 진보가 이루어졌다.

현재 우리는 이 방어용 혈청에 존재하는 항독소가 파상풍균 또는 디프테리아균에 결합하여 그 독소를 비활성화하는 면역 항체임을 알고 있다. 그렇다면 정상 항체 또는 동종 항체는 어떻게 발견되었을까? 벨기에의 보르데(Bordet, 1870~1961, 1919년 노벨 생리의학상 수상)는 1895년에 한 동물의 적혈구가 다른 동물에서 채취한 혈청과 함께 배양되었을 때 서로 뭉치는 현상을 발견했다. 한 종의 혈청 속에 있는 무언가가 또 다른 종의 적혈구 세포를 응집시키는 것이었다. 이로부터 5년 후, 란트슈타이너는 한 사람의 혈청이 다른 사람에게서 채취한 적혈구를 뭉치게 할 수 있음을 발견했다. 이때 적혈구 응고를 유발하는 혈청 인자를 응집체라고 부르는데, 이것이 바로 오늘날 정상 항체 또는 동종 항체라고 부르는 것이다.

20세기 초에 발표된 이러한 연구 결과들은 면역학 개념에 큰 영향을 미쳤다. 피셔(Fischer, 1852~1919, 1902년 노벨 화학상 수상)와 에를리히는 항체의 항원에 대한 고도의 특수성을 열쇠와 자물쇠에 비유했다. 항체는 다양한 형태로 존재하고 각 항체는 단 하나의 항원에 들어맞는다는 것으로, 항체의 특이성과 함께 다양성을 강조하는 비유라고 할 수 있다. 특히 에를리히는 항체의 다양성에 대한 설명으로 '곁사슬 이론(side-chain theory)'을 제안했다. 항체를 생산하는 체내의 각 세포는 다른 항원을 인식하는 많은 수의 항체 분자를 그 표면에 가지고 있다는 것이다. 이 항체들은 생명체가 항원을 만나기 전에 이미 존재하는데, 항원이 그 몸속으로 들어가면 항체 생산 세포에 있는 특정 항체에 결합하고, 이 결합은 그 세포가 특정 항체를 더 많이 만들어내게 하는 자극이 된다고 주장했다. 이는 항체를 생산하는 세포는 한 종류 이상

항체를 연구한 에를리히

의 항원에 대하여 항체를 만들어내고, 이 중 한 항원과 만나면 그 항원에 특정한 항체가 대량으로 생산된다는 생각에 기반했다. 이 놀라운 생각은 오늘날 우리가 알고 있는 사실에 매우 가깝고 항체에 대해 극히 적은 세부 지식만이 알려져 있던 시절에 제안되었기에, 에를리히의 천재성을 보여준다.

그렇지만 곁사슬 이론이라는 용어가 오늘날 거의 사용되지 않는다는 점에서 짐작할 수 있듯이, 에를리히의 이론은 항체의 다양성을 설명하기 위해 이후 제안된 두 가지 주된 이론으로 대치되었다. '직접주형 이론(direct template theory)'과 '클론선택 이론(clonal selection theory)'이 그것이다. 직접주형 이론은 모든 항체 분자들은 동일해서 같은 아미노산 서열을 갖고 있지만, 그것들은 수백만의 다른 방식으로 항원을 감쌀 수 있다는 이론이다. 이 이론에 따르면 항원이 항체를 만날 때 항체는 항원 주위를 감싸 그것에 꼭 맞게 되는데, 이것은 이런 식으로 모양을 갖춘 더 많은 항체 형성을 촉발한다고 보았다. 그리고 직접주형 이론은 특정 항원과 결합할 수 있는 특이성을 지닌 항체가 그 항원을 만나기 전에는 특이성을 가진 상태로 체내에 존재하지 않는다고 한다. 한편, 클론선택 이론은 면역체계가 독특한 항원 결합 특이성을 가진 수백만 개의 다른 항체를 생산하는 세포를 포함한다고 주장한다. 각각의 세포는 단일한 특이성을 가진 항체를 생산하므로 항원의 종류에 대응하는 수백만 종의 다른 항체 생산 세포가 존재한다는 것이다. 클론선택 이론에서는 항원이 체내에 들어가면 그 항원의 항원 결정소에 잘 맞는 세포 표면 위의 항체에 결합하고, 이것은 더 많은 특정 항체의 생산, 즉 이 항체를 생산하는 세포에 의한 더 많은 항체 생산을 촉발한다고 설명한다. 클론선택 이론에 따르면 특정 항원 결정소에 대한 항체는 그 생명체가 항원을 만나기 전에 이미 존재했다.

1960년대에 영국의 포터(Porter, 1917~1985, 1972년 노벨 생리의학상 수상)와 미국의 에덜먼(Edelman, 1929~2014, 1972년 노벨 생리의학상 수상)은 항체 분자 구조를 확립했다. 그들은 항체가 Y자 모양의 분자임을 발견했다. 그들의 Y자형 항체 분자에 따르면 특이성이 다른 항체라 하더라도 아미노산 서열과 그 구조가 동일한 영역이 존재한다. 이 불변부는 특정 항체가 인식하는 항원에 상관없이 동일하게 나타난다. 그렇지만 항체 분자의 다른 부분(항원과 결합하는 자리)은 항체마다 아미노산 서열과 그 구조가 다른 영역이 존재한다. 즉 이 변이부가 어느 항원을 인식할지 결정하는 영역임을 의미한다. 다른 항원에 결합하는 항체가 전적으로 동일하지는 않다는 이와 같은 연구 결과는 모든 항체가 동일한 아미노산 서열을 갖는 것이 요구되는 직접주형 이론과 대립되었다. 결국 클론선택 이론이 항체의 다양성에 대한 잠정적인 이론으로 받아들여졌다.

클론선택 이론이 받아들여지자 한 동물의 게놈이 어떻게 수백만 종의 항체를 만들 수 있는가, 그리고 그 많은 항체 분자에 대한 암호를 어떻게 지정해주는가를 설명할 필요가 생겼다. 항체가 동물의 해당 항원을 만나기도 전에 벌써 존재한다는 것은, 수많은 항체 분자 하나하나가 동물의 게놈에서 각각 독립적인 유전자에 의해 그 암호가 해독되어 만들어졌다는 것을 뜻한다. 이것은 항체만을 위한 유전자 암호를 지정하기 위해 수백만 개의 유전자가 있어야 하며, 그렇다면 항체에 대응하는 유전자가 동물의 게놈에서 가장 많은 유전자여야 함을 의미한다. 많은 과학자가 수백만 개의 서로 다른 항체 분자 모두에 대응하는 유전자 정보가 한 인간이나 동물의 게놈 안에 있을 것 같지 않다고 생각했다.

그래서 이를 설명하기 위한 두 가지 이론이 나타났다. 첫 번째 이론은 수백만의 독특한 항체가 모두 게놈이라는 백과사전에 의해 암호 지정을 받는다는 것이다. 즉 게놈에는 수백만의 항체 유전자가 독립적으로 존재하며, 다른 단백질에 대한 각각의 유전자가 유전되듯 수백만의 항체 유전자가 부모로부터 자녀들에게로 전달된다는 것이다. 두 번째 이론은 게놈에는 항체에 대한 암호를 지정하는 유전자 몇 개만 있고 항체의 다양성은 항체를 생산하는 면역세포인 B세포에서 일어나는 특별한 생화학적 메커니즘에 의해 만들어진다는 것이다. 그리하여 각 B세포는 하나의 특정 항원을 인식하는 단일 유형의 항체를 만들어낼 수 있고 각 항체의 아미노산 서열은 그것을 생산하는 특정 B세포의 DNA에 의해 암호를 지정받는다는 것이다. 이 경우에 특정 B세포에 의해 생산되는 항체를 위한 DNA 서열은 그 세포에서 독립적으로 변화된다고 설명했다. 서로 다른 B세포의 항체 유전자는 각기 다른 방식으로 변화되어 다른 항원에 대한 특이성을 가진 항체를 각 B세포별로 만들어내며, 그래서 항체 유전자가 다양성을 창출하는 과정은 항체를 생산하는 B세포에 특수하다는 것이다.

항체에 대한 암호를 부여하는 유전자에 관한 두 가지 이론은 각각 어느 정도 옳다는 것이 밝혀졌다. 즉 게놈에는 항체에 대한 암호를 지정하는 유전자가 겨우 몇 개 정도가 아니라 50개에서 몇백 개까지 있으며, 이것들은 항체 다양성을 창출하기 위해 B세포별로 각기 다른 방식으로 유전자 서열을 (재)조합할 수 있다는 것을 알게 되었다. 즉 항체의 다양성을 가지기 위한 항체 생성의 후속 단계는 B세포 안에 있는 항체에 대한 암호를 지정하는 유전자들에서 DNA 서열의 미묘한 변화를 거침으로써 이루어진다. 항체에 대한 암호를 지정하는 유전자의 수와 B세포 안에서 유전자(항원과 결합하는 자리의 아미노산 서열에 대응하는 유전자)가 변화된다는 이와 같은 메커니즘은 동일한 유전자를 가지는 하나의 개체가 수백만의 다른 항체 분자들을 어떻게 생산할 수 있는지 설명해준다.

항체 다양성의 창출 메커니즘을 설명하고 항체 분자의 모양이 어떠하고 그것이 어떻게 기능하는지를 이해하고자 하는 연구가 이루어지던 이 시기에, 쾰러와 밀스타인이 단일클론 항체 제조법이라는 중요한 발견을 하게 된다.

항체 생산에 대한 클론선택 이론은 단일한 B세포에 의해 만들어진 모든 항체 분자들이 동일하며, 단일한 항원을 인식하고 달라붙는다고 보았다. 하나의 B세포는 한 종류의 항체만을 만든다는 것이다. 바로 그러한 항체를 단일클론 항체라고 부른다. 이러한 단일클론 항체와는 다르게, 다중클론 항체(polyclonal antibody)는 다른 항원 결정소를 인식하는 항체 분자들의 혼합체를 뜻한다. 다중클론 항체는 여러 방면에서 그 나름의 이유로 유용하지만, 혼합체이므로 단일 유형의 항체 분자의 생화학적 특성 등을 연구하고 응용하는 것은 불가능하다. 여러 종류의 면역세포에 의해 만들어진 각기 다른 항체들의 복합체보다는 단일한 면역세포에 의해 만들어진 한 종류의 항원에만 특이적인 항체를 이용할 수 있다면 항원-항체의 반응이나 면역 메커니즘에 대한 보다 자세한 연구를 할 수 있고 응용도 할 수 있을 것이다.

1975년 이전에 단일클론 항체의 유일한 주요 출처는 B세포의 암세포인 골수종 세포였다. 암은 거의 항상 성장제어 메커니즘이 고장 난 단일한 보통 세포에서 유래한다는 사실은 잘 알려져 있다. B세포의 암은 단일한 항체 생산 세포에서 유래한 세포로 이루어져 있다는 점이 고려되었고, 그렇게 얻어진 항체가 단일클론 항체임이 확인되었다. 다시 말해, 하나의 B세포는 동일한 항원 특이성을 가진 항체 분자를 만들므로 골수종 세포에 의해 만들어진 항체는 단일클론 항체다. 또한 골수종 세포는 빨리 성장하는 암이어서 동물의 다른 항체 생산 세포로부터 분리되어 시험관에서 배양될 수 있기에 항체 분자의 기본 구조와 특성을 연구하는 데 유용했다. 그렇지만 다른 모든 암처럼 골수종 세포는 정상 B세포 개체군 내에서 불규칙하게 발생하므로 체내 수백만 개의 항원 생산 세포 중 소수의 세포만이 골수종 세포가 될 수 있다. 그러한 골수종 세포에 의해서 만들어진 단일클론 항체는 이미 알려진 항원 특이성이 결여되어 있기도 하다. 더욱이 그것들이 인식하는 특정 항원을 확인할 가능성은 희박하여 그것의 특이성을 확실히 확인하기 위해서는 수십만 개의 다른 항원을 조사할 수밖에 없는데, 이것은 사실 비현실적이다. 다중클론 항체의 단점들로 인해서, 주어진 항원에 대한 단일클론 항체를 다량으로 마음대로 생산하는 방법이 필요했다. 이는 어떻게 항체가 특정 항원에 결합하는지에 관한 연구에 도움을 주며, 다중클론 항체의 혼합물에 의해 야기되는 분석의 복잡성을 제거해주기 때문이다. 그런데 B세포는 체외에서 배양하기가 매우 어렵다. 암세포라서 몸에서 분리되어 쉽게 배양될 수 있는 골수종 세포와는 달리, B세포는 체내 환경에서 시험관의 특별한 영양액으로 옮겨지면 대부분 죽는다. 쾰러와 밀스타인은 바로 이러한 문제를 해결함으로써 주어진 항원에 대한 단일클론 항체를 만들어냈다.

1984년 쾰러가 영국 케임브리지에 합류할 당시 밀스타인의 연구팀이 사용하던 한 가지 접근법은 2개의 다른 골수종 세포를 융합시켜 잡종 세포를 만들어내는 것이었다. 연구팀은 융합되지 않은 골수종 모세포처럼 잡종 세포 역시 적절한 영양액이 존재하는 시험관에서 자라는 것을 알게 되었다. 골수종 세포의 쌍이 융합될 때 얻어지는 이 잡종 세포가 모세포 2개의 특정 항체를 발현하는 것을 발견한 것이다. 밀스타인 연구팀은 이 골수종 잡종 세포의 연구를 통해 B세포 내 항체 다양화의 메커니즘에 대해 더 많이 밝혀냈다.

그렇지만 골수종 세포가 만들어낸 거의 모든 항체에 의해 인식되는 항원들이 무엇인지 확인할 수가 없었다. 그것들 대부분은 정체가 알려진 항원이 없는 항체들일 뿐이었다. 항원이 발견된 몇 개의 골수종 세포를 우연히 얻을 수는 있었지만 이것들은 실험실 조건하에서 잘 자라지 않았으므로 유용하지 않았다.

이런 상황에서, 쾰러는 주어진 항원에 대해 특이적인 항체를 만들어내는 골수종 세포를 선택적으로 얻을 수 있다면 훨씬 많은 정보를

항원에 대한 단일클론 항체를 만들어낸 밀스타인(왼쪽)과 쾰러(오른쪽)

알아낼 수 있을 것이라는 사실을 깨달았다. 쾰러와 밀스타인이 고려한 첫 번째 방법은 단일클론 항체들이 인식하는 특별한 항원을 발견할 수 있는지 없는지 결정하기 위해 골수종 세포에서 유래한 몇 가지 단일클론 항체로 많은 항원을 조사하는 것이었다. 이것은 마치 건초더미에서 바늘을 찾는 격이었다. 의문의 항원을 찾을 만한 기회를 얻으려면 수백만 종류의 항원을 모두 확인할 필요가 있었기에 이것은 매우 힘든 작업이었다. 이때 쾰러와 밀스타인은 특정 항원에 면역이 생긴 동물에서 얻은 B세포와 골수종 세포를 융합시킨다는 착상을 했다. 이 잡종 세포를 얻어서 배양액에서 배양할 수 있다면, 골수종 모세포의 단일클론 항체뿐만 아니라 잡종화시키기 전의 B세포가 만들어내는 단일클론 항체를 얻을 수 있을지도 모른다고 생각했다. 다시 말해, 항원이 동물에 주입되면 동물들은 그 항원에 대한 항체를 만들어낼 것이고, 이 동물의 B세포가 골수종 세포와 잡종의 형태로 자랄 수 있다면, 이 잡종 중 몇몇은 주입된 항원에 대한 항체를 만들어낼 것이다. 만약 그렇다면 그것들은 주입된 항원을 인식하는 능력에 의해 쉽게 검출될 거라는 것이었다. B세포 단독으로는 동물 밖에서 자라지 못하지만 흔히 시험관에서 왕성하게 자라는 골수종 세포와 융합하면 자랄지도 모르는 일이었다. 이처럼 많은 가정을 기반으로 한 쾰러와 밀스타인의 방법은 B세포-골수종 세포 잡종으로부터 특정 단일클론 항체를 생산할 가능성이 희박했으며 관련 작업에 매우 많은 시간이 걸릴 것으로 예상되었다.

밀스타인과 쾰러는 어찌 되었든 밀고 나가기로 했다. 그들의 예측이 전적으로 옳은 것은 아니었다는 것이 밝혀졌지만, 그들의 인내는 결국 보상받았다. 선택된 항원이 주입된 생쥐의 지라(spleen)에서 얻은 B세포를 골수종 세포와 융합시킴으로써 얻은 B세포-골수종 잡종 세포는 시험관에서 잘 자랐을 뿐 아니라 잡종 세포 중 일부는 주입된 항원에 선택적인 항체를 만들어내는 것이 확인되었다. 이후 잡종 세포를 얻기 위한 최적화 연구를 통해 하이브리도마(hybridoma)라고 불리는 B세포-골수종 잡종 세포를 쉽게 얻을 수 있게 되었다. 현재는 사실상 어떠한 항원에 대해서도 항체를 만들어낼 수 있는 하이브리도마를 얻을 수 있다. 쾰러와 밀스타인은 주어진 항원에 대해서만 선택적인 단일클론 항체를 만드는 매우 요긴한 방법을 개발해냈다.

단일클론 항체 생산을 위한 방법은 대략 다음과 같다. ① 항원을 동물의 지라에 주입한다. ② 그 동물은 항원에 대한 항체를 만들어내고, 만들어진 항체는 동물의 혈청에서 검출될 수 있다. ③ 동물이 이 항원에 대하여 혈청 항체(면역 항체)를 충분히 만들어내고 있을 때, 지라를 제거하고 항체를 생산하는 B세포의 풍부한 원천인 지라의 B세포를 시험관 안에서 배양한 골수종 세포와 융합시킨다. ④ 융합되지 않은 B세포는 영양 매체에서 자랄 수 없으므로 생존할 수 없다. 그리고 융합되지 않는 원래의 골수종 세포만을 선택적으로 죽이기 위해 특별한 약제를 사용한다. ⑤ 이런 식으로 융합된 B세포-골수종 잡종 세포만이 살아남는다. ⑥ 현재 연구실이나 산업체에서 사용되는 골수종 세포는 자신의 항체를 만들어내지 않으므로 잡종의 결과로 생기는 하이브리도마는 지라의 B세포에 의해 만들어지는 특정 항체만을 생산한다. ⑦ 얻은 하이브리도마 각각을 서로 분리하여 특별한 배양기에서 번식·배양한다. 이것은 하이브리도마의 클론을 많이 만들어낸다. 각각의 클론은 원래의 단일한 하이브리도마 세포에서 유래한 세포 개체군으로 이루어져 있다. ⑧ 하이브리도마의 클론 중 주입된 항원을 인식하는 항체를 만들어내는 능력이 있는 것이 선별된다. 즉 주어진 항원에 대해 특이적인 항체를 만드는 하이브리도마의 클론들은 항원을 주입받는 동물 내의 단일한 B세포에서 유래한다. 하이브리도마에서 지라의 B세포는 특정 항체를 생산하는 성질에 기여하고 골수종 세포는 동물체에서 분리되어 배양기에서 무한히 증식하고 성장할 수 있는 중요한 특성을 제공한다.

이처럼 특정 항원에 대해 선택적인 단일클론 항체를 만드는 하이브리도마는 시험관 속의 특별한 영양액에서 영원히 배양될 수도 있다. 그것들을 얼려서 여러 해 동안 저장했다가 녹여서 다시 활성화함으로써 계속 항체를 만들어낼 수도 있다. 이것은 단일클론 항체가 무한한 양으로 생산될 수 있으며 표준화된 방법으로 그것을 연속 사용할 수 있음을 의미한다. 다중클론 항체의 경우 ① 다중클론 항체가 존재하는 혈청은 서로 다른 항원을 인식하는 많은 항체를 포함한다는 점, ② 다중클론 항체는 보통 동물의 피에서 얻어야 하므로 무한 공급이 가능하지 않고 동물이 죽으면 다중클론 항체가 있는 혈청의 공급은 끝난다는 점, ③ 다른 동물에 같은 항원을 주입한다고 해도 정확히 똑같은 다중클론 항체를 가진 혈청을 만들어내기는 매우 힘들다는 점, 그래서 ④ 다중클론 항체는 단일클론 항체만큼 쉽게 표준화될 수 없다는 점을 고려한다면, 쾰러와 밀스타인의 단일클론 항체 기술이 가지는 과학적 의미와 중요성을 쉽게 이해할 수 있다.

이후 단일클론 항체 기술은 여러 방면으로 진보하게 된다. 예를 들어 두 가지 단일클론 항체를 서로 결합하여 하나가 아닌 두 가지 항원을 인식하는 항체를 만들어낼 수도 있다. 이와 같은 기술과 관련된 또 하나의 접근법은 단일클론 항체를 독소와 연결하는 것이다. 피마자 씨에서 얻을 수 있는 단백질인 리신(ricin)은 살아있는 세포를 죽이는 성질이 매우 강력한 독소인데, 리신처럼 강력한 독소를 복용하는 것이 어떤 조건에서는 매우 바람직할 수도 있다. 리신 자체를 약으로 사용하면 암세포뿐 아니라 보통 세포도 죽인다는 문제점이 있지만, 과학자들은 리신의 구조에 주목함으로써 이런 문제점을 해결할 가능성을 열었다. 리신은 A와 B라고 부를 수 있는 2개의 하부단위(subunit)를 가지는 단백질인데, 그중 하나는 살아있는 세포에 결합하고 다른 부분은 세포에 들어가 그 세포들을 죽이는 역할을 하는 것으로 알려져 있다. 즉 A 하위단위가 없으면 B 하위단위는 세포에 달라붙어도 독성이 없어서 아무런 해도 일으키지 않는다. 한편, B 하위단위가 없으면 A 하위단위만으로는 세포에 달라붙지 못하므로 그 안에 들어갈 수 없다. 그러므로 리신이 독소로 작용하는 실질적인 성질은 A 하위단위에 있다. 그래서 리신의 A 하부단위를 단일클론 항체와 연결한다는 생각을 할 수 있게 된 것이다. 일반적인 세포에는 없지만, 목표로 하는 암세포만이 가지고 있는 특정 항원을 선택적으로 인식해서 달라붙는 항체를 리신의 A 하위단위와 결합시키면, 복합체의 A 하위단위는 그 세포로 들어갈 수 있다.[28] 또한 세포 내로 들어간 복합체의 A 하위단위는 B 하위단위와 결합한 상태에서 세포를 죽이는 만큼 강력하게 세포를 죽일 수 있다. 리신의 B 하위단위를 항체로 대치함으로써 얻을 수 있는 항체-A 하위단위 복합체[29]는 강력한 독소로 작용할 수 있다. 거의 모든 종류의 세포에 달라붙는 리신의 B 하위단위와는 대조적으로 항체-A 하위단위 복합체의 항체는 특수한 종류의 세포에만 달라붙도록 만들어져서, 원하는 종류의 세포만 선택적으로 죽일 수 있다. 그래서 암세포에만 존재하는 또는 암세포에만 월등히 많이 존재하는 항원을 인식하는 단일클론 항체를 얻을 수 있다면, 항체-A 하위단위 복합체는 암세포만을 죽이고 정상 세포는 죽이지 않을 것이라는 접근법이다. 원하지 않는 세포는 건드리지 않고 목표로 하는 살아있는 세포만을 죽이는 놀라운 가능성이 있는 접근법인데, 소위 에를리히가 이야기한 '마법의 탄환'의 진정한 의미가

28 외부 물질이 세포 내로 들어가는 방법은 여러 가지가 있는데, 특히 세포 내 섭취(endocytosis)라고 불리는 경로를 통해 세포로 들어갈 수도 있다.

29 일반적으로 이와 같은 복합체를 항체-약물 접합체(Antibody-Drug Conjugate, ADC)라고 부른다.

점점 현실화되고 있다.

코로나19 감염이나 암을 포함한 질병 진단, 임신 진단 등도 단일클론 항체를 이용하는 분야다. 각기 다른 항원에 대한 단일클론 항체가 가지는 고도의 특이성, 장기적 사용 가능성, 생산과 표준화의 용이성 등이 진단에 사용하기 적절하기 때문이다. 질병이나 생리적 상태가 항원의 혈액 내 농도 변화 등과 연결되어 있다면 그 항원에 대해 특이적인 단일클론 항체는 생리적 상태 확인이나 병의 진단·치료를 돕는 데 사용될 수 있다. 예를 들어 임신한 여성은 소변 속에 난막성선자극 호르몬의 양이 증가한다. 그 호르몬에 대해 특이적으로 인식할 수 있는 항체를 플라스틱 막대에 도입하고 임신한 여성의 소변에 담그면, 호르몬이 그것에 달라붙는다. 막대에 있는 항체에 의해 포획된 호르몬 항원의 양은 발색 반응을 활용함으로써 결정될 수 있다. 판매되는 임신 진단 제품에서 막대에 있는 파란색으로 보이는 라인은 소변 속에 있는 난막성선자극 호르몬의 수준이 높음을, 즉 임신이 이루어졌음을 나타낸다. 단일클론 항체를 이용해서 진단 검사의 정확성을 높인 것이다. 코로나19 진단 키트 역시 단일클론 항체를 사용하며 그 원리도 임신 진단 키트와 비슷하다. 향후 단일클론 항체는 생화학 연구, 의학적 진단, 질병 치료에서 더 많이 이용·응용될 것은 의심의 여지가 없다.

면역 또는 항체에 관한 연구 중에서 생명체의 면역체계를 이용한 면역 항암제에 관한 이야기를 빼놓을 수 없다. 앨리슨(Allison, 1948~, 2018년 노벨 생리의학상 수상)과 혼조(Honjo, 1942~, 2018년 노벨 생리의학상 수상)가 이에 관한 연구인 면역 관문 수용체(immune checkpoint receptor)의 기능 규명으로 2018년 노벨 생리의학상을 받았다. 이들은 '면역체계의 핵심적인 분자 브레이크 시스템을 억제함으로써 면역체계의 암 살상능력을 강화할 수 있다'는 사실을 밝힘으로써, 최근 '암 정복의 열쇠로 떠오른 면역기전'[30]을 발견하고 그 기능을 밝혀 암 치료의 새로운 패러다임을 열었다.

지금까지 암 치료 패러다임은 1세대 화학 항암제, 2세대 표적 항암제를 거쳐 3세대 면역 항암제 치료까지 발전했다. 기존의 항암제가 암세포를 직접 겨냥했다면, 새롭게 등장한 면역 항암제는 면역세포를 활성화해 암세포를 사멸시킨다. 면역 항암제란 간단히 말해서 우리가 가지고 있는 고유의 면역체계를 강화시켜 암과 싸우는 힘을 길러주는 약물이다. 우리가 가진 본연의 힘으로 암을 저지한다는 점에서 지금까지의 암 치료를 바라보는 개념과는 근본적인 차이가 있다. 이처럼 인체의 면역체계 기전을 바탕으로 개발된 면역 항암제는 그 전까지는 뾰족한 해법이 없었던 암 환자들에게도 치료 효과를 보이면서 암 정복의 열쇠로 급부상하고 있다. 앨리슨과 혼조가 3세대 암 치료의 문을 연 것이다. 기존의 암 치료법은 약물이 암을 초래한 돌연변이를 직접 공격하게 하는 것이다. 이는 반드시 나쁜 방법이라고는 할 수 없지만, 약물로 인한 부작용과 함께 암세포가 약물에 대해 저항성을 갖게 되는 등의 문제점이 있다. 면역요법, 특히 면역관문억제요법(checkpoint blockade therapy)은 다음의 몇 가지 점에서 기존의 암 치료법과는 다르다.

30 암세포 중 일부는 면역세포들의 공격을 피해서 숨는 데 도움을 주는 단백질들인 PD-1(Programmed Cell Death Protein 1)이나 CTLA4(Cytotoxic T Lymphocyte Antigen-4) 등을 가지고 있는 경우가 있다. 면역 항암제는 이러한 암세포의 자기방어적 작용을 차단함으로써 면역세포가 암세포를 공격할 수 있도록 하는 메커니즘으로 이루어졌다.

2018년 노벨 생리의학상 수상자로 선정된 혼조(왼쪽)와 앨리슨(오른쪽)

첫째, 면역요법은 면역체계가 암을 공격하게 하며, 특히 면역관문 억제요법은 T세포가 종양을 공격하게 하는 방법이다. T세포는 세포 표면에서 돌연변이나 외부에서 유입된 펩타이드를 탐지하는데, 면역관문 억제요법에 의해 T세포는 새로운 돌연변이를 인식하게 된다.

둘째, 적응성(adaptability)의 측면에서도 다르다. 인간의 면역체계는 동적 시스템이므로 종양이 변화하면 면역체계도 따라서 변화한다. 즉 종양이 변화하여 또 다른 항원을 만들어낸다고 하더라도 T세포와 B세포는 새로운 항원을 공격할 수 있는 세포군들을 더 만들어내는 적응력을 발휘한다.

셋째, '화학요법(chemotherapy)'이나 '방사선요법(radiation therapy)'과 비교할 때 T세포는 자체의 '기억(memory)' 기능이 있다. 특별히 암세포에서 유래했거나 변형된 돌연변이에 대한 기억을 T세포를 통해 계속 보유하므로, 향후 종양이 다시 발생할 때 기억을 유지하고 있는 T세포를 이용하여 종양을 공격할 수 있다.

면역 항암제는 방사선요법이나 화학 항암제 등 직접 암세포를 공격하는 기존 치료법이나 약물과는 달리, 환자의 면역력 강화를 통해 암을 치료하므로 부작용을 최소화하고 면역력을 높이는 치료법으로 주목받고 있다. 기존의 화학 항암제는 암세포를 사멸시키기 위해 정상세포까지 무차별 공격하는 것도 용인하므로, 환자의 면역체계를 무너트리고 항암 치료제의 강한 독성으로 인한 탈모, 구토, 식욕 저하, 피로감, 극심한 체력 저하 등 각종 부작용이 있었다. 면역 항암제는 환자 스스로 면역을 강화해 치료하기에 부작용이 적어 암 환자의

1세대 화학 항암제	• 성장 속도가 빠른 세포에 손상을 주어 자라지 못하게 하거나 그 수를 줄이는 항암제 • 증식이 빠른 정상세포도 공격해서 머리카락 세포나 소장의 점막세포와 같은 일반세포에 큰 부작용이 나타남
2세대 표적 항암제	• 정상세포에는 해당하지 않으면서 암세포만 가지고 있는 특성을 찾아내, 그 특성을 나타내는 암세포만 공격하는 항암제 • 특정 암세포만을 공격하는 표적 항암제의 개발이 쉽지 않으며, 암세포의 분포가 개개인마다 달라서 그 효과 차이가 큼
3세대 면역 항암제	• 암 자체를 직접 공격하는 기존 항암제와는 달리 우리 몸이 면역체계를 자극해 면역세포가 암세포를 공격하도록 유도하는 암 치료제 • 인체의 면역 시스템을 이용하므로 특이성이 높으며, 효과가 장기간 지속될 수 있고 부작용이 비교적 적음 • 비용 문제가 있고 자가면역 질환자에게는 사용이 어렵다는 단점이 있음

암 치료 패러다임의 변화. 1세대 화학 항암제는 암세포는 물론 정상세포까지 공격하고, 2세대 표적 항암제가 암세포 내의 표적인자를 활용해 암세포만 선택해서 공격한다면, 3세대 항암제라 불리는 면역 항암제는 면역력을 강화해 암을 치료하는 원리다.

삶의 질을 높이고 생존기간 역시 대폭 연장되는 효과가 있다. 2세대인 표적 항암제는 암세포만을 식별해 공격하는 능력이 있어 임상 현장에서 각광을 받았지만, 적용할 수 있는 암의 종류가 제한적이고 내성이 생기는 경향이 있어서 일반적으로 활용되기는 어려웠다. 하지만 면역 항암제는 면역세포가 가진 암세포 식별 능력을 활용하므로 암의 종류에 크게 구애받지 않는다. 즉 변화무쌍한 암세포에 맞춰 스스로 무기를 바꿀 수 있는 면역세포들을 활용해 보다 효율적으로 암세포에 대항할 수 있다. 그렇지만 면역 항암제는 면역체계가 스스로 암세포를 공격하도록 조력하는 특성이 있어서 뇌암처럼 항체의 접근이 어려운 암종에서의 효과는 불확실하다는 한계가 있다.[31] 그뿐 아니라 면역기능에 작용하는 만큼, 면역기능을 낮춰야만 하는 면역질환이 동반된 경우나 간염과 같은 감염성 질환을 가지고 있는 경우에는 면역 항암제의 사용이 쉽지 않다.

사실, '면역체계를 이용하여 암을 치료할 수 있다'는 이론을 처음 제기한 인물은 에를리히였다. 1909년에 에를리히는 "면역체계가 항체를 보유하고 있어서 종양을 제거할 수 있다"라고 생각했다. 그렇지만 당시 과학기술의 한계로 '어떤 항체를 이용할 것인가?'라는 중요한 문제를 해결할 수는 없었다.

참고로, 면역관문 수용체는 면역기능을 활성화 또는 비활성화하는 일종의 스위치 역할을 하는 수용체인데, 일정시간 동안만 면역기

31 뇌는 자신만의 방어 체계를 가진 유일한 체내 기관이다. 우리 몸의 혈관과 세포 사이에서 다양한 물질 교환이 이루어지는데, 뇌의 경우 혈액을 통해 뇌로 가는 물질을 걸러주는 거름망 역할을 하는 장벽인 혈관-뇌 장벽(Blood-Brain Barrier, BBB)이 있어서 큰 분자량의 물질 등이 통과하기 어렵다.

능을 최대한 활성화해 인체의 방어기능을 작동시키는 역할을 한다. 또 지나친 면역 활성으로 정상세포가 손상되는 것을 막기 위해, 일정 기간만 작동하는 데도 중요한 역할을 한다. 특히 앨리슨은 1990년대 중반부터 25년 동안 CTLA-4라는 단백질을 중점적으로 연구했다. 이 단백질은 T세포의 활성 강약을 조절하는 역할을 하는데, 앨리슨은 CTLA-4에 브레이크를 거는 'Anti-CTLA-4'라는 단일클론 항체를 만들어 그 활성을 차단함으로써 T세포의 암 살상력을 강화하는 방법을 발견했다. 그는 이 새로운 암 치료법을 개발하는 데 혁혁한 공을 세웠고, 2011년에는 여보이(Yervoy)라는 이름의 면역 항암제로 미국 식품의약국(U.S. Food and Drug Administration, US FDA)의 승인·허가를 받았다. 평균 기대수명이 1년 미만인 전이성 흑색종 환자를 여보이로 치료한 경우 환자의 수명을 무려 10년이나 연장시킬 수 있었다.

이처럼 새롭게 개발된 면역 치료제는 다양한 종양에서 치료 효과를 보여 암 치료의 새로운 희망을 제시했는데, 기존 치료제 대비 전체 생존기간을 상당히 늘리는 등 암 치료의 패러다임을 바꿨다는 평가를 받고 있다. 여보이를 시작으로 면역관문 억제제 이필리무맙(ipilimumab)의 악성흑색종 환자에 대한 치료 효과가 처음 입증됐고, 2012년부터 악성흑색종뿐만 아니라 폐암에 대한 면역관문 억제제 니볼루맙(nivolumab)과 펨브롤리주맙(pembrolizumab) 등이 개발되었다. 그리고 2014년 후반 거의 동시에 허가를 받은 PD-1 억제제인 키트루다(Keytruda)와 옵디보(Opdivo), 2016년에 허가를 받은 PD-L1을 억제하는 티센트릭(Tecentriq) 등과 같은 면역관문 억제제들은 암환자의 삶의 질을 눈에 띄게 개선시켰다. 그러므로 면역 항암제의 경제적 가치는 비싼 비용을 훨씬 상회한다고 할 수 있으며 화학요법에 비할 바가 아니다.

아직은 면역 항암제로 모든 암환자를 치료할 수는 없지만, 기존의 다른 치료법보다는 훨씬 효과적이라는 것만은 분명하다. 면역반응을 강화함으로써 암을 치료할 수 있음이 많은 임상실험을 통해 입증되었다. 다른 항암제와 병용 투여할 경우에도 면역 항암제의 효용성이 증명되고 있다는 점에서 면역 항암제의 미래는 매우 희망적이다.

5. 혼자서는 생존할 수 없는 원시 생명체, 바이러스

라틴어로 '독'을 뜻하는 바이러스는 일반적으로 단백질로 구성된 외피 안에 유전물질인 핵산(DNA 또는 RNA)이 들어있는 단순한 구조로 되어 있고 그 크기는 20~300나노미터에 불과하다. 바이러스는 일반적인 생명체의 특성과 다른 점이 많다. 바이러스 하면 동물이나 식물, 세균 같은 생명체에 기생해서 사는 존재라고 생각할 수도 있고, 각종 매스컴을 도배한 코로나19, AIDS, B형 간염 등을 떠올리며 두려워하는 사람도 있다.

바이러스는 줄곧 지구상의 인간과 동물, 식물 등 생명체를 괴롭히며, 생명체의 생존을 위협해왔다. 통계에 따르면, 대략 70%의 인간 전염병이 바이러스에 의해 생겨난다. 이런 점에서 역사적으로 인류는 바이러스와 함께 살아온 것이나 마찬가지다. 역사적으로 유명한 바이러스성 질환으로 '천연두' 또는 '두창'이라고도 부르는 질환이 대표적이다. 중세 유럽 전역을 공포로 몰아넣은 '흑사병'은 바이러스 대가족의 일원인 페스트 바이러스가 일으킨 전염병으로 유명하다. 20세기 이후에도 바이러스성 질환이 여러 번 세계를 휩쓸었다. 1918년에는 독감 바이러스, 즉 인플루엔자 바이러스가 유행했다. 제1차 세계대전에 참전한 군인 중, 총칼로 사망한 군인보다 인플루엔자에 감염돼서 사망한 군인이 더 많았다고 한다. 그 정도로 위력이 대단했다. 최근에 중국 등에서 수많은 사람의 생명을 앗아간 조류 독감 역시 빼놓을 수 없다. 현재 독감 바이러스에 대해 타미플루(Tamiflu)와 같은 약이 개발되긴 했지만 아직 백신 개발 등의 효과적인 대응 조치를 찾지 못하고 있다.

1940~1950년대에는 소아마비 바이러스라고도 불린 폴리오 바이러스가 유행했다. 미국의 루스벨트 대통령이 성인이 된 후 이 바이러스에 걸려서 다리가 불편해진 것으로도 잘 알려져 있다. 지난 30년간 전 세계에 유행한 바이러스 질환도 많은데, 최근 몇 년만 살펴봐도 2014년 서아프리카의 에볼라바이러스, 2015년 메르스바이러스, 남아메리카에서 시작한 지카바이러스 등이 있었다. 최근에는 AIDS 바이러스와 2019년 말부터 전 세계를 경악시킨 코로나바이러스의 변종(코로나19), 그리고 원숭이두창 등이 있는데 이들 역시 대표적인 바이러스성 질환이다. AIDS라는 질병은 1982년에 처음 보고되었는데, HIV(Human Immunodeficiency Virus)라는 바이러스가 그 원인이라는 것이 증명되었다. 지금은 좋은 약이 많아서 AIDS에 걸린다고 해서 바로 사망에 이르지는 않지만, 당시에는 엄청난 공포의 대상이었다. 이렇듯 바이러스는 학문의 영역에만 그치는 게 아니라 주변에서 일상적으로

볼 수 있고, 극단적인 경우 인류의 생존을 위협할 수도 있는 존재다.

앞에서 살펴본 것처럼, 바이러스가 일으키는 각종 전염병은 일찍부터 지구상에 존재하고 있었지만 인류가 이들을 발견하고 이해하기 시작한 것은 19세기에 들어서였다. 프랑스의 파스퇴르가 세균을 발견하고 세균설을 정립한 후 흑사병, 천연두, 광견병 등의 질병이 생기는 원인을 성공적으로 설명했지만, 질병의 병원체가 세균이 아닌 경우에 그 병원체를 직접 확인하는 것은 실패했다. 광견병에 걸린 개의 타액을 다량 추출했지만, 당시의 현미경으로는 바이러스를 관찰할 수 없었기 때문에 파스퇴르가 할 수 있는 일이라곤 "세균보다 더 작은 병원균이다"라고 말하는 게 전부였다. 실제로 세균보다 작은 병원균이 바로 바이러스다. 이후 몇 년 동안 새로운 과학적 발견이 계속 이어졌는데, 그중에서 바이러스 발견의 역사에 특별한 의미가 있는 바이러스가 바로 '담배 모자이크 바이러스(Tobacco mosaic virus)'다.

1886년, 독일의 메이어(Meyer, 1843~1942)는 모자이크병에 걸린 연초 잎에서 얻은 즙으로 건강한 연초에 모자이크병을 전염시킬 수 있다는 사실을 최초로 증명해 이 바이러스에 전염성이 있다는 사실을 밝혔다. 그는 모자이크병을 일으키는 그것이 이전의 세균과는 다르다는 점을 인식하긴 했지만, 구체적인 특징을 자세히 분석하지는 못했다.

러시아의 이바노프스키(Ivanovsky, 1864~1920)는 1892년에 메이어의 실험을 재현한 후 더욱 심층적인 결과를 얻었다. 병에 걸린 연초 잎의 즙을 세균여과기로 걸러낸 후에도, 즉 세균을 제거한 후에도 여전히 건강한 연초에 모자이크병을 전염시킬 수 있다는 것을 보였다. 이것은 연초 모자이크병을 초래한 병원(病原)이 세균여과기에 의해서 걸러질 수 있는 세균의 크기보다 작기 때문인데, 이바노프스키는 세균이 만든 독소 때문에 모자이크병이 일어났다고 잘못 해석했다.

네덜란드의 베이제린크(Beijeringck, 1851~1931)는 같은 실수를 하지 않았다. 1898년에 그는 모자이크병에 걸린 연초의 즙이 한천(agar) 젤에서 일정한 속도로 확산되는 것을 관찰했다. 세균이 동일한 상황에서 한천의 표면에 그대로 남아있다는 사실을 확인한 베이제린크는 담배 모자이크병을 유발하는 인자의 특징을 발견했다. 일반 세균과는 다른 담배 모자이크병 유발 인자의 세 가지 특징은 다음과 같다. ① 담배 모자이크병을 유발하는 인자는 세균여과기를 통과할 수 있다는 점, ② 감염된 세포 내에서만 번식한다는 점, ③ 체외에서는 자라지 않는다는 점이다. 이로써 베이제린크는 담배 모자이크병을 유발하는 인자가 세균이 아닌 알려지지 않은 물질, 즉 살아있는 감염성 병원체라고 주장하고, 라틴어로 바이러스(virus)라고 이름 지었다. 드디어 바이러스의 존재를 확인한 것이다.

담배 모자이크 바이러스가 발견된 후 과학계에서는 각종 바이러스를 찾는 노력이 이어졌다. 1898년에 독일의 뢰플러(Loeffler, 1852~1915)와 프로쉬(Frosch, 1860~1928)가 구제역 바이러스(Foot-and-mouth disease virus)를 발견했다. 이어 1911년에 미국의 루스(Rous, 1879~1970, 1966년 노벨 생리의학상 수상)가 닭의 악성 종양을 유발하는 자신의 이름을 딴 루스 육종 바이러스(Rous sarcoma virus)를, 1915년과 1917년에 트워트(Twort, 1877~1950)와 데렐(d'Herelle, 1873~1949)이 각각 박테리오파지(bacteriophage)를 발견했다. 그리고 1930년대까지 독감 바이러스, 척수회백질염 바이러스, 각종 뇌염 바이러스, 광견병 바이러스, 토끼의 점액종 바이러스, 감자 모자이크병 바이러스 등을 포함해 백여 종에 가까운 바이러스가 발견되었다.

한편, '전자현미경'의 출현으로 바이러스의 모습과 질병 유발 원인 등을 더욱 자세히 알게 되면서 (분자)바이러스학과 그와 관련된 분자생물학이 정립되었다. 또한 대량의 예방 백신을 연구·제작해 바이러스가 일으키는 질병을 예방하면서 인간의 건강을 지키는 한편 바이러스로 인한 농업과 목축업의 피해를 최소화할 수 있게 되었다. 이외에도 인류는 나름의 용도를 가진 바이러스를 발견해 모든 바이러스가 백해무익한 것은 아니라는 사실을 알게 되었다. 예를 들어 박테리오파지는 일부 질병을 방지하는 특효약으로, 화상 환자의 환부에 있는 녹농균과 박테리오파지를 희석해서 바르면 효과적으로 화상을 치료할 수 있다는 것을 알게 되었다. 나아가 바이러스 게놈 복제, 유전자 발현 조정 원리, 바이러스와 숙주세포의 상호작용 규칙이 잇달아 발견되면서 바이러스 감염, 질병 유발과 관련된 메커니즘이 밝혀졌고, 분자바이러스학 분야의 기술 혁신과 발전이 이루어졌다. 이러한 과학적 지식은 앞으로 인류가 바이러스성 질병을 극복하고 이겨내는 기반이 될 것임에 틀림없다.

여기서 바이러스는 어떻게 만들어지는지, 병과는 어떤 관련이 있는지 살펴보자.

생명체 대부분은 DNA라는 유전물질을 가지고 있다. 그런데 어떤 바이러스는 RNA를 유전물질로 가지기도 한다. 즉 DNA가 유전물질인 바이러스도 있고, RNA가 유전물질인 바이러스도 있다. 바이러스도 유전물질을 가지고 있다는 점에서 유전물질의 구성 방식이 바이러스의 가장 핵심적인 특성이라고 볼 수 있다. 오른쪽 그림 A에서는

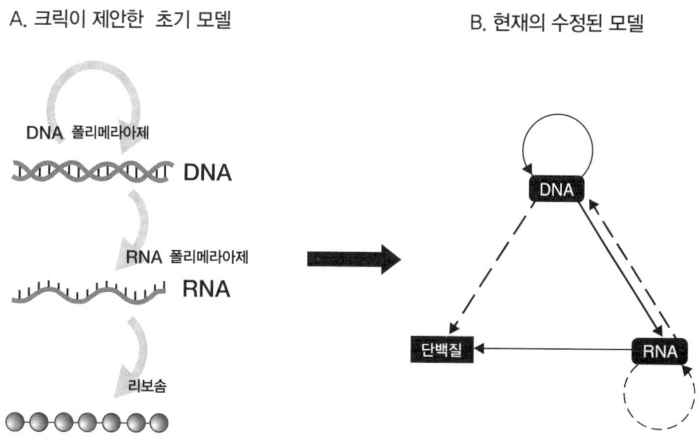

유전정보를 갖는 DNA로부터 실질적 기능을 담당하는 단백질이 만들어지기까지 일련의 과정을 의미하는 센트럴 도그마. 왼쪽은 크릭이 제안한 초기 모델이다. 여기서 DNA 폴리메라아제(polymerase, 중합효소)는 DNA로부터 새롭게 DNA를 만들어낼 수 있는 DNA 중합효소를 뜻하고, RNA 폴리메라아제는 DNA로부터 RNA를 만들어낼 수 있는 RNA 중합효소를 뜻한다. 리보솜(ribosome)은 메신저 RNA의 정보를 이용해서 단백질을 만든다. 오른쪽은 현재의 수정된 모델이다.

DNA가 맨 위에 있고 화살표 다음에 RNA, 그리고 단백질(리보솜은 단백질을 합성하는 역할을 한다)이 있는데, 이것은 바이러스 말고도 모든 동물, 식물, 세균 등 일반 생명체에 있는 유전정보의 흐름도다. 즉 유전정보를 갖는 DNA로부터 실질적인 생체 내 기능을 담당하는 단백질이 만들어지기까지 일련의 과정을 의미하는 '센트럴 도그마(central dogma)'다. 센트럴 도그마에서 모든 생명체는 DNA상에 유전정보를 가지고 있는데, 이것이 어떤 '표현형'[32]으로 나타날 때는 특정 아미노산 서열을 가지는 단백질을 통해 현상적 특성으로 나타난다. 크릭이 처음 제안했을 때는 그림 A에서 보는 것처럼 유전정보의 방향이 항상 DNA에

32 phenotype: 발현형질이라고도 불리는 표현형은 생물학 등에서 생명체가 유전정보를 이용하여 세포, 조직, 개체에 단백질과 당을 통해 생산한 기능적 형질을 뜻한다.

서 RNA를 통해 단백질로 한 방향으로만 향하며 반대의 경우는 없다. 현재의 센트럴 도그마는 예외 없는 절대적 원칙이라기보다는 일반론으로서, 일부 수정을 통해 오늘날 우리가 배우는 내용이 되었다. 참고로, 그림 A에서 RNA는 DNA로부터 단백질을 만드는 데 필요한 정보를 전달해주는 역할을 하므로 '메신저(messenger) RNA'라고도 한다.

그런데 바이러스 일부는 크릭이 처음 제안했을 때의 센트럴 도그마를 따르지 않는다는 점에서 특이하다. 유전물질이 RNA인 경우도 있어서 센트럴 도그마라는 규칙에서 어긋나 있다. RNA를 유전물질로 가진 바이러스 중에는 RNA 한 가닥으로 된 것도 있고, RNA 두 가닥이 서로 붙어있기도 하며, DNA가 유전물질이면 동그랗게 된 것 등 굉장히 다양하다. 이렇게 바이러스마다 서로 다른 것처럼 보이지만, 큰 틀에서는 생명의 법칙을 따르므로 단백질을 만들어야 한다. DNA가 유전물질이면 센트럴 도그마와 유사한 과정을 따르지만, RNA가 유전물질이면 RNA를 이용해서 DNA를 만들기도 하고, RNA에서 바로 단백질을 만들거나 RNA에서 상보적인 서열을 갖는 새로운 RNA를 만든 후 단백질을 만들기도 한다.

바이러스는 그 자체로는 증식할 수 없다. 살아있는 다른 생명체의 세포 안에 들어가서 증식해야 한다. 바이러스는 RNA로부터 단백질을 만드는 세포 내 기구인 리보솜이 없기 때문이다. 다른 생명체 세포의 단백질 합성 기구 등을 이용해야만 한다. 일단 바이러스가 세포 안에 들어가면 자손을 많이 퍼뜨리기 위해 유전물질뿐 아니라 유전물질을 감싸는 껍질 단백질(capsid protein) 등도 많이 만든다.

그러면 바이러스는 어떻게 세포에 침입할까? 종류마다 다르긴 한

데, AIDS를 일으키는 HIV 바이러스는 지질 이중막으로 둘러싸여 있다. 그런데 세포의 세포막도 지질 이중막이므로 바이러스의 막과 세포막이 융합하면서 바이러스 안의 유전물질이 세포질 안으로 들어간다. 이때 지질 이중막의 융합이 그냥 일어나는 것은 아니고, 바이러스 단백질과 숙주 단백질의 결합이 일어나야 막의 융합이 일어날 수 있다. 하지만 모든 바이러스가 똑같은 방식으로 세포 안에 들어가는 것은 아니다. 똑같이 지질 이중막을 가졌어도 인플루엔자 바이러스는 좀 더 복잡한 과정을 거치는데, 세포한테 잡아먹히듯 들어갔다가 융합이 일어난다. 지질 이중막을 가지지 않은 바이러스는 유전물질을 둘러싼 껍질이 단백질로 되어있는데, 단백질 껍질과 숙주세포가 특이적으로 단백질-단백질 결합을 한 후 주사기로 주입하듯 유전물질을 세포 안으로 넣기도 한다. 이렇게 보면 바이러스의 숙주세포 내 침입 과정이 쉬워 보이지만, 특정 바이러스가 모든 세포로 침입할 수 있는 건 아니다. 사람 세포에는 들어가는데 돼지 세포에는 안 들어가기도 하고, 사람 세포라도 신경세포에는 들어가는데 혈액 세포에는 안 들어가는 등 바이러스마다 특이성을 가지고 있다.

숙주세포로 들어간 바이러스는 유전자를 어떻게 복제할까? 바이러스 중에는 유전물질이 DNA인 것도 있고 RNA인 것도 있는데, RNA가 유전물질이면 그 자체가 단백질 합성에 바로 사용될 수 있는 mRNA로 작용하는 경우도 있다. 또는 자신의 RNA로부터 상보적인 서열을 갖는 RNA를 만들고 난 후 새롭게 만들어진 RNA가 mRNA로 작용하는 경우도 있고, 자신의 RNA로부터 DNA를 만들었다가(즉 역전사, reverse transcription) 다시 RNA를 만드는 경우도 있다. 그런데 자신의

RNA로부터 DNA를 만들었다가 다시 RNA를 만드는 경우는 센트럴 도그마의 최초 제안 내용에 위배되므로 매우 특이한 경우라고 할 수 있다. 이런 종류의 바이러스들은 유전정보가 DNA로부터 RNA로 한 방향으로 흐르는 것이 아니라 자신의 RNA로부터 DNA로 흐르기도 하므로 특별히 '레트로바이러스(retrovirus)'라고 불린다.

그렇다면 바이러스는 자손을 어떻게 만들까? 세균은 이분법으로 증식하고, 시간이 지나면 그 수가 기하급수적으로 늘어난다. 그런데 자손을 증식하는 능력 면에서 바이러스는 더 강력하다. 예를 들어 실험실에서 DNA 또는 RNA 형태의 유전물질을 많이 만들고 껍질 단백질을 많이 만든 다음, 단순히 섞어주기만 하면 저절로 자손 바이러스가 조립되어 나온다. 이와 같은 놀라운 현상을 '바이러스 단백질의 자기 조립'이라고 한다. 따라서 세균의 이분법보다 강력하다. 하지만 유전물질 없이 껍데기만 있는 불량품 바이러스도 있고, 껍데기가 없는 DNA가 만들어지기도 한다. 그렇긴 하지만 한 번에 많은 자손을 남기는 데는 굉장히 효율적인 방법이다.

이렇게 바이러스가 만들어지면 어떻게 세포 밖으로 나갈까? 지질 이중막을 가진 바이러스의 경우만 간단하게 언급하자면, 세포막에 바이러스 단백질들을 잘 심어놨다가 싹이 나듯이 자손 바이러스가 만들어진다. 이를 출아(budding)라고 한다.

앞에서 언급한 것처럼, 바이러스 자체는 단백질을 만들 수 있는 기구가 없으므로 숙주세포의 것을 이용해야 한다. 그런 점에서 바이러스는 기생체일 수밖에 없다. 이런 기구들을 바이러스 단백질을 만드는 데 이용하면 숙주세포는 정상적인 대사나 세포 활동을 영위할 수 없게 된다. 예를 들어 감염 후 바이러스가 급격하게 증식하면서 세포에서 필요로 하는 단백질 합성 기구를 바이러스가 이용하고, 그 결과 세포가 죽어가면서 둥글둥글해진 세포들을 볼 수 있다. 이런 현상을 세포 병변 효과라고 하는데, 바이러스가 세포를 직접 죽이는 예다.

바이러스에 따라서는, 세포를 바이러스에 감염시켜 일주일 동안 놔두어도 별다른 변화가 없고 세포가 죽은 것 같지도 않은 경우도 있다. 세포에 바이러스 염색을 하면 바이러스에 감염된 세포도 염색되므로 쉽게 확인할 수 있다. 감염되어 자손도 퍼뜨리지만 세포를 죽이지는 않는 경우에도 질병을 일으킬 수 있는데, 대표적인 것이 간염 바이러스다. 바이러스 자체가 간세포를 죽이지는 않는다. 면역세포인 T세포가 바이러스에 감염된 세포를 죽이면 바이러스가 제거되는 효과가 있지만 간세포 역시 많이 죽어서 간염에 걸리기도 한다. 과도한 면역이 문제가 되는 대표적인 경우다. 과도한 면역반응이 문제가 되는 사례가 2015년 유행한 메르스 사태에서도 나타났다. 한편, 어떤 환자들은 '사이토카인 스톰(cytokine storm),' 즉 '사이토카인 폭풍' 때문에 고통을 호소하기도 한다. 과다하게 활성화된 면역반응이 문제가 된 경우다. 면역반응 명령을 내리는 물질인 사이토카인이 너무 많이 만들어져 면역반응이 과다하게 활성화되어 염증이 많아지면서 오히려 안 좋아질 수도 있다. 이런 이유로 면역반응(또는 면역력)이 강한 젊은 환자들이 오히려 심하게 아픈 경우도 있다.

대부분 바이러스는 감염 후 단기간 내에 질병을 일으키는데, 오랜 기간에 걸쳐서 암을 일으키는 바이러스도 있다. 그중 대표적인 것이 인간 유두종 바이러스로, 자궁경부암이나 두경부암의 원인이 된다.

B형 간염 바이러스나 C형 간염 바이러스는 10~20년 동안 간염을 일으키다가 간암을 유발하기도 하는 것으로 알려져 있다.

원핵생물인 세균과 바이러스의 구분이라는 문제와 관련해서 중요하게 언급해야 할 것이 있다. 바이러스는 다른 생물과는 달리 스스로 번식할 수 없고, 숙주세포를 뚫고 들어가 숙주의 생합성 시스템을 이용해야만 증식할 수 있다. 기본적으로 단백질로 구성된 외피 안에 유전물질이 들어있는 단순한 구조로 이루어져 있고 그 크기는 20~300나노미터에 불과하다. 하지만 바이러스가 독립된 생명체였다가 다른 세포를 이용하면서 점점 작아졌는지, 아니면 세포에서 유전자를 하나하나 훔치면서 유전자 덩어리가 된 것인지 등에 대해서는 아직도 의견이 분분하다. 지난 2003년 미미바이러스(mimivirus)라는 대장균 크기의 절반만 한 바이러스가 발견되었는데(미미바이러스 이전에 확인된 바이러스들은 그 크기가 훨씬 작다), 보통의 바이러스에서는 발견되지 않는 단백질 합성에 관여하는 효소들이 일부 확인되면서 미미바이러스는 원래 독립된 세포에서 유래했을 거라는 가정에 힘을 실어주었다. 2017년에는 크기만 큰 것이 아니라 다른 바이러스에서는 발견되지 않았던 단백질 합성 효소들도 많이 가지고 있는 클로스노이바이러스(klosneuvirus, 또는 프랑켄슈타인 바이러스, Frankenstein virus)가 발견되었다. 이 바이러스는 소설 속 프랑켄슈타인 박사가 무생물에 생명을 부여해 괴물을 만든 것처럼, 원핵생물과 유사한 특성이 있음이 확인되었다. 클로스노이바이러스의 유전체 크기는 무려 1.57Mb로 세균의 그것과 거의 유사한 크기다. 무엇보다 단백질을 합성할 수 있는 체계를 가진 바이러스로, 숙주의 도움 없이 스스로 단백질을 합성할 수는 없지만 적어도 유전 체계는 완벽히 갖추고 있다. '바이러스와 지금의 생명 계통수 사이의 끊어진 고리'를 밝힐 수 있을 것이라는 기대가 커지고 있다.

인간 유두종 바이러스가 암을 어떻게 발생시키는지 살펴보자. 우리 몸에는 p53 또는 RB(Retinoblastoma) 억제제와 같은 '암 억제 단백질'[33]이 있는데, 이런 암 억제 단백질들은 우리 몸에서 세포가 너무 과도하게 증식하지 않게 하거나 세포를 제거해서 적절하게 유지한다. 인간 유두종 바이러스의 몇몇 단백질은 이와 같은 암 억제 단백질의 작용을 방해한다. 세포가 적절하게 제거되거나 증식이 제어되지 않아서 결국은 암이 되는 것이다.

그런데 바이러스가 침투했다고 우리 몸이 아무런 대책 없이 당하고만 있는 것은 아니다. 바이러스가 침투하면 우리 몸의 면역체계가 바이러스를 퇴치하기 위해 작동한다. 예를 들어 면역력이 강한 사람은 감기에 잘 걸리지 않는다. 또한 침투가 예상되는 바이러스 백신을 우리 몸에 미리 접종하면 우리 몸의 면역체계는 손쉽게 그 바이러스를 퇴치할 수 있다. 바로 이것이 앞에서 여러 번 언급한 백신의 원리다.

백신은 질병을 일으키는 바이러스의 위력을 약화해 만든다. 백신이 우리 몸에 들어오면, 백신이 항원으로 작용해 우리 면역체계에 의해 항체가 만들어진다. 이렇게 해서 만들어진 항체 덕분에 나중에 같은 바이러스가 몸에 들어와도 면역체계가 쉽게 퇴치할 수 있다. 일부

33 tumor suppressor protein: 암 억제 유전자(tumor suppressor gene)가 결손되거나 돌연변이에 의해 비활성화되면 암이 발생할 수 있다. 암 억제 유전자에 의해 만들어지는 단백질을 암 억제 단백질이라고 한다.

바이러스에 대해서는 그 바이러스의 증식을 방해하는 항바이러스제 역시 개발되어 치료제로 사용되고 있다.

하지만 감기나 아프리카 돼지열병, 코로나19 바이러스처럼 관련된 바이러스의 종류가 많으면 백신과 치료제를 개발하기가 무척 어렵다. 레트로바이러스는 유전물질인 RNA가 DNA보다 안정성이 낮고 DNA를 만드는 역전사효소(reverse transcriptase)의 정확성 역시 상대적으로 낮아서 숙주세포 안에서 복제될 때 그 서열이 바뀌는 경우가 많다. 원래 바이러스와 비교했을 때, 다른 능력과 형태를 보이는 변이가 일어난 자손 바이러스(변종 바이러스)가 쉽게 생길 수 있다. 우리가 해마다 새로운 독감 바이러스 백신을 접종받는 이유도 독감 바이러스가 쉽게 변이를 일으키기 때문이다. 변이가 일어나면 바이러스가 원래 감염시키지 못했던 생물종까지 감염시킬 수도 있다. 예를 들어 조류 인플루엔자 바이러스는 원래 조류에만 감염되는 종특이성(species-specificity)이 있었는데, 이 바이러스에 변이가 일어나 조류뿐만 아니라 포유류도 감염되기 시작했다. 결국 사람에게도 전염되어 2003년부터 중국을 비롯한 동남아시아와 아프리카 지역에서 이 바이러스 때문에 수백 명이 목숨을 잃었다.

현재 과학자들은 변이를 일으키는 바이러스에 맞춰 새로운 백신과 치료제들을 꾸준히 개발하고 있다. 코로나19 바이러스도 메신저 RNA(mRNA) 기반의 백신 개발로 보다 신속하게 대응할 수 있었다. 하지만 바이러스도 계속해서 변이를 일으켜 살아남을 가능성이 있다. 이처럼 인간과 바이러스의 끝없는 전쟁은 계속되고 있다.

그런데 AIDS 바이러스의 경우는 조금 다르다. 2021년은 AIDS가 세상에 알려진 지 40년째 되던 해였는데, 1981년에 첫 환자가 발견된 이후 전 세계 약 3천만 명이 AIDS로 사망했다. 불치병이던 시절엔 오해가 많았는데, AIDS 환자와 대화만 나눠도 감염된다는 근거 없는 소문도 있었다. 그러나 과학의 발달로 발병 원인이 밝혀지고 치료제도 개발되어 이에 따른 완치 사례도 나왔다. 한때 원인도 모르는 불치병이었던 AIDS는 이제 고혈압·당뇨병처럼 약물로 조절이 가능한 질병이 됐다.

전 세계를 공포에 떨게 한 AIDS는 어떻게 소위 '만성질환'이 된 것일까? 1983년 프랑스의 몽타니에(Montagnier, 1932~2022, 2008년 노벨 생리의학상 수상) 연구팀은 AIDS를 일으키는 바이러스가 HIV임을 확인하여 분리하는 데 성공했고, 이에 따라 당시의 학계는 백신 개발에 대한 기대감이 있었다. 그러나 AIDS 백신은 오늘날까지도 개발되지 못하고 있다. 레트로바이러스인 HIV가 쉴 새 없이 유전자 변형을 일으키기 때문이다. 대신 치료제가 개발되어서 HIV 감염자의 수명을 획기적으로 늘렸다. 1996년에 항레트로바이러스제가 나오면서부터다. HIV는 감염성 바이러스로 레트로바이러스 중에서 렌티바이러스(lentivirus)에 속하며, 목표 세포에 침입하면 숙주의 DNA와 결합해 새로운 바이러스를 생산한다. AIDS 치료제는 바로 이 과정에서 HIV의 증식을 억제한다. 바이러스 수치를 낮춰 면역기능을 회복시키고 기회감염을 예방할 수 있다. 치료 시기는 빠를수록 좋으며, 수치를 낮게 유지해야 AIDS로 진행하는 것을 최대한 지연할 수 있다. 현재 US FDA의 승인을 받은 약물은 단백질 분해효소 억제제, 융합 억제제, 역전사효소 억제제 등이 있다. 최근엔 단백질 분해효소 억제제를 포함한 세 가지 이상의 약물을 일반적으로 병용하고 있다. 이른바 칵테일 요법이다. 한 가지 약만 사용하면 수개월 내에 내성이 생기지만, 여러 약제를 함께 사용하면 내성이 생길 확률이 낮아지기 때문이다. 미국 NBA(National Basketball Association) 농구스타 존슨(Johnson, 1959~)은 1991년에 자신의 HIV 감염을 알게 됐으나 2022년 현재까지 정상적인 삶을 살고 있으며, AIDS 재단을 설립해 AIDS 퇴치 전도사로 활약하고 있다.

AIDS 바이러스를 발견해 2008년 노벨 생리의학상을 받은 몽타니에

AIDS와 관련된 또 다른 에피소드로 갈로(Gallo, 1937~)와 노벨상을 받은 몽타니에 사이의 업적 다툼이 있다. 갈로와 몽타니에는 최초의 AIDS 바이러스 발견자 자리를 놓고 10여 년간 다툰 라이벌이었다. 하지만 몽타니에는 2008년 노벨 생리의학상을 받았고 갈로는 노벨상을 받지 못했다.

갈로는 1979년에 레트로바이러스를 한 종류 발견했는데, 이 바이러스는 암과 관련해 발견된 최초의 레트로바이러스였다. 갈로는 1980년에 HTLV-1, 1982년에는 HTLV-2라고 불리는 바이러스와 혈액암의 연관성을 밝혔다. 그런 상황에서 1983년 학술지 〈사이언스〉에 AIDS와 관련된 몇 편의 논문이 실렸다. 그중 두 편은 갈로 연구팀의 주도로, 나머지 한 편은 몽타니에 연구팀에 의해 발표됐다. 몽타니에는 그 논문에서 LAV라는 바이러스를 AIDS와 관련된 바이러스로 보고했는데, 갈로는 AIDS 환자로부터 HTLV가 발견되었다며 이것이 AIDS의 원인 바이러스라고 주장했다. 그러자 몽타니에는 자신의 연구팀이 확인하고 분리한 LAV라는 바이러스를 갈로에게 보냈다. 이듬해 5월 〈사이언스〉지에 'HTLV-Ⅲ 바이러스가 AIDS를 일으킨다'는 갈로의 논문이 발표됐다. 그런데 몽타니에가 1983년 보고한 LAV와 갈로가 1984년에 보고한 HTLV-Ⅲ가 나중에 동일한 것으로 밝혀져 결국 HIV라는 이름이 바뀌게 되었다.

두 학자의 원조 논쟁에 불을 붙인 것은 거액이 걸린 AIDS 진단 검사법에 대한 특허 문제였다. 미국 특허청이 갈로의 진단법을 인정하자 몽타니에가 미국 정부를 상대로 소송을 제기했다. 이때부터 이 사건은 두 나라의 자존심 대결로 번졌고, 1987년 미국 대통령과 프랑스 총리가 나서면서 로열티를 동등하게 반분하기로 동의했다.

그러나 이것으로 끝이 아니었다. 1989년에 〈시카고 트리뷴〉지는 "HTLV-Ⅲ와 LAV는 완전히 똑같은 바이러스이며 갈로가 몽타니에의 업적을 가로챘다"고 보도했다. 그러자 미국 의회가 조사에 나섰고, 1991년 미국 연구진실성사무국은 몽타니에의 손을 들어주었다. 갈로는 그 후 "몽타니에가 보낸 LAV가 자신의 실험실에서 사고로 오염됐다"며 자신의 무죄를 주장했고, 1993년 말에 그의 탄원이 받아들여졌다.

한편, HIV 발견과 진단·치료제 개발 과정에서 갈로의 업적은 대단한 것이었다. 원숭이에 대한 AIDS 백신 개발 등을 포함한 갈로의 연구 결과에 기반하여 현재의 AIDS 치료제 개발이 가능해졌다. 게다가 갈로는 HIV가 AIDS를 일으킨다는 직접적인 연관성을 처음 확인했지만, 몽타니에는 자신이 발견한 바이러스가 AIDS와 관련이 있다는 사실을 증명하지는 못했다. 그럼에도 앞에서 언급한 스캔들로 인해 갈로는 노벨상을 받지 못했다. 이는 노벨상이 무엇을 원하는지 암묵적으로 보여준다. 현재 두 사람은 서로를 인정하며 학문적 동지로 지내고 있다. 몽타니에는 노벨상 수상자로 결정된 뒤 "갈로도 충분한 자격이 있다"며 아쉬워했다.

6. 생물체의 엔지니어, 효소

인체 내부에서는 복잡한 화학반응이 쉬지 않고 일어난다. 사람의 체온은 보통 37℃이고, 이 정도의 온도에서는 일반적으로 화학반응이 매우 느리게 진행되는데, 인체 내부의 화학반응이 느리게 진행되면 인간은 생존할 수 없다. 그러면 어떤 이유로 인체 내부에서는 화학반응 속도가 떨어지지 않으며 그럼으로써 인간이 생존할 수 있는 걸까? 그것은 바로 이런 반응들에 대한 촉매제인 효소가 있기 때문이다. 효소는 생물체가 생성해내는 고분자 물질(단백질 또는 핵산)로 촉매 역할을 해서 '생물체의 엔지니어'라고 불린다. 앞에서 이야기한 것처럼 효소의 놀라운 능력 때문에 효소를 '신이 주신 선물'이라고 말하는 이들도 있다.

효소 없이 화학반응을 일으키려면 대부분은 오랫동안 기다리거나 온도를 높이면 된다. 그런데 기다린다는 게 조금이 아니라, 어떤 반응은 효소가 없으면 몇백억 년이 걸릴 때도 있다. 또한 온도를 높이는 방식도 문제가 있다. 예를 들어 몸에 불을 붙이면 그 화학반응은 효소 없이 온도를 높여 유발된 반응으로 볼 수 있다. 하지만 이런 식의 화학반응은 에너지가 한꺼번에 나오므로 중간에 손실되는 에너지가 많을 뿐만 아니라 위험하기도 하다. 반면, 효소를 이용한 화학반응은 에너지가 단계적으로 조금씩 나오도록 조절하여 에너지 이용의 효율성뿐만 아니라 안전성까지 갖추고 있다. 이러한 생명체의 효소에 대한 의존성은 거의 모든 생물에서 볼 수 있는 보편적인 현상이다. 흔히 볼 수 있는 동물과 식물은 말할 것도 없고, 세균도 효소에 의존한다. 대부분의 바이러스는 자체적으로 효소를 만들 수는 없지만 숙주세포의 리보솜 등을 이용하여 필요한 효소를 만든다. 이처럼 효소는 생체활동의 필수요소다.

효소가 생명체 내에서 이렇게 중요한 역할을 하고 있지만 이를 발견하고 이해하기까지는 오랜 시간이 걸렸다. 단일 물질인 효소 발견의 역사를 살펴보자. 1785년에 이탈리아 스팔란차니가 동물의 위액을 채취하여 고기에 넣으면 고기가 녹는 현상을 발견하고, 이때 고기를 소화시키는 작용을 하는 물질을 '펩신(pepsin)'이라고 불렀다. 이것이 단백질을 분해하는 작용을 하는, 최초로 발견된 효소다(프랑스 과학자들이 1833년에 엿기름에서 발견한 '디아스타아제(diastase)'를 역사상 최초의 효소 제품으로 보는 견해도 있다). 스팔란차니는 펩신을 가열 처리하면 고기를 소화시키는 작용이 없어진다는 사실도 발견했다. 그 후 스팔란차니의 발견에 주목한 독일의 슈반은 이 문제를 깊이 연구하기 시작했다. 1836년에 그는 침전 방식을 이용해서 위액에서 얻은 소화 능력이 있는 하얀색 분말을 '위 단

단백질을 분해하는 효소를 최초로 발견한 스팔란차니(왼쪽)와 비(非)세포적 발효 현상을 발견한 부흐너(오른쪽)

백질 효소'라고 불렀다. 이는 인류가 처음으로 체내에서 채취하여 순수하게 정제한 효소였고, 이로써 효소에 관한 연구가 본격화되었다.

1897년 독일의 부흐너(Buchner, 1860~1917, 1907년 노벨 화학상 수상)는 단세포 생물인 효모균을 으깨어 즙을 짜내고 얻은 액에 당(sugar, 糖)을 가하면 살아있는 효모와 같이 발효 작용을 일으켜서 알코올이 생성된다는 것을 발견했다. 즉 생명체가 아닌 물질의 집합체에 의한 발효 현상을 최초로 확인하여 살아있는 효모 자체가 아니라 효모 속에 함유된 각종 효소가 탄수화물을 발효시킨다는 사실을 입증했다. 이 사실이 중요한 이유는, 당시 유행하던 생기론에 따르면 생명이 없는 상태에서는 생명현상 중 하나인 발효는 있을 수 없다고 생각했는데, 부흐너의 연구로 살아있는 세포가 없어도 발효가 일어난다는 것이 명백해졌기 때문이다. 이로써 오늘날 생화학과 분자생물학의 기초가 확립되

생화학 분야의 '근의 공식'이라고 할 수 있는 '미카엘리스–멘텐의 식'을 제시한 미카엘리스(왼쪽)와 멘텐(오른쪽)

었다.

1913년 미카엘리스(Michaelis, 1875~1949)와 멘텐(Menten, 1879~1960)은 그들이 제시한 '미카엘리스-멘텐의 식(Michaelis-Menten equation)'에 기반한 물리화학을 활용해 효소 반응으로 촉진되는 동역학적 원리를 밝힘으로써 효소에 관한 정량 연구를 시작하는 계기를 마련했다. 효소의 기능은 생명체가 필요로 하는 반응의 속도를 빠르게 하는 것이다. 효소의 기능에 관해 설명하려면 반응속도론적 설명이 필요하다. 반응속도론적 설명은 어떤 효소가 얼마나 빠르게 작용하는지, 세포 내 기질의 농도에 따라서 효소가 얼마나 빠르게 작용할지, 어떤 기질이 그 효소에 의해 쉽게 작용하는지를 설명할 수 있다. 참고로, 멘텐은 당시의 성차별 때문에 여성으로서 겪은 많은 어려움을 이겨내고 미카엘리스와 함께 효소의 반응속도론에 관한 연구를 할 수 있었다.

1926년, 미국의 섬너(Sumner, 1887~1946, 1946년 노벨 화학상 수상)가 작두콩에서 우레아제(urease)의 결정을 추출한 뒤 실험을 통해서 처음으로 우레아제가 단백질임을 증명했다. 이후 과학자들은 여러 효소를 추출·정제해내는 한편 실험을 통해 효소가 촉매 작용을 하는 단백질임을 확인해 효소의 촉매 작용에 대한 이해를 높였다. 1930년대에는 여러 효소의 단백질 결정들을 성공적으로 얻을 수 있었다. 이를 통해 과학자들은 효소들이 각각 독특한 작용을 함을 알게 되었으며, 이를 바탕으로 효소 연구의 새로운 영역들이 생겨났다.

그런데 1982년에는 미국의 체크와 캐나다의 올트만이 핵산의 한 종류인 RNA 역시 생명체 내에서 촉매 작용을 한다는 사실을 발견했다. 이후 다른 과학자들도 잇따라 촉매 활성을 보이는 RNA를 추가로 발견했다. 그래서 오늘날의 효소에는 단백질뿐만 아니라 핵산 형태도 포함된다. 이러한 사실은 RNA가 초기 생물 활성제일 수 있다는 가설에 대한 강력한 증거를 제공한다.

이처럼 과학이 지속적인 발전을 거듭하면서 효소의 성질과 작용에 대한 비밀도 대부분 밝혀졌다. 살아있는 세포는 생물의 신진대사에 나타나는 모든 화학반응에 대해 특이성을 가지고 촉매 작용을 하는 효소를 생산한다. 효소의 고효율, 특이성, 다양성, 반응 조건은 세포 내의 복잡한 신진대사 과정을 질서 정연하게 만들 수 있다. 특히 인체의 유전적 결함이나 기타 원인으로 효소의 활성에 이상이 발생하면 병이 생길 수 있다. 효소는 뒤에 설명할 호르몬과 페니실린(penicillin) 등과도 깊은 관련이 있다. 그렇기에 효소의 발견과 관련 이론 연구는 생명과학의 발전에 매우 중요하다. 현재 효소는 시럽(syrup)의 생산과 같은 공업 생산 분야에도 활용되고 있다. 효소는 환경에 아무런 위해를 주지 않으므로 공업 생산 분야에 효소를 사용하면 현재의 생활 수준을 유지하면서 후손에게 더 나은 환경을 물려줄 수 있다.

이런 관점에서, 인간이 원하는 기능과 성능을 가진 단백질을 빠르게 만들고 찾아내는 기술에 주어진 2018년 노벨 화학상은 여러 면에서 의미가 있다. 다시 한번 강조하지만, 단백질은 세포 내에서 다양한 기능을 수행한다. 누에 실크나 거미의 실크 단백질과 같은 구조단백질, 세포 내 반응을 촉진하거나 떨어뜨리는 효소, 면역에 관여하는 항체에 이르기까지 다양한 기능을 수행하는 살아있는 생명체의 필수적인 구성 요소이므로 진단이나 치료, 공업 생산 분야 등에 다양하게 활용될 수 있다. 1970년대에 유전자 재조합 기술이 등장하면서 인간 유전자를 박테리아와 같은 미생물에서 발현시켜 단백질을 대량생산할 수 있게 되었다. 1990년대 들어서는 세포의 대사 네트워크 전체를 재설계해 유용한 화학물질을 생산하는 대사공학이 등장하는 등 단백질의 활용이 빠른 속도로 현실화되었다. 하지만 단백질이기 때문에 가지는 한계도 있다. 인간이 원하는 기능과 성능을 가진 단백질을 빠르게 만들고 찾아내는 기술이 요구되었던 것이다.

치료나 대사공학 등의 분야에서 사용되는 효소들은 이전에는 자연계에서 찾아 활용했다. 하지만 자연계에 존재하는 효소는 우리가 연료, 고분자, 용매, 의약품으로 사용하는 화학물질을 효율적으로 생산하고자 할 때, 그 성능이나 기능이 제한적인 경우가 많다. 2018년 노벨 화학상을 받은 두 가지 기술, 즉 '유도 진화(directed evolution)'와 '파지 디스플레이(phage display)'라는 기술은 이런 문제를 해결하는 데 결정적인 역할을 했다. 이 기술들을 기반으로 인간이 원하는 기능과 성능을 가진 단백질을 빠르게 만들고 찾아낼 수 있게 되었다. 이 기술들이 세계 여러 나라에서 응용·발전함에 따라 환경친화적인 화학산업이 육성되고 신물질이 만들어졌다. 또한 지속 가능한 바이오 연료를 제조해 질병을 줄이고 많은 생명을 구했다.

효소 대부분은 단백질이라는 점, 그리고 효소의 활성은 그 효소를 구성하는 부분의 1차원 구조, 2차원 구조, 3차원 구조와 깊은 관련이 있다는 점에서 단백질의 구조, 특히 '이황화결합'[34]에 대해 살펴보도록 하자. 시각, 청각 등을 포함하는 효소가 담당하는 생명체의 수많은 기능 중에서 침에 있는 효소에 관해서도 살펴보겠다.

단백질은 접히거나 꼬여 특정한 3차원 구조를 만드는 한 개, 혹은 그 이상의 폴리펩티드로 이루어져 있는데, 단백질의 이와 같은 특정 형태의 구조가 그 단백질의 활성이라는 측면에서 매우 중요하다. 즉 단백질의 구조와 활성 사이에는 중요한 연관성이 있다. 단백질의 구조를 결정짓는 중요한 요소 중에 이황화결합이 있다. 2개의 황화수소기(-SH)가 만나 수소가 각각 제거되는 산화 반응을 통해서 단일결합(-S-S-)이 만들어지는데, 많은 단백질이 이와 같은 이황화결합을 가지고 있다. 이황화결합 역시 단백질의 구조와 활성에 중요한 역할을 하는 요소 중 하나다. 이황화결합은 머리카락에 변화를 주는 파마(Perm)와도 관련이 있는데, 이 파마에 이황화결합과 관련된 화학 원리가 숨어 있다.

34 disulfide bond: 이황화결합은 2개의 'SH기(sulfide기)'라는 작용기가 산화되어, 즉 전자를 내놓게 되어 생성되는 -S-S- 형태의 황 원소 사이의 공유결합이다.

머리카락의 주성분은 뭘까? 바로 단백질이다. 머리카락을 크게 확대해보면 꽈배기 모양으로 연결된 구조를 볼 수 있는데, 이들 분자 구조의 안정화에 도움을 주는 것이 바로 이황화결합이다. 이황화결합 덕분에 우리의 모발은 일정한 형태와 모양을 지속해서 유지할 수 있다. 그런데 이황화결합은 일정 정도의 힘이 가해지거나 특수한 화학약품과 만나면 결합이 끊어지고 새로운 형태의 결합을 만들어내기도 한다. 즉 파마는 견고한 이황화결합을 강제로 끊고(즉 환원되어 이황화결합이 끊어지고), 우리가 변형하고자 하는 모양으로 잠시 고정한 뒤, 다시 이황화결합을 도입함으로써 변형된 모양을 유지하는(다시 산화되어 이황화결합이 형성되어 그 구조를 유지하는) 과정이다. 마치 일정한 모양의 얼음이 물로 녹았다가 다른 틀에 넣어 새로운 모양의 얼음이 되는 것과 같다.

단백질의 이황화결합과 관련된 중요한 연구로, 안핀센(Anfinsen, 1916~1995, 1972년 노벨 화학상 수상)의 연구가 있다. 그는 단백질의 접힘과 풀림 현상이 가역적일 수 있다는 점을 발견하고 단백질의 활성과 구조의 관계를 명확히 입증해 1972년 노벨 화학상을 받았다.

침에는 녹말을 소화하는 효소인 아밀라아제(amylase)가 들어있는데 사람에 따라 농도 차이가 크다. 여기에는 두 가지 요인이 있는데, 먼저 아말라아제 유전자(*AMY1*)의 복제수 차이이다. 적게는 게놈이 2개뿐인 사람에서 많게는 15개까지 가진 사람도 있다. 다음으로 유전자 발현의 차이를 들 수 있다. 평소 녹말이 풍부한 음식을 즐겨 먹으면 아밀라아제 유전자의 발현이 높아진다. 그 결과 개인에 따라 침 속 아밀라아제 효소의 활성은 수백 배까지 차이가 난다. 이처럼 개인별로 효소의 활성 차이가 크다 보니 똑같은 음식을 씹어도 느낌이 크게 다

맛의 비밀은 바로 침단백질에 있다. 녹말을 분해하는 효소인 침 속 아밀라아제의 활성이 큰 사람들은 음식을 더 맛있게 느껴 음식을 많이 먹게 된다.

를 수 있다. 즉 침 속 아밀라아제의 활성이 큰 사람들은 탄수화물이 풍부한 음식을 입에 넣고 씹는 순간부터 급격하게 녹말이 분해돼 점도가 빠르게 떨어지면서 음식이 더 맛있게 느껴져 많이 먹게 되는 것이다. 이처럼 음식의 맛은 단순히 혀의 미뢰(척추동물에서 미각을 맡은 꽃봉우리 모양의 기관)에 분포한 미각수용체의 작용에 의해서만 결정되는 것이 아니다. 미각수용체의 분포 밀도나 유전형 차이로 미각의 민감도에 개인차가 있을 수 있으며, 침 속 소화 효소의 활성 차이도 음식 맛에 큰 영향을 미칠 수 있다. 그런데 최근에는 침이 더 다양한 방식으로 맛의 지각에 관여한다는 연구 결과들이 잇달아 나오고 있다. 심지어 침의 조성이 미각에 대한 민감도까지 영향을 미치는 것으로 밝혀졌다.

7. 진정한 만병통치약, 호르몬

호르몬은 아주 적은 양으로도 높은 생물활성을 보이는 특수한 화학물질로 신진대사, 성장, 발육, 면역, 생식 등을 조절하는 중요한 역할을 한다. 생물체 내의 내분비샘이나 내분비세포가 분비하는 호르몬은 그 종류가 매우 다양하다. 그중 흔히 접할 수 있는 것이 인슐린, 아드레날린(adrenaline), 티록신(thyroxine), 성장호르몬 등이다. 그중에서도 성장호르몬은 키가 커지게 하는 호르몬이다. 생체 내에 그 양이 너무 많으면 거인증에 걸리기도 하고, 반대로 너무 적으면 난쟁이가 되기도 한다. 한편 티록신이라는 호르몬은 너무 많으면 갑상선 기능 항진증에 걸리고, 너무 적으면 갑상선종이 생긴다. 그리고 인슐린은 체내의 혈당 농도를 낮춘다. 이처럼 호르몬은 인체의 중요한 기능을 담당하고 그 종류도 다양하지만, 호르몬 분비가 왕성한 사람조차도 그 양이 수백 나노그램이 안 될 정도로 체내 함량이 워낙 적어서 쉽게 발견할 수 없었다.

그렇기에 호르몬이 발견되기까지 오랜 시간이 걸렸다. 기록에 의하면 일찍이 11세기에 고대 중국의 한 의학자가 사포닌(saponin)을 이용해서 사람의 오줌에서 상당히 순도가 높은 '성호르몬(sex hormone)'을 추출했다고 한다. 이는 스테린(sterin)류 물질로 오늘날의 '비아그라(viagra)' 또는 '최음제' 종류라고 할 수 있다. 그렇지만 당시에 이런 성호르몬에 대해 정확하게 이해하기란 불가능했고, 실제로 원시적인 경험을 응용하는 정도에 그쳤으므로 과학적 발견이라고 말할 수 없다. 고대 의사들이 호르몬류 약물의 대체품을 발견했고, 19세기 후반에는 몇몇 생물학자들이 체내의 일부 기관이 분비하는 특수한 물질들에 놀라운 기능이 많음을 인식했음에도 인류가 진정으로 호르몬을 이해하게 된 것은 20세기 초의 일이었다.

조건반사를 발견한 파블로프

1888년에 '조건반사'[35]를 발견한 러시아의 파블로프(Pavlov, 1849~1936, 1904년 노벨 생리의학상 수상)는 개에게 실험하다가 신기한 현상을 발견했다. 개의 십이지장에 염산을 투입했더니 개의 췌장액(pancreatic juice 또는 이자액) 분비가 촉진되는 것이었다. 하지만 그는 이 현상을 단순히 신경반사에 의한 것이라고만 생각했다. 이후 이와 유사한 현상을 발견한 생물학자들이 이러한 현상은 신경반사의 하나라고 설명하는 파블로프의 이론에 의심을 품기는 했지만 신경반사라는 틀을 깨지는 못했다.

혁신에는 자유로운 생각과 젊음, 그리고 용기가 필요한 경우가 많았다. 영국 스탈링(Starling, 1866~1927)이 세크레틴(secretin)을 발견한 것도 그러한 예라고 할 수 있다. 스탈링도 췌장액 분비에 관한 실험에 흥미가 있었으나, 그에 대한 파블로프의 해석이 탐탁지 않았다. 그래서

35 conditional reflex: 생물학에서 반사는 자발적이지 않으면서도 자극에 반응하여 거의 즉각적으로 일어나는 운동을 뜻하는데, 그중 조건반사는 동물이 환경에 적응하기 위하여 후천적으로 얻게 되는 반사를 의미한다.

그는 이를 검증하기 위해서 한 가지 혁신적인 실험을 하기로 마음먹었다. 사실 그 방법은 아주 간단한 것이었는데, 개의 십이지장 점막을 벗겨 다른 개의 체내에 주입하는 것이었다. 실험결과 췌장액 분비량이 눈에 띄게 증가했음을 관찰한 스탈링은 개가 대량의 췌장액을 만들어내는 것은 개의 신경과는 아무런 관계가 없다는 사실을 분명히 밝혔다. 그 후 생물학자들은 스탈링의 실험 분석결과를 지지했지만, 파블로프는 여전히 그 해석에 반대했다. 2년여 동안 반복적인 논증을 거친 후인 1902년에 드디어 스탈링과 베일리스(Bayliss, 1860~1924)가 세크레틴의 존재를 증명하는 데 성공했다. 그들이 이 물질을 포유동물의 혈액에 투여하자, 동물이 음식을 섭취하지 않았음에도 대량의 췌장액을 분비한 것이다. 그들은 이 실험을 통해 파블로프의 신경반사설을 부정할 수 있었다. 즉 세크레틴의 발견으로 생명체가 만드는 물질 중에서 혈액에 투여하면 비교적 멀리 있는 기관이나 조직에 대한 조절 작용을 담당하는 물질이 존재한다는 사실이 증명되었다. 이러한 과학적 발견은 생물체 내의 통제신호가 모두 뉴런과 연관되어 있다는 기존의 이론을 보기 좋게 깨뜨린, 그야말로 내분비학에 기념비적인 의미가 있는 진보였다. 훗날 스탈링과 베일리스는 비단 세크레틴뿐만 아니라 체내의 다른 많은 물질도 저마다 생리작용을 한다는 사실을 발견했다. 1905년에는 이처럼 지극히 적은 양으로 생리작용을 조절하여 생물체의 기관 반응을 활성화하는 물질을 호르몬이라고 통칭하게 된다.

세크레틴 발견 이후 과학계에는 호르몬을 찾는 붐이 일면서 각종 호르몬의 발견이 줄을 이었다. 그중 1920년 캐나다의 밴팅(Banting,

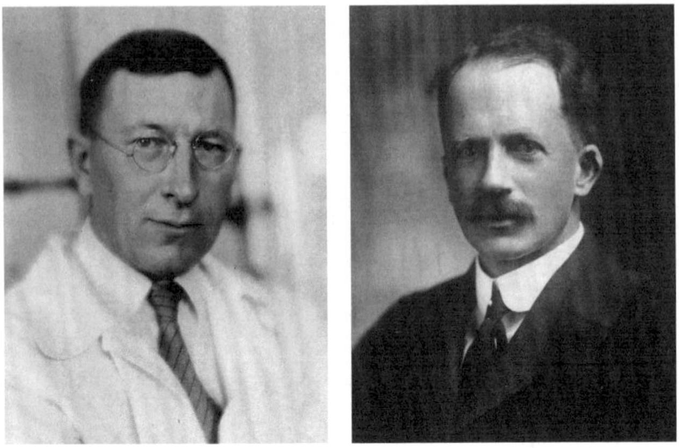

인슐린을 발견한 공로로 1923년 노벨 생리의학상을 공동 수상한 밴팅(왼쪽)과 매클라우드(오른쪽)

1891~1941, 1923년 노벨 생리의학상 수상)과 매클라우드(Macleod, 1876~1935, 1923년 노벨 생리의학상 수상)는 함께 인슐린을 발견했고, 이를 추출해 연구한 공로를 인정받아 1923년에 노벨 생리의학상을 받았다.

인슐린은 발견에 관련된 이야기 외에도, 생거의 인슐린의 아미노산 서열 확인, 보이어(Boyer, 1936~)와 코헨(Cohen, 1935~), 스완슨(Swanson, 1947~1999)의 유전자 재조합 기술을 이용한 인슐린의 대량생산 등 관련된 이야깃거리가 무궁무진하다.

1923년 노벨 생리의학상의 주인공은 인슐린을 발견한 밴팅과 매클라우드로 결정되었다. 캐나다 정부는 밴팅의 수상을 기려 연금 지급을 결정했으며, 그가 인슐린으로 당뇨병 환자를 최초로 치료한 토론토 종합병원 앞에는 밴팅연구소가 세워졌다. 당뇨병으로 고생하던 영국 왕 조지 5세(George V, 1865~1936)는 밴팅에게 기사 작위를 수여했다. 인슐린을 발견해 수많은 당뇨병 환자들을 구한 공로를 생각하면 당연한 일이었다.

그런데 밴팅은 노벨상 수상 후 상금의 절반을 동료인 베스트(Best, 1899~1978)와 나누어 갖겠다고 공개적으로 선언하고 즉시 실행에 옮겼다. 그러자 공동 수상자였던 매클라우드 역시 자신의 상금을 인슐린 연구에 참여한 콜립(Collip, 1892~1965)과 나누겠다고 밝혔다. 도대체 이들에게 무슨 일이 있었던 걸까?

1891년 캐나다 온타리오주에서 태어난 밴팅은 어릴 적부터 생물 실험에 관심이 많아서 농사를 짓던 아버지의 소가 죽으면 직접 해부하기도 했다. 토론토 의과대학을 졸업하고 정형외과 수련의를 거친 그는 토론토에서 약 200킬로미터 떨어진 런던시에 개업했다. 사실 그가 그곳까지 가서 개업한 것은 토론토 의과대학에서 연구원 자리를 얻지 못했기 때문이다. 타지에서 온 시골 출신의 의사가 개업한 병원을 찾는 환자는 별로 없었다. 생계를 위해 그는 틈틈이 그곳에 있던 웨스턴 온타리오대학교에서 강의를 했다. 그 무렵 밴팅은 당뇨병의 치료법을 연구하기로 마음먹었다. 어릴 적부터 단짝이었고 의과대학도 함께 다닌 친구가 당뇨병에 걸려 서서히 죽어가는 걸 지켜봐야 했기 때문이다.

밴팅은 췌장(pancreas, 또는 이자)에 있는 랑게르한스섬(islets of Langerhans 또는 pancreatic islets)에서 분비되는 물질이 당뇨병과 관련이 있다는 사실에 착안해, 개의 췌장관을 묶으면 당뇨병을 치료하는 물질을 추출할 수 있을지도 모른다는 아이디어를 떠올렸다. 그리고 그때까지 많은 이들이 그 물질을 추출하는 데 실패한 원인이 췌장에서 분비되는 트립신(trypsin) 때문일 수도 있다고 생각했다. 트립신은 단백질을 분해하는 효소이기 때문이다. 따라서 췌장관을 묶어 트립신의 분비를 막는다면 랑게르한스섬에서 분비되는 물질도 분해되지 않고 그대로 추출할 수 있다는 게 이 아이디어의 요지였다.

밴팅은 자신의 실험 계획을 웨스턴 온타리오대학교에 알리고 실험실 사용을 부탁했으나 거절당했다. 하지만 포기하지 않고 모교인 토론토대학교를 찾아갔는데, 이때 만난 이가 바로 생리학과 교수인 매클라우드였다. 밴팅은 방학 기간에 빈 실험실 사용에 대한 허락을 받았다. 매클라우드는 밴팅의 실험에 회의적인 입장이었지만, 의대생인 베스트를 조수로 붙여주기까지 했다.

밴팅은 베스트와 함께 개의 췌장관을 묶은 다음 며칠 기다렸다가 랑게르한스섬의 조직을 분석하고 그 추출물을 췌장이 제 기능을 못하는 다른 개에게 주사하는 실험을 반복했다. 91마리째까지 아무런 결과를 얻지 못했지만, 92마리째 실험에서 기적처럼 성공했다. 그들은 랑게르한스섬으로부터 추출한 물질에 '아일레틴'이라는 이름을 붙였다. 섬에서 생성되는 화학물질이라는 의미였다. 이후 아일레틴은 매클라우드의 제안으로 같은 뜻의 라틴어인 인슐린으로 바뀌었다.

밴팅은 인슐린의 효과를 입증하기 위해 도축장을 다니면서 소와 돼지의 췌장을 수집했는데, 그 과정에서 실험비가 부족해 자신이 타고 다니던 차를 팔기까지 했다. 밴팅의 실험이 성공할 가능성이 커지자 매클라우드도 관심을 보이기 시작했다. 매클라우드는 자신의 연구소에서 일하는 콜립을 밴팅에게 보내 활성물질의 다량 추출을 도왔다. 그들은 미국생물학회에 논문을 제출하기로 하고, 논문 초록 작성을 매클라우드에게 부탁했다. 초록의 제출 시점이 너무 임박했기 때문이었다. 이렇게 해서 자연스럽게 매클라우드의 이름도 논문에 실리게 됐다.

1922년에 13세의 당뇨병 환자에게 인슐린을 투여해 최초로 성공적인 치료가 이루어졌다. 이 성공 소식은 전 세계적으로 큰 관심을 모았고, 바로 다음 해인 1923년에 밴팅과 매클라우드에게 노벨상이 수여됐다.

밴팅이 자신의 상금을 베스트와 공개적으로 분배한 것은 사실 매클라우드의 노벨상 공동 수상에 대한 우회적인 이의 제기였다고 볼 수 있다. 매클라우드는 실험의 조직적 측면에서만 기여했을 뿐이고, 매클라우드보다 베스트가 그들의 실험에 훨씬 더 많이 기여했다고 밴팅은 생각했다.

하지만 매클라우드의 입장은 달랐다. 그는 인슐린 발견이 자신의 실험실에서 이루어졌으므로 연구의 책임자인 자신의 노벨상 수상이 당연하다고 여겼다. 따라서 그는 강연 등에서도 은연중에 자신이 연구책임자이며 밴팅은 자신의 지도하에 있는 연구원일 뿐이라는 요지의 말을 하곤 했다.

어쩌면 당시 학계의 관행이라고 볼 수 있는 매클라우드의 수상에 대해 밴팅이 반기를 든 것은 평소 그의 우직한 성품을 감안할 때 결코 이상한 일이 아니었다. 그는 베스트와 함께 인슐린 제조 특허권을 토론토대학교에 사실상 무상으로 양도했다. 그 후 토론토대학교는 인슐린 제조권을 제약회사에 넘겼으며, 덕분에 인슐린은 1년도 채 되지 않아 당뇨병의 표준 치료법으로 자리 잡았다. 밴팅은 노벨상을 수상한 최초의 캐나다인이었다. 하지만 그보다는 밴팅의 영웅적인 행동 때문에 그는 캐나다에서 아직도 우상으로 남아있다.

이처럼 세상을 한 번 바꾼 인슐린은 유전자 재조합 기술의 탄생으로 다시 한번 세상에 큰 영향을 끼쳤다.

1982년에 US FDA는 유전자 재조합 기술로 만든 최초의 의약품인 휴물린(Humulin)의 판매를 승인했다. 휴물린은 'human'과 'insulin'의 합성어로 박테리아인 대장균이 만든 인간 인슐린이다. 휴물린 개발의 역사는 10여 년을 거슬러 올라간다. 이 기간에 줄곧 관여해온 과학자가 바로 미국 UC샌프란시스코의 보이어였다. 1973년 그의 연구팀과 미국 스탠퍼드대학교의 코헨 연구팀이 함께 개발한 유전자 재조합 기술이 그 긴 여정의 출발점이었다.

1963년에 박사학위를 받은 보이어는 예일대학교에서 박사후과정을 밟았는데, 여기서의 연구주제가 바로 '제한효소(restriction enzyme)'였다. 1960년대에 발견된 제한효소는 박테리아가 외부에서 들어온 바이러스의 DNA를 파괴함으로써 바이러스의 확산을 제한하기 위해 박테리아가 만들어내는 효소다. 당시에 제한효소는 DNA의 특정 염기서열을 인식해 자르는 것으로 추정되었다. 따라서 보이어를 비롯한 연구자들은 제한효소를 이용해 DNA를 조작하는 방법을 모색하기 시작했다.

1966년에 UC샌프란시스코 미생물학과에 자리를 잡은 보이어는 제한효소 연구를 계속했고 마침내 1972년 훗날 'EcoRI'라고 이름 붙은 제한효소를 발견했다. 연구자들은 이 효소가 DNA 이중나선에서 'GAATTC' 서열을 인식해 절단한다는 사실을 밝혀냈다. 흥미롭게도 이 효소는 G와 A 사이를 자르는데, 두 가닥에서 잘리는 위치가 서로

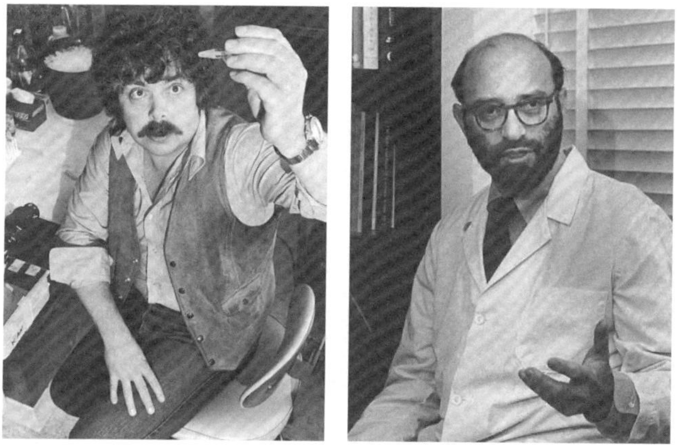

유전자 재조합 기술을 개발한 보이어(왼쪽)와 코헨(오른쪽)

달라 결국 잘린 말단에 염기 4개 길이의 단일 가닥이 달려있게 된다. 이렇게 잘린 부분은 4개의 상보적인 염기 사이의 수소결합으로 다시 서로 달라붙기 쉽다.

보이어는 그해 여름 하와이에서 열린 한 학회에서 이 연구 결과를 발표했다. 객석에서 보이어의 발표를 듣던 코헨은 자신이 하는 연구에 제한효소를 이용하면 멋진 일이 일어날 것을 직감했다. 그는 '플라스미드'[36]라는 박테리아의 원형 DNA를 연구하고 있었다. 플라스미드는 박테리아의 게놈과 별도로 존재하며, 박테리아들은 서로 빨대 같은 대롱으로 연결한 뒤 플라스미드를 주고받기도 한다. 이와 같은 플라스미드에는 특정 항생제에 저항성이 있는 유전자가 들어있는 때도 있어서 박테리아 집단이 짧은 시간에 항생제 저항성을 갖는

36 plasmid: 플라스미드는 세균의 세포 내에 염색체와는 별도로 존재하면서 독자적으로 복제할 수 있는 염색체 외의 원형 DNA를 총칭하는 말이다.

수단이 된다.

코헨은 원형인 플라스미드를 특정 제한효소로 자른 뒤 여기에 양 끝이 잘린 자리와 상보적이면서 원하는 유전자(예를 들면 인슐린 유전자)를 포함하고 있는 DNA 조각을 붙인 후 다시 원형으로 만들어주면(즉 재조합하면) 그 유전자를 포함한 새로운 플라스미드를 만들 수 있을 것이라고 생각했다. 그 뒤 이 재조합된 플라스미드를 박테리아에 넣어줘서 형질전환을 시키면, 박테리아 세포 안에서 플라스미드가 복제되면서 이 유전자도 복제될 것이라고 생각했다. 훗날 이런 과정을 클로닝이라고 부르게 된다.

발표가 끝난 뒤 코헨은 보이어를 찾아가 자신의 아이디어를 이야기했다. 보이어는 코헨에게 자신들이 정제한 EcoRI을 조건 없이 제공해주겠다고 약속했는데, 코헨은 그럴 수 없다며 공동연구를 제안했다. 두 사람의 협력은 이렇게 시작됐고 이듬해 제한효소 처리를 한 뒤 플라스미드를 붙여 만든 재조합 플라스미드를 클로닝하는 데 성공했다.

사실 당시에는 박테리아 같은 생물에 동물이나 식물의 유전자를 넣는다는 건 상상할 수 없었다. 일부 바이러스는 RNA로 이뤄져 있기는 하지만, 1953년 왓슨과 크릭의 DNA 이중나선 발견 이후 대부분의 생물은 그 유전자가 DNA로 이뤄져 있다는 사실이 분명해지면서 동물의 유전자가 대장균에서 발현될 가능성도 배제할 수 없었다. 연구자들은 개구리의 DNA 조각을 얻어 플라스미드에 넣는 실험을 했고 어렵지 않게 성공했다. 동물의 DNA가 포함된, 즉 재조합된 플라스미드가 대장균에서 아무 문제 없이 복제된 것이다. 이 연구 결과는

1974년에 학술지 〈PNAS〉에 실렸는데, 이 논문이 시사하는 바가 너무나 명확했기에 〈뉴욕타임스〉를 비롯한 언론들은 연구 내용을 대서특필했다. 즉 개구리의 DNA가 들어가도 문제가 없다면 사람의 DNA가 들어가도 문제가 없다는 내용이었다.

많은 사람이 그때 주목한 건 사람의 인슐린 유전자였다. 당뇨병 환자들을 대상으로 인슐린이 쓰이기 시작한 건 인슐린이 혈당을 낮추는 호르몬이라는 게 밝혀진 1920년대부터였다. 그 뒤 소나 돼지에서 추출한 인슐린이 사람에게서도 작동한다(인슐린은 종 특이성이 없다)는 사실이 알려지면서 동물에서 추출한 인슐린이 약품으로 사용되었다. 그런데 인슐린을 원하는 당뇨병 환자들이 점차 늘어나면서 인슐린 수급에 빨간불이 켜졌다. 인슐린은 소나 돼지를 도축할 때 췌장을 수거해 추출하므로 생산량에 한계가 있었다. 제약회사들은 화학적으로 인슐린을 합성하는 방법도 생각했으나, 아미노산 51개로 이뤄진 복잡한 생체분자를 대량으로 합성한다는 건 당시로서는 거의 불가능한 일이었다. 이때 유전자 재조합 DNA 기술이 나왔으니 주목받지 않을 수 없었다.

1975년이 끝날 무렵 보이어는 한 당돌한 젊은이의 전화를 받았다. 그 젊은이는 재조합 기술을 이용해 제품을 만드는 회사를 세우려고 하는데 한번 만나서 얘기해보고 싶다고 말했다. 보이어는 처음에는 바쁘다고 거절했지만 젊은이가 워낙 집요하게 매달리자 할 수 없이 10분간 시간을 내주기로 했다. 이듬해 1월에 만난 이들의 이야기는 10분을 훌쩍 뛰어넘어 맥주집으로 자리를 옮기면서 3시간이 넘게 이어졌다.

유전자 재조합이라는 생명공학 시대를 연 '제넨텍'의 설립자인 보이어(오른쪽)와 스완슨(왼쪽). 30대 후반인 보이어와 20대 후반인 스완슨은 제넨텍을 설립해 유전자 재조합 기술을 기반으로 한 인슐린 프로젝트에 뛰어들었다. 1976년 초에 스완슨과 보이어가 처음 만난 날 의기투합해 술집으로 자리를 옮겨 맥주를 마시며 바이오 벤처를 계획하는 장면을 재현한 조각물이 제넨텍 본사에 있다.

이 젊은이가 바로 당시 29세인 실직자 스완슨이었다. 1947년에 태어난 스완슨은 MIT에 입학했지만, 입학했던 화학과는 대충 다니고 경영학 공부에 전념했다. 졸업하고 은행에 취직한 스완슨은 벤처 투자 업무를 맡아 당시 떠오르던 산업인 전자공학, 컴퓨터 업체 투자에 관여하기도 했다. 그 뒤 벤처 캐피탈 업체로 옮겨 일하기도 했지만, 결국은 쫓겨나 혼자 사업을 모색하던 중에 보이어에게 연락한 것이었다.

스완슨은 유전자 재조합 기술 분야를 이끌고 있는 보이어의 이름을 앞세워 투자자를 찾았고 마침내 10만 달러를 유치하는 데 성공했다. 이 자금으로 이들은 제넨텍(Genentech, 현재는 Roche의 자회사)이라는 이름의 회사를 세웠다. 보이어가 즉석에서 만든 이름인 제넨텍은 유전공학

기술(genetic engineering technology)의 약어다.

제넨텍의 첫 번째 과제는 당연히 인간 인슐린 유전자를 클로닝해 대장균이 인슐린을 대량으로 만들게 하는 일이었다. 그러기 위해서는 먼저 인간 인슐린 유전자를 확보해야 했는데, 이 일은 그때까지 누구도 해내지 못한 일이었다. 그런데 이들에게 행운이 찾아왔다. 보이어가 1975년에 미국 로스앤젤레스 근교에 있는 시티오브호프(City of Hope) 병원에서 유전자 재조합 기술에 대한 강연을 했는데, 그 자리에 참석한 릭스(Riggs, 1939~)의 관심을 끌었다. 릭스의 연구팀은 당시에 화학적으로 DNA 조각을 합성해 인공 유전자를 만드는 방법을 연구하고 있었다. 만일 인공적으로 인슐린 유전자를 만들어 플라스미드에 끼워 넣어 클로닝할 수 있다면 인슐린을 만들 수 있지 않을까 하는 가능성이 떠오른 보이어와 릭스는 공동연구를 하기로 했다. 이 소식을 들은 스완슨은 쾌재를 불렀고 열정적으로 추가 투자자를 모집했다.

그런데 막상 공동연구를 시작하자 릭스의 연구팀 연구자들이 한 발 뒤로 물러섰다. 인슐린 유전자를 화학적으로 합성하기에는 시간이 너무 오래 걸리고, 이 유전자가 박테리아 속에서 작동한다는 보장도 없기에 먼저 작은 유전자로 시험해보자고 제안한 것이다. 그래서 이들이 선택한 것이 '소마토스타틴(somatostatin)'이라는 아미노산 14개로 이뤄진 호르몬이었다. 릭스의 연구팀은 염기 10여 개 길이의 DNA 단일 가닥 8개를 각각 합성한 뒤 이를 결합시켜 한쪽 끝은 'EcoRI' 자리를, 반대쪽 끝은 또 다른 제한효소인 'BamHI' 자리를 지닌 소마토스타틴 유전자를 인공적으로 만드는 데 성공했다. 이 유전자를 받은 보이어의 연구팀은 즉각 재조합 플라스미드를 만들어 대장균에 집어넣었다. 그리고 대장균이 소마토스타틴을 만드는지 확인했다. 결과는 실망스럽게도 '소마토스타틴이 만들어지지 않는다'였다.

이 결과에 스완슨은 크게 실망했지만 연구자들은 침착하게 그 원인을 고민했다. 연구자들은 대장균 내부에 소마토스타틴을 이물질(외부 물질)로 인식해 파괴하는 단백질 분해효소가 있다고 결론 내렸다. 이들은 어떻게 이런 난관을 극복할 수 있었을까? 연구자들은 '베타갈락토시다아제(b-galactosidase)'라는 대장균의 유전자와 소마토스타틴의 유전자를 붙여서 발현시켜보자는 아이디어를 냈다. 인간의 작은 단백질인 소마토스타틴이 대장균의 커다란 단백질인 베타갈락토시다아제에 붙어 있다면 대장균의 단백질 분해효소가 알아채지 못할 수도 있기 때문이다.

결과는 성공이었다. 연구자들이 예상한 바와 같이 만들어진 베타갈락토시다아제-소마토스타틴 복합 단백질은 대장균 세포 내에서 파괴되지 않고 축적되었다. 이를 분리한 연구자들은 화학처리를 해 소마토스타틴을 떼어냈다. 마침내 박테리아가 사람의 단백질을 만들어내는 데 성공한 것이다. 이 연구 결과는 1977년 학술지 〈사이언스〉에 실렸고 언론에 대서특필됐다.

그 결과 사람들은 박테리아가 인슐린도 만들 수 있다는 확신을 갖게 되었다. 소마토스타틴의 성공을 확인한 바로 다음 날부터 릭스 연구팀은 인슐린 유전자를 인공적으로 만드는 연구를 시작했다. 당시는 인간의 인슐린 유전자가 밝혀지지 않은 상태였기에 연구자들은 인슐린의 아미노산 서열을 바탕으로 DNA 염기서열을 정한 뒤 합성에 들어갔다. 인슐린은 아미노산 사슬 2개가 이황화결합으로 합쳐져서 만들어진 단백질이라서 DNA 조각도 2개를 만들어야 했다. 이후 6개월 만에 인슐린 유전자를 인공적으로 만드는 데 성공했다. 제넨텍의 연구팀이 두 유전자 조각을 받아 각각 플라스미드에 넣고 클로닝했다. 그리고 만들어진 단백질 두 조각을 합쳐 온전한 인슐린 단백질로 만드는 데 마침내 성공했다. 1978년 8월 21일의 일이었다.

그런데 유전자 재조합 기술을 개발하는 데 크게 기여한 보이어와 코헨, 릭스 모두 아직 노벨상을 받지는 못했다. 현재의 생명과학을 존재하게 한 가장 중요한 기술 중 하나를 개발한 이들이 노벨상을 받지 못했다는 건 이해하기 어려운 일이지만, 아마도 과학을 상업화한 데 대한 과학계의 불쾌감이 그 원인이지 않을까 생각된다.

한편, 세크레틴과 인슐린의 발견 이후, 과학계에는 호르몬을 찾는 붐이 일면서 각종 호르몬의 발견이 이어졌다. 그중에서 부테난트(Butenandt, 1903~1995, 1938년 노벨 화학상 수상)의 성호르몬과 '페로몬(pheromone)'에 관한 연구를 빼놓을 수 없다.

1927년에 박사학위를 취득한 부테난트가 처음 연구를 시작한 분야는 성호르몬이었다. 그는 1929년에 임산부의 소변에서 여성 호르몬의 일종인 에스트로겐(estrogen)의 효과를 갖는 물질인 에스트론(estrone)을 결정 형태로 분리하는 데 성공했다. 다음 해인 1930년에 에스트리올(estriol)이라는 새로운 여성 호르몬이 발견되자 부테난트는 에스트리올과 에스트론의 관계를 설명했다. 또한 1931년에는 남성의 소변에서 남성 호르몬의 일종인 안드로스테론(androsterone)을 순수하고 투명한 형태로 분리해냈는데, 정제 과정에서 이 물질이 여러 면에서 에스트론처럼 거동하는 것이 증명됐다. 부테난트는 안드로스테론의 화학식이 $C_{19}H_{30}O_2$라고 정의했고, 스펙트럼 분석 결과와 콜레스테롤의 식에 근거해서 에스트론의 화학식이 $C_{18}H_{22}O_2$라는 사실을 밝혀냈다. 남성 호르몬인 안드로스테론과 여성 호르몬인 에스트론의 차이는 단지 1개의 메틸기(CH_3-)와 5개의 수소 원자를 더 함유하고 있다는 점뿐이었다.

성호르몬과 페로몬을 연구한 부테난트

또한 부테난트는 여러 과학자들이 이미 발견한 난소 호르몬 코르푸스 루테움(corpus luteum)을 1934년에 화학적으로 순수한 상태로 얻는 데 성공한 후 프로게스테론(progesterone)이라고 이름 지었다. 그 후 그는 임산부의 소변에서 발견한 프레그난다이올(pregnanediol)을 프로게스테론으로 전환하는 데 성공했다. 1935년에 고환에서 대표적인 남성 호르몬인 테스토스테론(testosterone)을 추출할 수 있게 되자, 부테난트는 안드로스테론으로부터 테스토스테론을 얻을 수 있다는 사실을 알아냈다.

그는 이 같은 업적을 인정받아 1939년 노벨 화학상 수상자로 선정되었다. 그러나 독일의 나치 정부가 강제로 수상을 거부하게 하여 부테난트는 1949년이 되어서야 노벨상 메달과 상장만 받을 수 있었다.

부테난트가 노벨상을 수상한 이후 발견한 페로몬은 혈액에 녹아

『곤충기』로 유명한 파브르

몸을 순환하는 호르몬과 달리 몸 밖으로 분비되어 다른 개체에 정보를 전달하는 역할을 한다.

『곤충기』로 유명한 파브르(Fabre, 1823~1915)는 갓 부화한 산누에나방 암컷에 철망을 덮고 외출한 적이 있었다. 다시 돌아왔을 때 그는 수컷 산누에나방 수백 마리가 그곳을 뒤덮은 것을 발견하고 깜짝 놀랐다. 파브르는 그 비밀을 밝히기 위해 온갖 실험을 진행했으나 결국 실패했는데, 파브르가 1879년부터 1907년까지 연이어 출간한 생애의 역작 『곤충기』에 이 에피소드가 소개되어 있다.

그로부터 약 50여 년 후인 1956년 부테난트는 마침내 암컷 누에나방이 수컷들을 불러 모으는 비밀의 물질을 알아내는 데 성공했다. 무려 20년에 걸쳐 50만 마리의 암컷 누에나방 배마디에 있는 분비샘을 하나씩 떼어내 모아서 혼합물을 추출했고, 다시 그 혼합물에서 관련 없는 물질을 하나씩 제거한 끝에 마침내 아주 강력한 성 유인물질을 찾아냈다. '봄비콜(bombykol)'이라고 이름 지은 그 물질의 분자가 공기 분자 1조 개 중에 하나만 있어도 수컷 누에나방은 그 물질의 존재를 알 수 있다고 한다.

이런 페로몬에는 상대방의 성적 자극을 유도하는 성 페로몬, 동료 무리에게 위험을 알리는 경보 페로몬, 장소나 방향을 알려주는 길잡이 페로몬, 여왕벌처럼 다른 개체의 생식 능력을 억제하는 계급분화 페로몬 등 다양한 종류가 있다. 특히 성 페로몬은 넓은 공간에서 흩어져 살던 동물들이 자신의 짝을 정확히 찾아내 후손을 이어가는 생식활동을 하게 한다는 점에서 매우 중요하다. 유사한 곤충 종들이라도 잡종이 생기지 않는 것은 종마다 각각의 특이한 성 페로몬을 분출하기 때문이다.

8. 세균성 감염을 치료한 최초의 의약품, 페니실린

질병으로 고통받는 인류에 대한 과학의 기여 측면에서 보면 파스퇴르만큼 중요한 학자는 없다. 그의 학설 덕분에 전 세계 과학자들은 인간을 공격하는 수많은 미생물의 존재를 알게 되었고, 의학은 빠르게 발전할 수 있었다. 인류가 질병에 맞서게 된 것도 그가 발견한 백신의 공이 크다. 조금 과장하자면, 우리가 건강하고 예전보다 오래 살 수 있게 된 것은 모두 파스퇴르 덕분이라고 할 수 있다.

하지만 백신을 맞는 것만으로는 부족하다. 게다가 때로는 백신을 맞았다가 오히려 병에 걸리기도 하고, 백신이 아직 개발되지 않은 AIDS나 패혈증 등과 같은 질병들은 우리의 건강을 여전히 위협하고 있다.

질병 극복을 위한 의약품 개발과 관련해서, 먼저 인류가 최초로 패혈증을 어떻게 치료할 수 있게 되었는지 살펴보자. 20세기 초에 사람

최초의 항생제 페니실린을 발견한 플레밍

들은 패혈증이 '포도상구균'이 일으킨 감염증이라는 것을 알게 되었다. 패혈증은 손가락에 난 작은 상처 정도에도 걸릴 수 있으므로 수술 과정에서도 감염될 수 있다. 파스퇴르나 코흐의 세균에 대한 연구 이후, 의사들은 세균을 죽이는 화학 약품을 애타게 찾고 있었다. 소위 화학요법의 창시자라고 불리는 독일의 에를리히는 1910년에 매독균을 죽이는 살바르산을 발견하는 데 성공했다. 그런데 다양한 질병을 광범위하게 치료하는 데 사용할 수 있는 약품도 발견되었을까?

감염증에 대한 보다 일반적인 최초의 치료 방법은 우연한 계기로 발견됐다. 파스퇴르가 "기회는 준비된 자에게만 찾아온다"라고 한 말의 가장 좋은 예가 바로 플레밍(Fleming, 1881~1955, 1945년 노벨 생리의학상 수상)의 페니실린 발견이다. 우연으로부터 중대한 발견이나 발명이 이루어지는 세렌디피티의 예다.

페니실린의 발견에 앞서, 플레밍은 콧물에 세균을 배양했을 때 콧물에 있는 물질에 의해서 세균이 분해되는 현상을 1921년에 발견했다. 그는 그것을 '라이소자임(lysozyme)'이라고 이름 붙였다. 당시의 기술적 한계로 그것을 정제하여 임상치료에 사용할 수는 없었고, 더욱이 병균에 대해서는 별다른 효과가 없다는 것을 알게 되었다.

플레밍은 병을 유발하는 포도상구균을 계속 배양하면서 그것을 죽이는 방법을 마침내 찾아냈다. 플레밍이 페니실린을 발견한 것은 잘 알려진 것처럼, 순전히 우연이었다. 라이소자임을 발견한 후, 플레밍은 영국 세인트메리병원에서 곰팡이를 배양해 멸균능력을 지닌 물질을 분리하는 연구를 진행하고 있었다. 마침 플레밍의 연구실 바로 아래층에는 곰팡이로 알레르기 백신을 만드는 연구가 한창이었다. 이 실험실에서 사용한 곰팡이 중 하나가 운 좋게 위층으로 날아왔는데, '푸른곰팡이'로 잘 알려진 '페니실리움 노타툼(*Penicillium Notatum*)'이 연구실의 수많은 곳 중에서도 하필 포도상구균이 배양되던 플레밍의 배양용기에 가서 앉았던 것이다. 푸른곰팡이로 오염된 부분에만 포도상구균이 살지 못한다는 사실을 발견한 것은 플레밍이 여름휴가를 마치고 돌아온 뒤였다. 그는 이 푸른곰팡이가 포도상구균에 대해 어떻게 억제 작용을 하는지 궁금해졌다. 그래서 이 푸른곰팡이를 추출해 포도상구균이 가득한 용기에 담은 후 배양액 속에 있던 포도상구균이 모두 죽는 것을 관찰했다. 플레밍은 당시 이 푸른곰팡이 또는 푸른곰팡이가 만들어내는 물질을 사용하면 병원균을 죽일 수

1935년 알렉산더 플레밍이 만든 페니실린 주형 표본

있을 거라고 생각했다. 추가 연구를 통해 플레밍은 이 푸른곰팡이로부터 페니실린을 분리해냈고, 페니실린이 포도상구균뿐 아니라 연쇄상구균, 뇌막염균, 임질균, 디프테리아균에 항균 효과가 있다는 사실을 발견했다.

하지만 거기까지였다. 페니실린을 이용한 정밀 실험을 위해 필요한 만큼의 푸른곰팡이를 충분히 배양하는 일은 결코 쉬운 일이 아니었다. 그의 위대한 발견은 사회적으로 또는 의학적으로 유의미한 결과를 얻는 데 사실상 실패했다. 영원히 묻힐 뻔한 페니실린을 10년 뒤 플로리(Florey, 1898~1968, 1945년 노벨 생리의학상 수상)와 체인(Chain, 1906~1979, 1945년 노벨 생리의학상 수상)이 다시 세상으로 끌어냈다. 플로리와 체인은 당시 발견된 '설파제(sulfa drug)'보다 강력한 항균제를 찾고 있었다.

플로리와 체인은 플레밍이 시도한 페니실린 연구를 재개하기로 결심했다. 그들이 보기에는 플레밍의 연구가 너무 엉성해서, 연구를 다시 시작하면 긍정적인 결과를 얻을 수 있을 것으로 기대했다. 실제로 재분석 결과, 플레밍의 연구는 페니실린의 용량이나 투여 방법은 전혀 고려하지 않고 작용 시간만 측정하는 등 부족한 부분이 한두 군데가 아니었다. 결국 두 사람은 플레밍에게서 페니실린을 제공받은 후 플레밍의 오류를 보완해 다시 한번 페니실린 연구에 착수했고, 곧 좋은 결과를 얻었다. 1940년 동물실험에서 페니실린의 효과를 입증했고, 이듬해엔 포도상구균에 감염된 환자를 대상으로 임상시험을 실시해서 논문으로 발표했다. 1943년에는 페니실린의 화학적 구조를 밝혀내 대량생산할 수 있게 되었다. 여기서 과연 플레밍의 페니실린을 최초로 볼 수 있느냐는 논쟁이 시작됐다. 사실상 페니실린의 효과는 플레밍이 발견한 지 10년이 지난 후에야 다른 사람에 의해 증명됐기 때문이다.

한편 플레밍, 플로리, 체인과 함께 논쟁의 중심에 서 있는 또 한 사람은 독일의 도마크(Domagk, 1895~1964, 1939년 노벨 생리의학상 수상)다. 도마크는 독일 제약회사 바이엘에 근무하면서 항생물질 개발에 몰두했다. 그는 세균의 세포벽에 잘 붙는 염료일수록 균을 잘 죽인다는 가설을 세우고, 다양한 염료를 합성한 끝에 '프론토실(prontosil)'이 연쇄상구균을 죽이는 데 효과가 있다는 것을 알아냈다. 그는 자신이 찾아낸 프론토실을 바늘에 찔린 딸에게 여러 차례 먹였다. 이를 통해 프론토실의 성분 자체는 세균을 죽이지 못하지만, 인체에서 '설파닐아미드(sulfanilamide)'로 분해된 후 세균을 죽인다는 사실을 밝혀냈다. 이때가 1935년으로, 플레밍이 페니실린을 개발한 지 6년 뒤이자 플로리와 케인이 페니실린의 효과를 증명하기 5년 전이었다. 최초 항생제 논쟁에서 플레밍 쪽 의견이 지배적인 것은 확실하다. 도마크가 실제 수상식에는 1947년에 참여하긴 했지만 플레밍·플로리·케인에 앞선 1939년 노벨 생리의학상 수상자로 선정되었고, 플레밍·플로리·케인은 1945년에 노벨상 생리의학상 수상자로 선정되었다.

플로리와 체인은 페니실린의 효과를 확인한 후 1년여 동안 집중적으로 실험해 페니실린의 수용액을 갈색의 분말로 얻는 데 성공했다. 그리고 1944년에 푸른곰팡이를 사용해서 만든 약물 페니실린이 마침내 미국에 등장했다. 당시는 제2차 세계대전 중이었는데, 패혈증 환자, 중상자, 폐결핵 환자를 비롯해 세균성 질환을 앓고 있는 환자들에게 이 페니실린 분말이 사용되어 상당한 효과를 거두었다. 페니실린이 패혈증을 일으키는 포도상구균, 연쇄상구균, 폐렴구균 등 병균의 번식을 억제할 수 있음이, 그리고 환자의 건강한 조직을 파괴하지는 않음이 증명된 것이다.

페니실린은 세상에 등장한 첫 해부터 부상당한 병사 수만 명의 생명을 살렸다. 노르망디 상륙 작전(Battle of Normandy)에서 한 육군 소장은 '페니실린은 전쟁 부상을 치료하는 이정표'라며 진심으로 감탄했다. 페니실린의 등장과 함께 인류의 평균 수명은 1950년대 50대에서 현재 80대 이상으로 늘어났다. 혹자는 페니실린이 없었다면 현재 인구 수가 절반 이하였을 거라고 말하기도 한다. 영국문화원이 전 세계 1만 명에게 '최근 80년간 세계를 바꾼 사건으로 무엇이 있을까'라는 질문을 던졌더니, '페니실린 대량 생산'이 'www'에 이어 2위로 꼽혔다. 개인용 컴퓨터(PC) 보급, 원폭 투하, 소련 붕괴보다도 앞선 순위였다.

그렇지만 페니실린이 가끔 문제를 일으키기도 한다. 페니실린에 알레르기 반응을 일으키는 사람이 있고, 결핵처럼 그것을 사용해도 아무런 효과가 없는 질병도 있다. 이 때문에 학자들은 또 다른 약물을 찾기 위한 연구를 이어갔다. 그 후 페니실린이 효과를 보이지 않는 병원균에 대항하는 약물들이 잇달아 연구·개발됐는데, 1944년에 미국의 왁스먼(Waxman, 1888~1973, 1952년 노벨 생리의학상 수상)이 발견한 '스트렙토마이신(streptomycin)'을 예로 들 수 있다. 이런 약물들은 항생제(또는 항생물질)로 통칭된다.

20세기 초반 이후 많은 항생물질이 발견돼 항생제로 활용되면서 인류는 많은 세균성 질병을 정복할 수 있게 되었다. 그렇지만 항생제의 지나친 남용으로 치료 불가능한 변종 박테리아, 일명 슈퍼박테리아가 최근 들어 등장하고 있다. 항생제 내성균을 잡는 슈퍼 항생제가 개발되지 않을 경우 멀지 않은 미래에 내성균 감염으로 전 세계적으로 연간 천만 명 이상의 사망자가 발생할 것이라고 연구자들은 추측하고 있다. 그래서 오늘날 많은 연구자들은 슈퍼박테리아로 인해 발생하는 질병을 막을 수 있는 또 다른 항생제를 찾고 있다. 이 같은 상황에서 과학자들은 '인공지능(Artificial Intelligence, AI)'을 활용해 치료 불가능한 변종 박테리아를 포함한 광범위한 박테리아에 대응할 수 있는 항생물질을 발견하기 위해 노력하고 있다. 한 예로, 2020년에 미국 매사추세츠공과대학교(MIT) 의공학연구소, 컴퓨터과학·인공지능연구실, 보건 인공지능클리닉, 하버드-MIT 브로드 연구소, 하버드대학교 유전학과, 캐나다 맥매스터대학교 감염병연구소로 이루어진 공동연구팀은 인공지능의 기계학습을 통해 결핵은 물론 치료 불가능한 것으로 알려진 다양한 변종 박테리아에 대항할 수 있는 새로운 유형의 항생제 '할리신(halicin)'을 개발했다고 밝혔다. 항생제 개발 과정에 인공지능을 일부 활용한 정도가 아니라 사람이 전혀 개입하지 않은 상태에서 관련 빅데이터를 활용해 할리신이라는 완전히 새로운 종류의 항생물질을 찾아냈다는 점에 과학자들은 주목하고 있다.

9. 염증을 완화하는 최초의 소염 진통제, 아스피린

그렇다면 염증이란 무엇인지, '아스피린(aspirin)'을 포함한 소염진통제 또는 항염증제는 어떻게 생겨났는지 살펴보자.

우리는 병원에 가면 '~에 염증이 있다'라는 말을 자주 듣는다. 이 염증이란 것은 도대체 무엇일까?

염증이란 혈관이 있는 조직이 국소적인 자극에 반응하는 것으로, 어떠한 원인에 의해 손상을 받았을 때 이 손상을 국소화하고 손상된 부위를 정상상태로 되돌리려는 생체의 고도로 발달한 방어기전이라고 정의된다. 쉽게 말해서 염증은 우리 몸에 상처가 났을 때 상처를 회복하는 기전이라고 볼 수 있다. 이런 염증 반응이 있을 때 나타날 수 있는 증상은 혈관 확장에 의한 발적(redness), 부종(edema)에 의한 종창(swelling), 발열 물질에 의한 발열(heat), 히스타민과 부종에 의한 통증(pain), 통증과 종창에 의한 기능부전(dysfunction) 등이 있다. 모든 통증이 염증에 의한 것은 당연히 아니지만, 염증이 있으면 통증이 동반되는 경우가 많다. 이러한 염증이 있을 때 병원에 가면 항염증제, 혹은 스테로이드(steroid)제를 처방받게 된다.

참고로, 감염은 세균이나 바이러스, 곰팡이, 원생동물, 벌레와 같은 수많은 감염원들이 몸속에 침입해서 이들 감염원이나 그들이 만들어내는 독소에 의해 신체가 오염된 상태를 말한다. 물론 감염은 염증을 동반하지만, 염증과 감염은 전혀 다른 개념이다.

염증 반응을 줄이는 대표적인 약물이 비(非)스테로이드성 항염증제(Nonsteroidal Anti-Inflammatory Drugs, NSAIDs)와 부신피질 호르몬 계열의 스테로이드다. 비스테로이드성 항염증제는 염증에 관여하는 사이클로옥시게나아제(cyclooxygenase)라는 효소의 작용 경로만을 차단하여 염증 반응을 줄이고, 스테로이드는 사이클로옥시게나아제와 5-리폭시게나제(5-lipoxygenase) 경로를 모두 차단하여 염증 반응을 줄이므로 훨씬 빠르고 강력한 효과를 발휘한다. 스테로이드의 부작용도 염려스럽지만 비스테로이드성 항염증제 역시 부작용으로 속쓰림(위염, 위궤양), 부종 등을 유발하는 경우가 많고 드물게는 간독성을 일으키기도 한다. 염증대사 과정에서 중요한 역할을 하는 호르몬인 프로스타글란딘(prostaglandin)은 통증 전달을 돕고, 혈소판에 신호를 보내 피가 응고되어 생기는 덩어리인 혈병을 생성시키며, 면역체계의 국지 반응인 염증을 일으키고, 위벽을 보호하는 역할을 하는 것으로 알려져 있다. 비스테로이드성 항염증제가 속쓰림을 일으키는 이유는 비스테로이드성 항염증제에 의해 이러한 프로스타글란딘 생성 대사 경로가 차단되기 때문이다. 비스테로이드성 항염증제나 스테로이드 계열 모두 꼭 사용해야 할 시점에 사용한다면 좋은 약물이 되지만 과한 사용

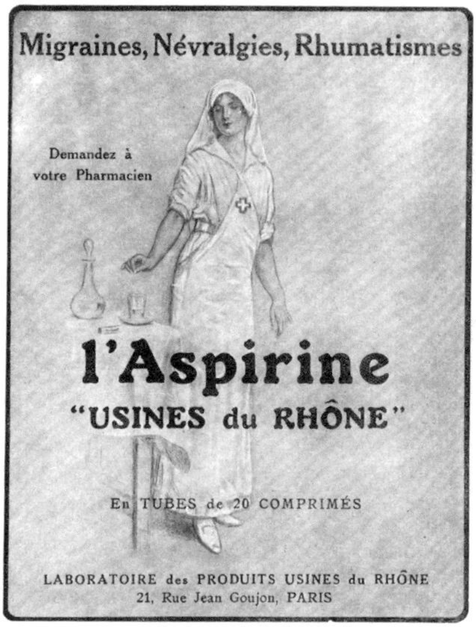

1923년 아스피린 광고

이나 장기간 사용은 적절하지 않다.

염증 반응을 줄이는 비스테로이드성 항염증제 중 가장 대표적인 약물이 가정 상비약 가운데 하나이면서 가장 놀라운 약 중 하나인 아스피린이다. 아스피린은 19세기 말 독일의 호프만(Hoffmann, 1868~1946)이 류머티즘으로 고생하는 아버지를 위해 만든 약이다. 그 뒤 비스테로이드성 항염증제는 진화를 거듭했고, 그 덕에 수많은 사람이 만성 통증으로부터 벗어날 수 있게 되었다.

아스피린이 통증을 반감시키는 이유는, 아스피린이 체내에서 아세트산(acetic acid)과 아세틸살리실산(acetylsalicylic acid)으로 분해된 후, 아세틸살리실산이 상해 또는 감염에 의한 반응을 조절하는 프로스타글란딘의 생합성을 억제하기 때문이라고 일반적으로 알려져 있다. 따라서 이 호르몬의 발현이 억제되면 그만큼 통증과 열이 줄어들 수밖에 없다.

그런데 아스피린의 능력은 거기서 그치지 않는다. 1970년대 초, 의학자들은 아스피린이 혈소판의 응집을 차단한다는 사실을 밝혀냈다. 이는 곧 아스피린이 심장병에도 효과가 있음을 뜻한다. 이에 대한 임상결과를 포함한 여러 연구 자료를 토대로, 1980년대 초에 US FDA는 아스피린을 뇌경색(뇌졸중)과 심장마비 재발 방지용 약으로 승인했다. 1989년 미국 하버드 의대에서는 좀 더 진전된 연구를 수행했다. 하버드 의대 예방의학팀은 건강한 남성 22,000명을 두 그룹으로 나눈 뒤 5년 동안 한 그룹에는 이틀에 한 번씩 아스피린 325밀리그램을, 다른 한 그룹에는 위약(placebo)을 투여했다. 그 결과 아스피린을 복용한 그룹의 심근경색증 발병률이 44%나 낮음이 확인되었다. 이후 US FDA는 아스피린을 아예 심장마비 치료약으로 승인했고, 미국인은 그때부터 아스피린을 예전과는 다른 목적으로 복용하기 시작했다. 즉 심장마비 재발을 방지하기 위해서만이 아니라, 처음부터 심장마비를 예방하기 위해 매일 복용했다. 또한 2002년 '항혈소판 연구인 협회'는 학술지 〈영국 의학 저널〉에 발표한 연구 논문을 통해, 아스피린이 뇌졸중과 중풍의 발병 확률을 25%나 떨어뜨린다고 주장했다. 또 다른 연구팀은 뇌졸중 위험에 노출된 사람에게 아스피린을 지속적으로 투약하면 뇌졸중 발생률이 22%나 감소한다는 연구 결과를 내놓았다. 아스피린은 때때로 비행기 안에서도 빛을 발한다. 비행기의 좁은 좌석에 앉아 오랫동안 여행하다 보면 혈전이 발생할 수 있다. 전문가들은 이를 '이코노미 클래스 증후군'이라고 부르는

데, 항공 여행을 시작하기 며칠 전부터 아스피린을 복용하면 이를 예방할 수 있다.

여기에 더해서, 아스피린은 스킨스쿠버들에게도 도움을 준다. 이들이 흔히 겪는 잠수병을 예방하는 것이다. 사람이 바닷속에 들어가면 수압 때문에 뇌동맥 색전증이 발생할 수 있는데, 아스피린을 복용하면 혈소판이 응집되지 않아 색전증에 걸리지 않는다. 당뇨병 후기 합병증을 예방하는 데도 아스피린이 쓰인다. 당뇨병은 심장병과 뇌졸중을 일으킬 수 있는 가장 위험한 원인 가운데 하나인데, 당뇨 환자가 아스피린을 장기 복용하면 심근경색과 뇌졸중 발병 가능성이 줄어 그만큼 사망 위험을 줄일 수 있다. 이와 같이 수많은 연구를 통해 아스피린의 새로운 효능들이 오늘날까지도 추가적으로 밝혀지고 있다.

이렇게 놀라운 아스피린이지만, 의약품인 이상 부작용이 없을 수는 없다. 잘 알고 사용하면 놀라운 효능의 약이지만 제대로 알아보지 않았을 경우에는 치명적인 독이 될 수 있다. 잘 알려진 아스피린의 대표적인 부작용은 다음과 같다. ① 살리신계 알레르기 반응: 아스피린의 주요 성분인 살리신 계열에 알레르기가 있는 사람, 또는 이부프로펜(ibuprofen)이나 나프록센(naproxen)에 알레르기가 있는 사람은 아스피린을 섭취해서는 안 된다. ② 라이 증후군(Reye syndrome): 유아나 어린이의 경우 고열이나 감염증을 겪은 후 아스피린을 먹었을 때 라이 증후군이 발생하기도 한다. 또한 뇌의 급성부종이나 간의 지방변성이 나타나기도 하고, 구토, 의식저하, 경련 등이 발생할 수 있다. ③ 고열이나 감염증: 아스피린과의 연관성이 밝혀져 있기는 하지만 아직 정확한 원인은 알 수 없고, 대증치료(symptomatic therapy)를 통해 증상을 완화하는 것이 유일한 치료방법이다. 현재는 대부분의 국가에서 12세 미만의 유아 및 어린이에게는 의사의 소견 없이 아스피린을 먹이는 것을 권유하지 않고 있다. ④ 이외에 이명, 소화장애 등 다양한 부작용이 존재한다.

10. 약물 부작용? 이제는 개인 맞춤 의학 시대

개개인마다 다르게 나타나는 약물 부작용을 해결할 방법은 없을까? '약물 부작용(adverse drug reactions)'과 '개인 맞춤 의학(personalized medicine)'에 관해서 살펴보도록 하자.

사실 약물 부작용은 일반적인 현상이다. 미국의 경우, 매년 2백만 명 이상이 처방약에 대한 부작용으로 입원한다. 약물이 어떤 사람에게는 효과가 있고 다른 사람에게는 나쁜 반응을 일으키는 이유에 대해서, 최근에는 각 개인 간의 유전체, 후성유전체(epigenome), 미생물군 유전체(microbiome), 단백질체(proteome) 등의 차이로 설명하고 있다.

즉 대부분 사람에게 효과가 있는 약이 당신에게는 효과가 없거나, 또는 그 약이 오히려 당신에게 해를 끼칠 수 있다. 따라서 다음과 같은 두 가지가 필요하다. 첫째, 질병이 생명을 위협하기 훨씬 전에 질병을 예측하고 감지하는 방법이 필요하다. 둘째, 독립적이고 고유한 신체에 효과가 있는 약을 정확하게 알아내야 한다.

의학을 포함한 과학은 지난 수천 년 동안 이 두 가지를 다양한 방법으로 시도했으며, 그동안 엄청난 진전이 있었다. 하지만 아직은 충분하지 않으므로 의약품 분야에 있어서 새로운 접근법이 필요하다. 이러한 새로운 시도는 때로는 개인 맞춤 의학, 정밀 의학(precision medicine), 계층화 의학(stratified medicine) 등으로 불린다. 이는 의료 행위에서 비교적 새로운 개념인 '증거 기반(evidence-based)' 의학의 일종으로, 개개인 한 명 한 명의 독특한 분자 구성과 특정 개인이 지닌 신체 기능의 장애에 대한 분자 수준에서의 이해를 기반으로 하는 의학의 한 연구 분야다. 개인 맞춤 의학은 우리 몸의 무엇이 잘못되었는지 알고자 하는 우리의 궁금증에 대한 구체적인 답을 제공하고 유사 이래 인류가 추구해온 질병 치료 방법을 개인별로 제공할 것을 약속한다. 우리 선조들이 견뎌낸 수동적인 진화를 이제는 끝내고, 자기주도적이며 능동적인 미래를 시작한다는 의미이기도 하다.

지금까지의 의학적 발전은 주로 개인이 아닌 전체 인구에 혜택을 주는 기술의 개발에 기반을 두고 있었고 놀랄 만한 성과도 이어졌다. 예를 들어, 200년 전 영국인의 평균 수명이 약 40세에 불과했던 이유는 모든 어린이의 3분의 2가 대부분 4세 이전에 사망했기 때문이다. 이처럼 짧았던 평균 수명이 적절한 식단과 깨끗한 물을 제공하는 공중 보건 측면의 노력, 예방접종, 출산·수술 중 멸균 절차, 세균성 질병을 치료하는 항생제와 같은 다른 발전과 결합하여 오늘날 약 80세 이상으로 향상되었다. 그렇지만 인간의 건강과 생명을 유지하려는 인구 기반의 접근 방식은 평균인만이 강조되는 과학(의학)에 기반하고 있어서 실패했다고 주장하는 과학자들이 등장하기 시작했다. 약물 부작용과 같은 문제는 현재까지의 의학에 대한 획일적인 접근 방식에서 비롯된다고 할 수 있고, 이러한 접근 방식이 반드시 효과가 있는 것은 아니므로 개인별로 적절한 치료를 받는 방안이 마련되어야 한다는 주장이 등장했다.

11. 생명과학의 획기적인 발전, DNA 이중나선 구조

앞에서 이야기한 것처럼 모건은 오랜 실험과 탐색을 거친 끝에 염색체가 유전과 직접적인 관련이 있다는 사실을 밝혀냈다. 그리고 염색체 내에서의 일부 결함, 중복, 전위, 이동 등 변이를 탐색해 생물 변이라는 미스터리의 실마리를 풀었다. 그런데 염색체는 어떤 물질로 이루어져 있을까? 그리고 염색체의 유전정보는 어떻게 전달될까? 이는 향후 과학계가 풀어야 할 문제가 되었고, 한편으로는 생명과 진리의 신비를 벗기는 즐거움이기도 했다.

최초로 염색체를 구성하는 물질을 확인한 사람은 스위스의 미셔(Miescher, 1844~1895)였다. 그는 핵을 제조·추출하는 과정에서 처리 후의 핵에 인 함유량이 높고 황 함유량이 낮은 유기산이 남아있는 것을 발견했다. 그는 유기산의 용해 정도와 펩신에 견디는 정도를 확인하는 실험을 통해 이 유기산이 새로운 세포 성분이라는 것을 알게 되었다. 그는 이 물질을 핵에서 발견된 유기산이라는 의미로 핵산이라고 이름 붙였다.

하지만 안타깝게도 미셔의 불행은 멘델의 경우와 닮았다. 그는 핵산을 분리해서 얻었지만 그 후 오랫동안 아무도 관심을 가져주지 않았다. 1930년대에 이르러서야 생물학자들과 화학자들이 핵산에 관한 연구에 박차를 가하면서 핵산의 분자구조가 밝혀졌다. 핵산이 당, 인산, 유기염으로 이루어져 있다는 사실을 발견하는 한편, 세포 내에 두 종류의 핵산, 즉 DNA와 RNA가 있다는 것도 밝혀냈다.

DNA가 바로 유전자라는 것을 가장 먼저 증명한 사람은 미국의 에이버리(Avery, 1877~1955)였다. 에이버리의 실험결과를 이해하려면 먼저 1928년에 발표된 그리피스(Griffith, 1879~1941)의 '폐렴쌍구균 전환 실험'에 대해서 설명해야 한다. 그리피스가 폐렴쌍구균으로 실험할 당시에 폐렴쌍구균은 세 종류, 즉 I, II, III형으로 구분될 수 있다는 것이 알려져 있었다. 그리피스는 폐렴쌍구균의 종류 가운데 II형과 III형을 이용하여 쥐에 감염시키는 실험을 했다. 그는 편의상 II형을 R형(rough form, 꺼칠꺼칠한 모양), III형을 S형(smooth form, 부드러운 모양)으로 불렀다. 무엇보다 R형은 숙주의 면역체계로 인해 병을 유발하지 못하지만 S형은 폐렴을 유발하는 종류다. 그리피스의 실험이 있기 전까지 생물학자들은 박테리아의 유전 형질이 고정적인 것이어서 변하지 않는다고 생각하고 있었는데, 그리피스의 실험결과는 놀라운 것이었다. 그리피스의 실험결과는 다음과 같다. ① R형을 주입한 쥐는 생존하며, S형을 주입한 쥐는 폐렴이 발생하여 죽는다, ② S형 폐렴쌍구균을 열처리한 후 이를 쥐에 주입하면 쥐는 생존한다. 즉 박테리아가 열처리로 인해 파괴되어 독성이 사라진다. ③ R형을 열처리로 인해 파괴된 S형과 혼합하여 쥐에게 주입하면 폐렴이 발생하여 쥐가 죽는다.

그리피스의 실험결과, S형의 유전 형질은 S형의 열처리 후에도 남아 있고, 열처리 후에도 남아있는 S형의 유전 형질을 열처리하지 않은 R형이 받아들임으로써 R형이 S형으로 변환되었음을 알 수 있었다. 그리피스는 이를 '형질전환(transformation)'이라고 불렀다. 그리피스는 형질전환이 일어나는 것을 실험으로 증명했지만 어떤 과정을 통해서 R형이 S형으로 변환되는지는 밝혀내지 못했다.

DNA가 유전물질임을 증명해내, 노벨상을 받지 못했지만 노벨상을 받을 자격이 있는 최고의 과학자라는 평가를 받는 에이버리

에이버리는 그리피스의 실험을 좀 더 자세히 이해하기 위해, 즉 생명체의 형질을 바꾸는 물질이 무엇인지 규명하려고 그리피스의 실험을 조금 변형해보았다. 먼저 에이버리의 록펠러 의학연구소 연구팀원들이었던 도슨(Dawson, 1896~1945)과 앨로웨이(Allowey, 1900~1954)는 병을 일으키는 S형 폐렴균을 많이 키웠다. 이들은 계면활성제를 넣고 세포를 깬 후 60℃로 처리한 다음, 거름종이를 이용해서 여과액을 얻고 그 여과액에 알코올을 첨가하여 침전물을 얻은 후, 그 침전물이 여전히 폐렴균을 형질전환시킬 수 있다는 사실을 확인했다. 오늘날 DNA를 정제해본 사람이라면 세포 파쇄액에 알코올을 첨가하면 DNA가 하얗게 침전되는 것을 알고 있다. 도슨과 앨로웨이가 얻은 침전물은 두말할 것도 없는 DNA였다. 하지만 DNA라는 물질은 그

당시만 해도 잘 알려져 있지 않은 물질이었고, 연구팀은 이 물질의 정확한 화학적 정체를 알아볼 생각도 하지 않았다. 이 침전물의 화학적 본질을 규명한 사람은 도슨과 앨로웨이의 실험을 인계받아 1944년에 논문을 발표한 맥로드(McLeod, 1909~1972), 맥커시(McCarty, 1911~2005), 그리고 에이버리였다. 이들은 오늘날 염색질(chromatin)이라고 부르는 핵 안의 핵산-단백질 복합체가 높은 농도의 염 존재하에서 DNA와 분리될 수 있으며, 적절한 농도 조건에서 알코올을 가하면 DNA가 침전되고, 이것을 유리 막대 등에 붙여서 분리할 수 있다는 이야기를 들었다. 이러한 성질은 에이버리 연구팀이 실제로 폐렴균에서 얻은 추출물에 알코올을 첨가하면 나타나는 현상과 거의 동일했기에 그들의 침전물도 '혹시 DNA가 아닐까'라는 생각을 하게 되었다. 그래서 에이버리 연구팀은 그들의 형질전환 물질이 과연 DNA인지를 확인하기로 했다. 그들은 먼저 단백질을 제거하기 위하여 클로로포름(chloroform)을 처리했고, 이 과정을 반복하여 단백질을 검출 한계까지 제거해보았다. 그들은 이렇게 해서 얻은 물질이 여전히 형질전환을 하는 능력을 가지고 있다는 사실을 확인했다. 또한 그들의 형질전환 물질에 단백질 분해효소나 췌장에서 유래한 RNA 분해효소를 넣어도 형질전환 능력은 여전히 유지된다는 사실도 알게 되었다. 그런데 놀랍게도 DNA를 분해하는 효소인 DNase 활성을 가진 세포 추출물을 넣으면 형질전환 능력은 사라졌다. 그들은 분석용 초원심분리기를 이용하여 얻은 형질전환 물질의 분자량이 저분자 물질이 아닌 고분자 물질이라는 것을 확인했다. 에이버리 연구팀은 1944년에 이러한 결과를 종합하여, 폐렴균의 형질전환을 일으키는 근원 물질이 바로 DNA임을 발표했다.

그렇지만 에이버리 연구팀의 이러한 연구 결과는 즉시 받아들여지지는 못했다. 당시 많은 과학자가 'DNA와 같은 화학적으로 간단한 물질이 형질전환의 근원 물질일 수 없다'는 선입견을 가지고 있어서 에어버리 연구팀의 결과에 여러 가지 의문을 제기했다. 즉 에이버리 연구팀의 형질전환 물질은 순수한 DNA가 아닌 상태, 다시 말해 DNA뿐만 아니라 미량의 단백질이 섞여 있는 상태이며, 이렇게 DNA와 단백질이 합쳐진 복합체가 형질전환 물질일 수 있다고 주장했다. 이러한 이유로 DNA가 형질전환 물질, 더 나아가 유전물질이라는 사실을 에이버리 연구팀의 논문 이후에도 모든 사람이 받아들인 것은 아니었다.

하지만 그 후 1952년에 허시(Hershey, 1908~1997, 1969년 노벨 생리의학상 수상)와 체이스(Chase, 1927~2003)가 에이버리의 가설을 확정했다. 허시와 체이스는 대장균을 숙주로 삼는 박테리오파지를 이용하여 DNA가 유전물질임을 증명했다. 그들은 단백질에만 있는 원소인 황을 이용해서 표지한 그룹, DNA에만 있는 인을 이용해서 표지한 그룹으로 박테리오파지를 나누어서 대장균 안에 주입한 후 대장균 안에서 발견되는 유전물질이 무엇인지 원심분리를 통해 조사했다. 그 결과 대장균 안에는 표지된 인이 발견됨을, 즉 박테리오파지의 유전물질은 표지된 인을 함유

DNA가 유전물질임을 증명한 허시

DNA의 이중나선 구조를 밝힌 왓슨(왼쪽)과 크릭(오른쪽)

하고 있는 DNA임을 증명했다.

요즘에는 DNA라는 유전물질의 유전암호가 단백질을 암호화한다는 것은 진부한 이야기지만, 1950년대 초반에는 이에 관해서조차도 합의가 이뤄지지 못했다. 하지만 1951년에 처음 케임브리지에 도착한 왓슨은 에이버리 연구팀이 1944년에 발표한 연구에 대해 확신을 가졌던 소수의 과학자 중 한 사람이었다. DNA 분자 구조와 그 유전 메커니즘을 찾는 것이 왓슨처럼 에이버리 연구팀의 발표 내용에 확신을 가진 과학자들이 해결해야 할 주요 과제가 되었다. 에이버리 연구팀의 발견으로 당시만 해도 사람들의 주목을 끌지 못하던 DNA가 분자유전학에서 중점 연구주제가 될 수 있었다.

1951년 윌킨스와 로잘린 프랭클린이 촬영한 DNA의 X-선 회절 사진을 보고 왓슨과 크릭은 새로운 영감을 얻었다. 그들은 DNA가 나선 구조로 되어있다는 것을 확인하고 나선의 매개변수를 분석했다. 이후 오랫동안 왓슨과 크릭은 사무실에서 철판과 철사 등을 이용해 여러 형태의 모형을 만들었고 수없이 많은 실패를 겪었다. 또한 다른 학자들의 의견을 구하고, 그들의 의견에 따라 어렵게 만든 모형을 부수고 새롭게 만들었다. 결국 허시와 체이스가 박테리오파지를 이용한 실험을 발표한 다음 해인 1953년에 DNA 이중나선 구조의 분자 모형이 탄생했다. 그들은 DNA의 X-선 회절 사진이나 화학적 성질 등 다른 과학자들이 이미 발표한 실험적 자료에 부합하는 유전자의 분자 모형을 논문으로 발표했다. 이들의 모형은 DNA 분자 2개가 뒤얽혀 있는 사슬 모형이었으며, 안쪽 방향으로 뻗어 나온 평면들이 모양에 맞게 서로 연결되어 이루어진 나선형 계단 형태였다.

이와 같이 DNA의 이중나선 구조가 밝혀지고 얼마 후, 크릭과 왓슨은 DNA의 복제 메커니즘을 제시했다. 즉 DNA가 복제될 때, DNA의 이중나선이 분리되고 그 2개의 사슬 각각을 원본으로 하여 그것과 짝을 이루는 새로운 사슬을 합성함으로써 새로운 이중나선 형태의 DNA가 2개 존재하게 된다는 메커니즘이었다. 그리하여 세포 안에 2개의 DNA 물질이 존재하고, 그 후 2개의 세포로 나뉘며, 이러한 과정을 반복함으로써 생명체는 한 세대, 한 세대씩 안정적으로 유전된다는 것이다. 한편 DNA가 복제되는 과정에서 가끔 오류가 발생하는데, 이때 종의 변이가 발생할 수 있다고 설명했다.

크릭과 왓슨의 발견은 큰 반향을 불러일으켰다. 어떤 사람은 이들이 '생명의 신비'를 풀었다고 극찬했고, '금세기 생물학의 가장 위대한 발견' 또는 '생물학의 결정적인 발견'이라고 칭송했다. DNA의 이중나선 구조는 발표 후 곧 많은 사람에게 알려졌다. 아인슈타인 얼굴과 함께 20세기 과학의 상징으로 자리 잡았으며, 분자생물학 탄생

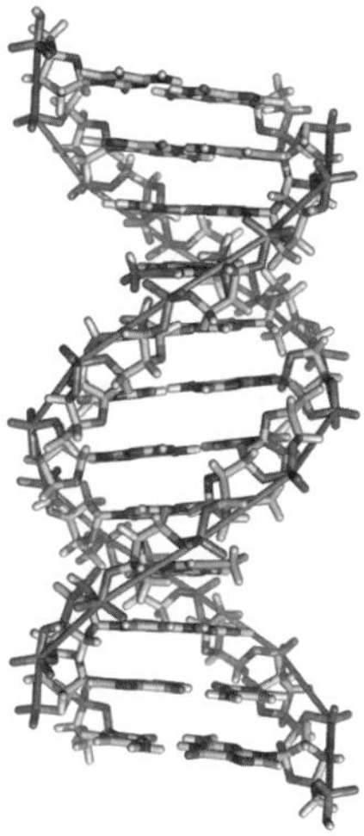
DNA 이중나선의 구조(B형)

의 상징으로 오늘날 생물공학 발전의 길을 열었다. 생명 현상을 분자 수준에서 이해하고 응용하려는 분자생물학의 총아로 떠오른 것은 물론 각종 생명 현상의 비밀들이 하나씩 풀리기 시작한 것이다. 이러한 발전의 예는 이 책에서 모두 설명할 수 없을 정도로 많다. 앞에서 설명한 유전자 재조합 기술과 함께, 생어의 DNA 염기서열 분석법(Sanger DNA sequencing method), 멀리스(Mullis, 1944~2019, 1993년 노벨 화학상 수상)의 중합효소 연쇄 반응(Polymerase Chain Reaction, PCR), 차세대 염기서열 분석법(Next Generation Sequencing, NGS), 과학수사(forensic science)의 새로운 장을 연 제프리스(Jeffreys, 1950~)의 DNA 지문분석법(DNA fingerprinting method) 등의 개발도 그 예다. 크라이튼(Crichton, 1942~2008)이 공룡의 DNA 조각으로부터 공룡들을 복제해서 벌어지는 이야기인 『쥐라기 공원(Jurassic Park)』이라는 소설을 출판하고 〈가타카(GATTACA, 1998)〉라는 영화가 만들어질 수 있었던 것도, 최근 논란이 되고 있는 유전자 변형 생물(Genetically Modified Organisms, GMO)을 보다 광범위하게 만들어내는 것도, 벤터의 연구 결과에서 볼 수 있는 것처럼 인간이 마치 신처럼 인공적인 합성세포를 만든 것도, 크리스퍼-캐스9 등을 이용해서 유전자를 조작하는 것도 모두 DNA의 구조가 밝혀진 덕분이다. 이런 의미에서 왓슨과 크릭의 발견은 완성된 것이 아니라 지금도 현재진행 중이다.

그런데 여기에서 빼놓을 수 없는 두 가지 이야기가 있다. 그 첫 번째는 바로 광우병(mad cow disease)의 원인물질로 알려진 프리온(prion, protein과 infection)에 관한 것이다. 프리온은 DNA나 RNA와 같은 핵산이 아니라 단백질로만 구성된 감염원으로 정의된다. 그런데 프리온이 발견되기 전에는 핵산 형태의 유전물질을 가지지 않는 감염원은 없다고 생각한 과학자들이 대부분이었다. 사실 이런 주장을 하는 과학자들이 지금도 일부이긴 하지만 존재한다. 프리온이 핵산 형태의 유전물질과는 전혀 다른 방식으로 스스로를 복제할 수 있다는 특성을 강조하는 프리온 이론은 센트럴 도그마를 위협한다는 점, 프리온의 유전적 특징이 '획득형질이 유전된다'는 라마르크의 학설과 많이 닮아있다는 점 등이 그 특징이다.

프리온 이론에 대한 연구는 2번의 노벨 생리의학상과 관련이 있다. 가이듀섹(Gajdusek, 1923~2008, 1976년 노벨 생리의학상 수상)이 파푸아뉴기니의 식인풍속 때문에 발생하는 쿠루(Kuru)병의 특징을 발견한 공로로, 그리고 프루시너(Prusiner, 1942~, 1997년 노벨 생리의학상 수상)가 프리온을 발견한 공로로 각각 노벨상을 수상했다. 프리온이 감염원이 맞는가 또는 프리온을 유전물질로 볼 수 있는가 하는 논쟁은 아직도 있지만, 양쪽 논쟁 모두 프리온을 단백질의 구조 변화로 인한 질병, 특히 신경퇴행성 질병의 결정적인 원인인 생물학적 독성물질, 즉 병원체로 본다.

두 번째로 빼놓을 수 없는 이야기는 후성유전학에 관한 것이다. 후성유전학이라는 용어는 1942년 영국의 와딩턴(Waddington, 1905~1975)이 처음 제안했다. 후성유전은 유전 형질의 발현이 DNA 서열의 변화 없이 환경적 영향이나 다른 메커니즘에 의해 변형되는 방식의 유전을 뜻한다. 오늘날 과학 기술 발전으로 분자 수준에서 이러한 메커니즘의 조사가 용이해짐에 따라 후성유전학 분야는 최근 빠르게 확장되고 있다.

먼저 유전자 발현 조절이라는 관점에서 살펴보자. 모든 다세포 생명체의 유전인자는 DNA의 이중나선으로 되어있으며, 인간의 경우 23쌍의 염색체에 걸쳐 분포된 모든 유전자를 포함한다. 유전자의 기본 코드는 '코돈(codon)'으로 알려진 세 가지 염기의 서열로 형성되는데, 단백질의 기본 구성요소인 아미노산은 이 코돈에 의해 지정된다. 유전자는 코돈의 '스크립트(script)'에 의해 암호화된 단백질 합성을 담당하는 DNA 영역으로 정의되고, 한 다세포 생명체의 모든 세포는 동일한 유전정보, 즉 DNA를 가지고 있다. 그렇지만 예를 들어 인간의 경우 모든 인간 세포가 똑같지는 않은데, 배아 발달 과정에서 수정란의 세포 분화로 수많은 세포 유형이 발생한다. 이들은 신경 신호를 전달하는 데 특화되어 있는 뇌의 뉴런(neuron, 신경세포)에서 헤모글로빈을 사용하여 몸 전체에 산소를 운반하도록 특별히 설계된 원반 모양의 적혈구에 이르기까지 구조와 기능 면에서 크게 다르다. 이들 세포들은 모두 동일한 DNA를 가지고 있지만, 그들의 전문성은 유전자의 '발현' 제어를 통해 달성된다.

넓은 의미의 유전자 발현은 유전자의 단백질이 합성되는 과정을 의미한다. 인간이 가지고 있는 대략 21,000개의 단백질 코딩 유전자 중 특정 세포에서는 5,000~15,000개 유전자가 일반적으로 발현되는 것으로 추산된다. 그것은 서로 다른 세포의 크기, 모양, 행동, 기능에 있어 다양한 변화를 일으키는 각 세포 유형에 특정한 유전자 발현을 조절한 결과물이다.

이와 같은 유전자 발현 조절과 관련해서 후성유전학이 이야기하는 것은 무엇일까? 다세포 유기체의 세포가 고도로 전문화되어 있다고 했는데, 일단 이와 같은 전문화가 발생하고 난 후의 동일성은 세포의 수명 전체와 세포분열(유사분열)에 의해 생성된 딸세포의 후속 세대 동안 유지되어야 한다. 이러한 세포 기억 현상은 다양한 세포 유형의 안정성을 유지하는 데 필수적이다. 이것이 달성되는 메커니즘이 후성유전이며, 후성유전학의 'epi'는 이러한 메커니즘이 DNA 자체의 구조를 변경하지 않는다는 점을 강조한다. DNA 메틸화(DNA methylation), 히스톤 변형(histone modification), microRNA를 통한 유전자 발현 억제(RNA interference) 등이 대표적이다.

이와 같이 후성유전학은 DNA 염기서열이 똑같아도 유전자 발현 조절에 의해 유전자가 발현되는 표현형이 달라질 수도 있어 많은 주목을 받았지만 동시에 많은 논란도 낳고 있다. 후성유전학은 오래전에 무시당했던 몇몇 진화 이론을 부활시키기 때문이다. 예를 들면, 최근의 후성유전학 연구들로 인해 '후성유전학적 현상(또는 획득된 형질)은 과연 유전되는가? 그리하여 라마르크의 이론이 부활할 것인가?' '유전자 발현에 끼치는 환경의 영향은 어떻게 나타나는가? 또는 유전인가 환경인가?' '좋은 유전자란 무엇인가? 이와 관련된 우생학적 위험성은 제거될 수 있는 것인가? 그렇다면 어떤 기준을 적용할 것인가?' 등의 질문이 다시 제기되고 있다. 후성유전학과 관련된 연구 결과가 기존의 지식 체계에 부합하지 않아서 발생하는 논란도 있다. 그 예로, 학술지 〈네이처〉에 최근 발표된 논문을 들 수 있다. 한 명은 어떤 질환을 앓고 다른 한 명은 그렇지 않은 일란성 쌍둥이의 유전체와 후성유전체를 비교분석해 보았으나 별다른 차이를 발견하지 못했다는 내용인데, 이와 같은 결과가 후성유전학 관련 연구자들에게 당혹스러움을 안겨주었다. 후성유전 물질의 차이로 인해 질환을 일으켰을 것이라는 후성유전학 관련 연구자들의 예상과는 달리 후성유전학적 차이가 발견되지 않았기 때문이다.

12. 양날의 칼, 클론 기술

클론이라는 것은 간단히 말해서 무성 생식을 의미한다. 즉 단일 세포의 증식에 의하여 유전적으로 동일한 세포군 또는 개체군을 만드는 과정 또는 그 집단을 뜻한다. 일란성 쌍둥이는 난자가 수정된 이후 분열된 한 덩어리의 세포들로만 머물러 있지 않고 둘로 분리된 후 각각 독립된 생명체로 태어난 경우다. 여기서 중요한 사실은 일란성 쌍둥이는 똑같은 수정란에서 나왔으므로 유전자가 똑같다는 것이다. 즉 일란성 쌍둥이는 일종의 자연적 클로닝이다. 이 점에서 아홉줄무늬 아르마딜로(nine-banded armadillo)는 흥미로운데, 수정된 난자가 세포분열할 때 4개로 분리되므로 암컷은 항상 네 마리의 일란성 쌍둥이를 낳는다.

한편, 우리가 흔히 이야기하는 클론은 과학자들이 생명체의 무성 생식을 이용해서 인공적으로 유전자를 조작하는 과정을 포함하며, 이와 관련된 생물학 기술을 클론 기술 또는 복제 기술이라고 부른다.

클로닝은, 예를 들어 식물이나 동물의 특별한 품종을 한 세대에서 다음 세대로 동일하게 유지하면서 이어가는 방법이라고 할 수 있다. 자연계에는 선천적으로 무성 생식을 하는 생물들이 많은데, 멋진 그늘을 만드는 버드나무라든지 야채 중 하나인 감자라든지, 또 사랑을 상징하는 향기로운 장미 등과 같은 꺾꽂이 식물은 무성 생식을 한다. 따라서 사실상 거의 모든 식물은 자신을 클로닝한다고 볼 수 있다. 사람들이 싫어하는 말거머리나 묵묵히 땅을 기어가는 지렁이와 같은 여러 하등 동물도 무성 생식을 한다. 지렁이를 칼로 자르면 잘린 몸통이 따로 움직이는 것을 볼 수 있는데, 하나의 몸에서 잘려나간 여러 부분이 각각 독립적인 개체를 형성할 수 있다.

이와 대조적으로 꽃가루가 난세포에 수분을 하여 만들어진 씨앗은 유성 생식의 예다. 많은 고등 동물이 후손을 만들려면 양성교배가 이루어져야 하는데, 고등 동물은 일반적으로 자연적인 무성 생식으로는 후대를 만들 수 없다. 아이가 태어났는데 생물학적 아버지는 없이 어머니만 있고, 그 아이의 유전자가 어머니의 유전자와 완전히 동일한 경우를 일반적으로는 상상할 수 없기 때문이다. 참고로, 아이의 유전자가 어머니의 유전자와 완전히 동일한 경우를 이론적으로 살펴보면 이 아이가 어머니의 자식인지, 아니면 어머니의 자매인지 또는 어머니의 분신인지 분간할 수 없다.

인류는 오랜 옛날부터 클로닝을 활용해왔다. 식물을 꺾꽂이했을 때, 거기서 새로 자라나는 식물은 원래 식물의 클론이다. 씨 없는 오렌지나 부사 같은 사과는 과일의 가지를 보통의 나무에 접목하여 생겨난 클론에서 얻고 있다. 클론이란 말도 그리스어로 작은 가지를 뜻하는 'klon'에서 나왔다. 포도나 바나나, 감자, 사탕수수, 파인애플, 아스파라거스, 심지어 마늘에 이르기까지 각각의 특수한 품종들은 이미 4,000여 년 전부터 인공적으로 클로닝되어 왔다. 한편, 동물들은 식물만큼 무성 생식이 보편적이지 않으므로, 대부분의 척추동물들은 자신의 신체 일부로부터 하나의 새로운 개체를 탄생시키지는 않는다. 동물들은 척추동물로 진화하는 순간부터 그러한 능력을 상실했다. 그렇다면 과학이 개입하여 그들의 잃어버린 능력을 부활시킬 수 있을까? 동물에 대한 클로닝 연구는 어떤 역사를 가지고 있을까?

동물 클로닝의 과학은 세포 분화에 관한 연구라고 할 수 있다. 수정된 난세포는 뼈나 근육 또는 피부세포로 분열할 수 있다. 그런데 어째서 성장한 개체의 피부세포는 좀 더 많은 피부세포만을, 근육세포 역시 좀 더 많은 근육세포만을 만들어낼 수 있을 뿐일까? 왜 피부세포는 수정란이 지닌 모든 DNA를 지니고 있으면서도, 수정란이 할 수 있는 일을 하지 못하는 것일까? 바로 여기에 생물학의 풀리지 않는 수수께끼 중 하나가 숨어 있다. 배(embryo, 胚)의 발달 과정에 관한 수수께끼를 우리가 완전하게 알아낼 수 있다면, 암이나 다른 난치병 치료에 관한 열쇠뿐만 아니라 노화를 방지하는 열쇠까지도 손에 쥘 수 있다. 그리고 유전자들이 어떻게 작용하는지도 알 수 있게 될 것이다.

20세기로 접어들기 바로 직전에 독일의 바이스만(Weismann, 1834~1914)이 제안한 세포 분화에 관한 초기 이론에서는 수정란에 들어 있던 '유전 결정소'가 세포분열을 일으킬 때마다 각각의 세포 속으로 나뉜다고 설명했다. 그리하여 결국 각각의 세포는 그 세포의 기능에 해당하는 유전 결정소를 갖게 된다는 것이다. 예컨대 피부세포는 피부를 위한 유전 결정소만을, 근육세포는 근육을 위한 유전 결정소만을 갖는다고 바이스만은 설명했다.

'유전 결정소'가 세포분열을 일으킬 때마다 각각의 세포 속으로 나뉜다고 설명한 바이스만

하지만 이 이론은 그 후 행해진 과학적 검증에서 옳지 않은 것으로 드러나 폐기되고 말았다. 2개의 세포로 분열된 개구리 알을 흔들어 두 세포를 분리시켰을 때, 각각의 세포는 건강한 올챙이와 개구리로 성장할 수 있다는 것을 알게 된 것이다. 이것으로 보아, 유전 결정소가 세포들 사이에서 나누어진다는 가설은 잘못되었음을 알 수 있다.

그 후 과학의 발달로 분열 때마다 새로 생겨나는 모든 세포는 원래 수정란이 지녔던 유전자를 하나도 빠짐없이 지니고 있다는 사실이 밝혀졌다. 즉 한 생명체 내에서 세포의 종류마다 발현되는 유전자 조합이 달라질 수 있어, 배의 발달이 진행되는 도중 각각의 세포 속에 들어 있는 어떤 유전자들은 발현되지만, 다른 유전자들은 발현 능력을 상실하게 된다는 의미다. 배의 발달이 진행되는 도중 각각의 세포 속에 들어 있는 서로 다른 유전자들이 없어지는 것이 아니라 후성유전학적으로 그 기능을 상실해, 세포는 오로지 자신에게 정해진 운명을 따를 수밖에 없다. 그렇다면 이들 유전자의 정지된 기능을 다시 복원할 수는 없을까? 과학의 도움으로 피부세포의 잃어버린 기능을 복원시켜, 피부세포 하나로부터 완전한 인간을 만들 수는 없는 것일까?

이러한 이야기는 공상과학 소설의 소재로 많이 이용되었다. 레빈(Levin, 1929~2007)은 1976년 『브라질에서 온 소년들(The Boys from Brazil)』에서 신나치주의 과학자들이 히틀러의 체세포로부터 새로운 히틀러들을 만들어내는 이야기를 썼다. 영화로도 제작된 바 있는, 앞에서 이야기한 크라이튼의 『쥐라기 공원』도 마찬가지다.

이러한 소설의 소재는 개구리와 같은 하등 척추동물을 대상으로 한 연구 결과를 바탕으로 한다. 이와 같은 연구에 특히 개구리가 주로 선택된 이유 중 하나는 포유류에 비해 상대적으로 매우 큰 알 때문이며, 체외 수정과 발달 과정 등의 이유로 배의 분화 등을 연구하는 데 이상적이었기 때문이다. 그래서 발생학자들은 연못물이 들어 있는 접시 속의 개구리 알을 이용해서 어른 개구리를 복제하고자 했다.

하지만 '핵 이식실험'으로 알려진 이러한 실험은 초반에는 실패할 수밖에 없었다. 핵이 제거된 수정란 속에 성장한 개구리의 핵을 아무리 이식한다 하더라도, 이미 기능이 정지된 핵의 유전 기능을 다시 복원하여 새로운 개체로 성장시킬 수는 없기 때문이다. 그래서 1950년대 초반에 이 실험을 다시 시도했을 때는 발생한 지 하루가 지난 배의 핵을 사용했다. 일반적으로 하루가 지난 배를 포배(blastula, 胞胚)라고 하는데, 이것은 수천 개의 세포로 이루어져 있다. 이 실험은 성공했다. 핵 이식이 된 수정란은 정상적으로 발달하여 건강한 올챙이와 개구리로 성장했다.

이런 상황에서 한 가지 놀라운 사실이 밝혀졌다. 어른 개구리의 암

최초로 체세포 핵 이식에 성공한 거든

세포에서 빼낸 핵을 난세포 속에 집어넣었을 때도 올챙이가 태어났고, 어른 개구리로 정상적으로 성장한 것이다. 이는 종양 세포들만 우글우글 생겨날 것이라고 예상했던 많은 생물학자들에게는 충격적인 사건이었다.

1950년대에 미국의 과학자들은 양서류와 어류를 대상으로 핵 이식 실험에 성공해 동물의 무성 생식이 가능해졌다. 그리고 1962년경에 옥스퍼드대학교의 거든(Gurdon, 1933~, 2012년 노벨 생리의학상 수상)과 동료들은 충분히 성장한 올챙이의 소장 상피에서 분화된 세포로부터 핵을 빼낸 후, 핵을 제거한 개구리 난세포에 이식했다. 그 결과 몇몇의 올챙이를 발생시킬 수 있음을, 그리고 정상적인 개구리로 성장할 수 있음을 보여주었다. 이 실험이 의미하는 바는, 올챙이 단계에서 분화된 유전자들은 돌이킬 수 없을 정도로 완전한 기능 정지가 일어나지는 않으며, 핵이 이식된 난세포들은 조건만 충족된다면 정지된 기능이라 하더라도 그 기능의 복원이 가능하다는 것이다.

개구리 등을 이용한 실험은 이와 같이 커다란 진전을 보였다. 그렇다면 포유류의 경우는 어떨까? 우리 인간처럼 털이 있는 온혈 동물에 대한 클로닝이 성공적으로 이루어진 적이 있을까?

1980년대 초, 제네바의 생물학자들은 쥐 세 마리를 클로닝하는 데 성공했다. 그들은 개구리를 클로닝하는 것과 거의 같은 방법으로 이를 해냈는데, 발생 초기에 있는 배의 세포로부터 핵을 분리하여 핵을 제거하고 정자로 활성화시킨 수정란에 이식했다. 개구리 실험과 다른 점은, 개구리 알과는 달리 쥐의 배는 다시 암쥐의 자궁 속으로 넣어주어야 했다는 것이다.

그 후 상상도 할 수 없었던 일이 오늘날에는 현실이 되었다. 클론 기술은 1930년대에 첫발을 내디뎠지만 다른 어떤 과학보다도 빠른 속도로 발전하고 있는데, 오늘날까지 가히 놀라운 발전을 이루고 있다.

그중에서도 특히, 1986년에 영국의 윌머트(Wilmut, 1944~)가 배아세포를 이용한 핵 이식 실험으로 양을 처음으로 복제했다는 발표가 있었다. 이것이 포유류 최초의 복제였다. 이 실험을 위해 연구자들은 여섯 살인 암양의 젖샘에서 채취한 핵을 핵이 제거된 난자와 융합시켰다. 이렇게 만들어진 배아를 대리모의 자궁에 착상시켜 낳은 양이 돌리였다. 0.4% 성공률의 노동집약적 연구 결과물이었다.

돌리의 탄생은 다윈의 진화론에 이어 세상에 중요한 영향을 끼친 20세기의 가장 흥분되고 도전적인 과학적 발견이었다. 이러한 '제2의 창조'는 과학과 기술의 미래에 대해 생각해보게 한다. 미래에 배양된 포유동물 세포는 핵 이식 실험에 사용되는 가치 있는 물질이 될 수 있으며 유전적으로 조작된 동물의 기관이 인간에게 이식될 수도 있다. 예를 들면 정상적인 돼지 기관은 인간의 면역체계에 의해 쉽게 파괴되지만, 유전적으로 변화시키면 면역 거부 반응 없이 이용 가능한 시대가 올 수도 있다.

복제 양 돌리와 함께 포즈를 취하고 있는 윌머트

복제 양 돌리는 무성 생식으로 탄생한 최초의 포유동물이었는데, 그 후 세계 각국에서 소, 양, 쥐, 토끼, 원숭이 등의 복제동물이 잇달아 탄생했다. 야마나카(Yamanaka, 1962~, 2012년 노벨 생리의학상 수상)가 역분화 만능줄기세포(또는 역분화 줄기세포)를 성공적으로 만든 이후, 윌머트는 자신의 강점인 체세포 복제 방식의 배아 줄기세포를 이용한 복제 연구를 중단한다고 발표하면서, 윤리 문제가 아닌 실용화에 대한 어려움을 토로했다.

복제 양 돌리처럼 핵 이식 실험에 성공하는 것은 고도로 분화된 세포 역시 배아세포의 상태로 다시 돌아갈 수 있음을 뜻한다. 이는 포유동물의 일반 세포를 이용해 기존의 동물과 완전히 똑같은 생명체를 대량으로 만들어낼 수 있다는 의미였고, 오래전부터 내려온 '분화된 세포는 배아세포의 상태로 돌아갈 수 없다'는 기존의 이론을 완전히 깨뜨린 결과이기도 했다. 이러한 클론 기술은 생명공학 기술 발전에 기념비적인 사건이자 인류 역사상 중대 발견으로 생물학계에 엄청난 센세이션을 일으켰다. 그리고 마침내 일본의 야마나카가 성숙하고 특화된 세포들을 인체의 세포 조직으로 자라나는 세포로 재프로그램할 수 있음을, 즉 역분화시킬 수 있음을 2012년에 증명해내 세포생물학의 새로운 장을 열었다.

줄기세포 연구에 관한 관심이 급격히 높아지기 시작한 것은 1998년 수정란에서 유래한 인간 배아 줄기세포가 만들어지면서부터였다. 그 후 면역학적 문제 해결을 위해 체세포 복제 줄기세포를 만들려는 시도가 있었고, 국내에서는 논문 조작 사건으로 큰 홍역을 치르기도 했다. 현재는 원숭이 수준까지 복제 배아 줄기세포가 수립된 상태다. 그런데 복제 배아 줄기세포의 수립은 난자 사용과 배아 파괴와 같은 윤리적인 문제를 수반하며 기술적으로도 쉽지 않다. 이러한 복제 배아 줄기세포 제조 기술이 갖는 문제점을 해결하며 새롭게 대안으로 떠오른 기술이 바로 역분화 줄기세포 수립 기술이다. 환자나 일반인의 체세포를 분리하고 실험실에서 생체시계를 거꾸로 돌리는 네 가지 유전자(*Oct4, Sox2, Klf4, c-Myc*)나 단백질을 체세포에 넣어주면 각 개인에게 면역상 문제가 없는 줄기세포를 손쉽게 만들 수 있다. 이러한 역분화 기술의 출현으로 복제 배아 줄기세포 연구의 중요성이 많이 감소했다. 현재 줄기세포를 연구하는 과학자 대부분은 수정란에서 유래된 배아 줄기세포, 성체 줄기세포, 역분화 줄기세포라는 세 가지 큰 흐름의 연구에 집중하고 있다.

성인의 피부세포에 네 가지 유전자를 도입함으로써 역분화 줄기세포를 만들어 세상을 깜짝 놀라게 한 야마나카

야마나카의 역분화 줄기세포에 대해서 좀 더 살펴보자. 야마나카는 2006년에 쥐를 이용하여 피부세포를 질병을 치료하는 데 사용 가능한 조직으로 발전시킬 수 있는 줄기세포를 만들어냈다. 이 기술은 성체세포를 배아 수준으로 복귀시키는 것으로 인간세포에도 적용이 가능하다. 다음 해에 야마나카는 사람의 섬유아세포(fibroblast)를 역분화시켜 줄기세포를 만들었다. 이 연구는 예를 들어 심장마비를 겪은 환자로부터 피부세포를 떼어내어 유전자 조작 등을 한 후 근육세포를 만들어 심장 손상을 치료할 수 있고, 파킨슨병 환자의 뇌세포를 고칠 수도 있으므로 굉장히 중요하다. 또한 환자 자신의 세포를 이용하므로 면역 거부 반응을 막을 수 있다. 이렇게 재프로그램된 세포는 신체의 각기 다른 세포로 전환될 수 있으며 장기적으로는 각기 다른 세포의 집합으로 이루어진 조직이나 장기를 만들 수도 있다. 그래서 야마나카가 국제 학회에서 이와 같은 연구 결과들을 발표했을 때 과학자들은 환호했고, 그에게 아낌없는 찬사를 보냈다. 해마다 야마나카는 자신의 진일보한 기술을 선보였고, 일본 정부는 2008년에 그의 역분화 연구에만 400억 원이 넘는 연구비를 투입했다. 이는 우리나라 전체 줄기세포 연구비보다 많은 액수였

다. 야마나카의 역분화 줄기세포 제작은 전 세계 과학자들에 의해 재확인되었고 이제 확실한 줄기세포 연구의 한 분야로 자리매김했다.

사실, '시간은 한 방향으로 비(非)가역적으로 흐른다. 그리고 생체시계의 흐름은 되돌릴 수 없다.'라는 기존의 패러다임을 바꾼, 또 하나의 과학혁명 사례로 평가받고 있는 역분화 줄기세포 연구의 아이디어는 복제 연구에서 시작되었다고 해도 과언이 아니다. 복제 양 돌리의 탄생을 통해 핵이 제거된 난자 안에는 분화된 체세포를 거꾸로 원시세포로 되돌리는 인자가 존재함을 알게 됐다. 이후의 여러 실험을 통해 난자 또는 배아 줄기세포 내에 역분화 인자들이 존재하며 이들을 활용하면 체세포를 줄기세포로 바꿀 수 있다는 사실을 알게 됐다.

오늘날 다양한 분야에 광범위하게 활용되고 있는 클론 기술은 잠재적인 경제 가치가 실로 막대해 '아무리 캐도 끝이 없는 금광'이라 불린다. 교배를 통한 육종, 멸종 위기에 놓인 종 구제 또는 멸종된 종의 복원, 그리고 의학에 이르기까지 클론 기술은 많은 분야에 응용되고 있다. 그렇지만 핵에너지와 마찬가지로 클론 기술 역시 인류에게 '양날의 검'과 같아, '과학의 양면성'의 예라고 할 수 있다. 과학이란 따지고 보면 세계를 바라보는 여러 시각 중 하나일 뿐이며 따라서 과학 지식은 매우 제한적인 지식일 뿐이다. 과학의 순수한 가치중립을 옹호하는 것은 과학에 대한 환상을 심어주는 이데올로기일 뿐이라는 비판이 있기는 하지만, '과학은 관찰이나 증명 가능한 것들에 대해서는 언제 어디서나 객관적'이라고 전제할 수 있다. 하지만 이와 같이 전제하는 것이 가능하다고 하더라도, '과학(연구)을 한다'처럼 '한다'라는 동사가 붙으면 더는 객관적일 수 없다. '과학(연구)을 한다'의 경우에는 바로 사람이 행위의 주체가 되기 때문이다. 과학을 하는 주체인 사람은 사회의 영향을 받을 수밖에 없으며, 따라서 '과학을 하는 행위'의 성격과 과학자가 구체적으로 행하는 과학의 내용은 그 과학자가 속해있는 사회나 연구조직에 따라서 얼마든지 달라질 수 있다. 즉 클론 기술은 인간을 부유하게 만들어줄 수 있지만, 동시에 많은 문제를 일으킬 수도 있다. 생물의 다양성은 자연 진화에 따른 결과로 진화의 원동력이기도 하다. 그리고 유성 생식은 생물이 다양하게 형성되는 데 필요한 기초적인 조건이다. 그렇지만 복제동물의 출현으로 오랜 세월을 이어온 자연법칙이 깨진다면 생물의 종이 감소하고 개체의 생존 능력 역시 저하될 수 있다. 무엇보다도 걱정스러운 점은 클론 기술이 인간 자체에 이용된다면 사회 전체의 윤리와 도덕이 무너질 수 있다는 사실이다. 자식인지, 동생인지, 아니면 또 다른 자기 자신인지도 판단하기 힘든 인간의 출현은 그 누구에게든 상상하기 어려운 문제를 초래할 것이다.

앞에서 일란성 쌍둥이에 관해서 잠깐 언급했는데, 쌍둥이의 경우 어떻게 할구(blastomere, 割球) 분리가 일어나는지, 그리고 결합 쌍둥이라고 불리는 '샴 쌍둥이'[37]와 기생성 쌍둥이는 일반적인 쌍둥이와는 어떤 차이점이 있는지 살펴보자.

수정란이 분열을 시작했을 때, 그 결과 생긴 배의 세포들을 할구라고 부른다. 1970년에 동물학자들은 2개의 세포로 이루어진 할구를 분리하여 자궁에 착상시킴으로써 똑같은 쌍둥이 쥐새끼를 만드는

37 Siamese twins: '샴'은 태국의 옛 이름인 시암에서 따온 것이라고 한다.

데 성공했다. 참고로, 어떠한 형태의 자궁도 발달 과정에 있는 배를 배태(pregnancy)할 수 있으며, 그것이 반드시 생물학적 어머니의 자궁일 필요는 없다. 1979년에는 영국 케임브리지에 있는 동물 생리학연구소에서 할구 분리를 통해 여러 쌍의 쌍둥이 새끼 양을 만들었다. 곧이어 같은 방법을 사용해서 송아지들도 태어났다. 동물 육종가들은 우수한 품종의 자손을 많이 얻을 수 있는 '인공 쌍둥이 만들기'에 대한 관심이 아주 많았다. 그러던 중 조지워싱턴대학교 연구팀은 최초로 인간의 할구를 성공적으로 분리했다. 1993년에 행해진 그들의 실험은 다음과 같다.

조지워싱턴대학교 연구팀은 하나 이상의 정자에 의해 수정된 17개의 배를 선별했다. 결함이 있는 배는 보통 살아남지 못하는데, 선별된 17개의 배들은 모두 수정 직후에 일어나는 세포분열인 초기 분할 상태에 있었고, 2할구기에서 8할구기까지 분포되어 있었다. 그들은 여기에 프로나아제(pronase)라는 비(非)특이성 단백질 분해효소를 사용하여 발달 과정에 있는 난자를 보호하는 젤라틴 모양의 껍질인 난막을 녹였다. 그렇게 하여 할구들을 분리한 다음, 해초로 만든 합성막으로 하나씩 싼 후 배양액 속에서 할구들이 계속 발달하도록 했다. 그들은 2할구기의 배에서 선택한 세포들이 32할구기로 발달하는 것까지 확인했는데, 이 시점에서 이것을 자궁 속에 착상시키는 것도 가능했을 것이다. 어쨌든 조지워싱턴대학교 연구팀은 48개의 클론을 만들었다.

조지워싱턴대학교 연구팀이 사용한 방법은 예전과 전혀 다른, 아주 새로운 것이라고는 할 수 없다. 이미 언급했다시피, 가축 육종가

들 사이에서는 이미 십수 년간 사용되던 방법이었다. 조지워싱턴대학교 연구팀은 가축 육종가들과는 달리, 할구를 자궁 속에 착상시키거나 배의 세포로부터 핵을 분리해내 난세포에 이식하는 일도 하지 않았다. 그런데 조지워싱턴대학교 연구팀의 실험은 발표 후 논란이 되었다. 그 이유는 무엇일까? 사람은 가축이 아닌 데다, 조지워싱턴대학교 연구팀의 실험은 비록 자력으로 살아갈 수 없는 상태였지만 인간의 배에 행한 최초의 실험이었기 때문이다.

많은 사람이 인간의 배에 행한 실험을 못마땅하게 여겼다. 특히 그 결과가 악용되어 재앙을 초래할 것이라고 믿는 사람들이 많았다. 소위 '우월한' 인간의 정자와 난자를 이용하여 '우월한' 할구들을 만드는 '아기 농장(baby farm)'이 생겨날지도 모른다고 우려했다. '자궁을 빌려 드립니다'라는 광고 벽보가 여기저기 나붙을지도 모르고, 나이만 다를 뿐 모두 똑같은 쌍둥이 가족이 생겨날 수도 있다. 또 다른 쌍둥이가 필요할 때까지 분리된 할구를 냉동시키기만 하면 그것이 가능할 수도 있다는 것이다. 황당한 이야기로 들릴 수도 있겠지만, 한 여성이 자신과 똑같은 쌍둥이를 낳는 일도 가능하다. 또 어떤 아이가 매우 우수하다고 판명되면, 얼려놓은 그 아이의 클론들을 비싼 값에 팔 수도 있다.

이런 점들만을 고려한다면, 클로닝이건 트위닝(twining, 쌍둥이 만들기)이건 어떠한 형태의 인간 실험에 대해서도 윤리를 내세우며 격렬하게 반대할 수도 있다. 그렇지만 초기 배에 대한 실험은 좋은 결과를 가져올 수도 있다. 수많은 불임 부부들의 고민을 해결해줄 수도 있기 때문이다. 현재 체외 수정(In Vitro Fertilization, IVF)은 의사가 하나의 난자를 가지고 시도할 때, 겨우 10%의 성공률을 보인다. 만약 할구 분리를 이용하여 착상할 수 있는 배들을 많이 만들어낸다면, 이 비율은 크게 상승할 수 있다. 그리고 할구 분리는 유전 진단이라는 새로운 형태로 광범위하게 응용될 수도 있다. 심각한 유전 질환이 있는 부부의 경우, 이 방법을 이용해 체외 수정을 시도할 수 있기 때문이다. 즉 마이크로피펫(micropipette)으로 난막에 구멍을 뚫고 배 속의 할구를 뽑아내어, 그 DNA에서 결함이 있는 유전자를 체크할 수 있다. 만약 조지워싱턴대학교 연구팀이 사용한 방법을 활용해서 하나의 할구를 증가시킬 수 있다면, 성공적인 검사에 필요한 충분한 양의 DNA를 확보할 수 있다.

여기서 명심할 것은, 인간을 대상으로 하는 연구에서 윤리적인 측면을 당연히 고려해야 하지만, 의문을 던지고 탐구하려 하지 않으면 아무것도 알 수 없다는 사실이다. 초기의 외과의사들은 인체를 해부할 수 없었으므로 필요한 지식과 기술을 얻을 수 없었다. 이와 마찬가지로, 과학자들도 수정란을 연구하지 않고서는 수정란이 어떻게 분화하고 발달해가는지를 배울 수 없다. 이것은 사실 단순한 진리다. 또한 우리는 17세기 영국의 철학자 베이컨(Bacon, 1561~1626)의 주장에 근거해서 홉스(Hobbes, 1588~1679)가 남긴 "아는 것이 힘이다"라는 말을 경계할 필요가 있다. 그러한 힘은 인류의 행복을 위해서만 사용되어야 하기 때문이다.

다시 쌍둥이 이야기로 돌아오면, 쌍둥이는 이란성 쌍둥이와 일란성 쌍둥이가 있다. 이란성 쌍둥이는 2개의 난자와 2개의 정자가 각각 수정란이 되고 난할(cleavage 또는 segmentation)을 거치면서 세포가 늘어나는 것이므로 서로 다른 2명의 아이가 태어나는 반면, 일란성 쌍둥이는 하나의 수정란이 2개로 분리된 후 각각 착상되어 서로 닮은 2명의 아이가 태어난다.

그런데 이런 난할과 분할 과정 중에 문제가 생겨서 제대로 분리되지 못하면 결합 쌍둥이, 즉 샴쌍둥이나 기생성 쌍둥이가 태어난다. 기생성 쌍둥이의 예로, 다리를 4개 가진 코빈(Cobin, 1868~1928)을 들 수 있다. 일반적인 쌍둥이와 달리 몸이 붙은 상태로 태어나므로 수술을 하게 되며, 심하면 수술도 못 하거나 죽기도 한다. 비극적이고 안타까운 일이 발생하는 것이다.

샴쌍둥이와 기생성 쌍둥이는 한쪽이 제대로 분리되지 못한 채 신체의 일부로만 남았는지 아닌지를 판단의 기준으로 구분할 수 있다. 샴쌍둥이는 몸이 붙었어도 각각의 수정란이 사람으로 성장하는 반면, 기생성 쌍둥이는 한쪽이 흡수당하거나 신체 일부만 자라나서 붙어 있는 경우다.

샴쌍둥이나 기생성 쌍둥이를 결합 쌍둥이라고 하는데, 2개의 수정란이 분리되지 못하고 합쳐졌다는 의미다. 각각 독립적인 사람이 되려면 각 수정란이 완벽하게 분리되어야 하지만, 분리되지 못하고 융모막과 양막을 공통으로 쓰다가 결국 몸이 붙은 채로 태어난다. 아기는 자궁에서 스스로 양막과 융모막을 만들고 성장하는데, 수정란의 분리가 늦어지면 성장할 타이밍을 놓치고 각각의 독립적인 양막과 융모막을 가지지 못하게 되어 같은 막 안에 들어가는 현상이 발생한다.

일란성 수정란을 그 분리 시기에 따라 정리하면, 3일 이내에 수정

샴쌍둥이로 한때 미국 연예계에서 유명했던 힐튼(Hilton) 자매(1908~1969)

란이 나뉠 경우 각각 양막과 융모막을 다 가지게 되어서 안전하다. 4~8일 사이면 양막만 각자 가지고 융모막을 공통으로 사용하지만, 각각의 양막으로 보호받고 있어서 큰 문제는 없다. 일란성 쌍둥이의 2/3가 이런 경우에 해당한다. 문제는 각각의 양막으로 보호받지 못하는 경우다. 8~13일 사이에 수정란이 나뉘면 이미 성숙해질 기회를 놓친 상태에서 자라게 되므로 하나의 양막과 융모막 안에서 동거하게 된다. 더구나 13일 이후에 수정란이 나뉘면 이마저도 불안정해져서 쌍둥이의 신체 분리가 끝나지 않은 상태에서 자라게 되는데, 이것이 샴쌍둥이의 원인으로 알려져 있다. 13일 이후에도 하나의 양막 안에서 두 태아가 동거하게 되면 샴쌍둥이가 될 수 있는데, 그 확률은

샴쌍둥이의 유래가 된 벙커 형제. 태국에서 태어난 후 미국에 가서 살았다.

20만 분의 1 정도다.

한편, 샴쌍둥이라는 이름이 붙은 이유는 태국의 샴(시암) 왕국에서 태어난 벙커(Bunker) 형제(1811~1874)가 미국에서 유명했기 때문이다. 그들은 몸이 붙어 있어도 각각 결혼해서 10명, 12명의 아이를 두었다.

앞에서 이야기한 것처럼, 샴쌍둥이와 기생성 쌍둥이의 차이는 각각을 한 명의 사람으로 볼 수 있을지 여부에 있다. 머리가 따로 있어서 독립적인 사고를 할 수 있는지도 중요하지만, 애초에 하나의 생명으로 존재할 수 있는 수정란이었는지 여부도 중요하다. 샴쌍둥이는 일란성 쌍둥이가 수정란의 난할 과정에서 두 명의 아기로 분리되어야 할 타이밍을 놓친 것이라고 볼 수 있지만, 기생성 쌍둥이는 신체가 붙은 정도가 아니라 퇴화한 한쪽을 다른 한쪽이 흡수해서 퇴화한 쪽의 일부만 남아 성장하는 경우다. 기생성 쌍둥이는 샴쌍둥이보다 더 희귀해서 확률이 50만 분의 1이다.

기생성 쌍둥이라고 불리는 이유는 신체 일부가 다른 신체에 기생하고 있는 것처럼 보이기 때문이다. 동생의 팔을 가슴에 달고 살았던 한 필리핀 소녀는 자라나는 손톱을 깎아주어야 할 정도로 같이 성장했다고 한다. 기생성 쌍둥이는 수술하더라도 샴쌍둥이처럼 한쪽이 희생되어야 하는 윤리적인 갈등이 없기 때문에 대체로 분리 수술을 권장받는다. 수술 측면에서 샴쌍둥이와 기생성 쌍둥이의 차이는 두 생명을 모두 살려야 하는가와 한쪽을 제거하는가의 차이라고 할 수 있다. 4개의 다리를 가진 코빈이나 3개의 다리를 가진 렌티니(Lentini, 1889~1966), 8개의 팔다리를 가진 락슈미(Lakshmi, 2005~), 배 속에 쌍둥이를 임신한 파쿤다(Pacunda, 2019~) 등이 세계적으로 유명한 기생성 쌍둥이들이었다. 우리나라도 조선시대 중종 때 머리가 둘인 아기에 대한 기록이 『조선왕조실록』에 나온다.

아울러, 하나의 생물체에 서로 다른 유전자가 존재하는 '키메라 현상'이 발견될 수도 있다. 다음은 미국 워싱턴주에 사는 30대 부부의 이야기다.

2015년에 한 부부가 인공수정을 통해 어렵게 아기를 갖게 됐다. 하지만 10개월 뒤 아들을 품에 안은 부부는 놀라운 이야기를 듣게 되는데, 아기의 혈액형이 AB형이라는 것이었다. 부부는 모두 A형이므로, 아기의 혈액형은 A형이나 O형이 나와야 했다. 이에 부부는 여러 번 검사를 반복했지만 똑같은 결과가 나왔고, 결국 친자 확인 검사를 진행했다. 결과는 놀라웠다. 아내와 아기의 유전자는 100% 일치하지만, 남편의 친자는 아니라는 결과였다. 더욱 놀라운 건 남편과 아기의 유전자가 25%만 일치한다고 나온 것이었다. 이는 보통 삼촌과 조카 관계에서 나오는 수치인데, 남편에게는 남자 형제가 없었다. 그러나 병원 측은 절대로 실수는 없었다고 주장했다. 결국 부부는 스탠퍼드대학교에서 정밀한 유전자 검사를 받았는데, 검사 결과는 더욱 놀라웠다. 남편의 몸에 두 종류의 유전자가 있다는 결과였다. 실제로 남편의 정자 중 90%만 남편의 것이었고, 10%는 다른 형태의 유전자로 나왔다. 즉 하나의 생물체에 서로 다른 유전자가 존재하는 키메라 현상의 한 예였던 것이다. 키메라 현상은 그리스 신화에 나오는 뱀, 사자, 염소의 몸이 뒤섞인 괴물 키메라에서 따온 것이다.

그렇다면 키메라 현상은 왜 생기는 걸까? 원인은 다양하다. 한 여성이 첫 아이를 출산할 때 여성의 몸에 아이의 세포가 남아있어서 여성의 몸에 두 종류의 유전자가 존재하는 경우도 있고, 엄마의 몸속에 남아있던 첫 아이의 세포가 두 번째 임신 때 동생의 몸에 전달돼서 두 종류의 유전자를 가진 아이가 태어나는 경우도 있다.

워싱턴주에 살던 부부의 남편 경우는 더 특이했다. 과학자들은 남편의 엄마가 임신했을 때 원래 이란성 쌍둥이를 가졌는데, 임신 초기에 쌍둥이 중 한 명이 사망하면서 죽은 쌍둥이 형제의 유전자를 다른 쌍둥이가 흡수하여 두 종류의 유전자를 갖게 된 것이라고 추론했다. 하필 10% 정도에 해당하는 쌍둥이 형제의 유전물질을 전해 받은 아기가 태어났다는 것이다. 이런 현상은 매우 희귀한 경우일 것이다.

13. 유전자 시대의 새로운 시작, 유전병과 유전자 치료

튀르키예의 경험 많은 산파는 아기가 태어나면 아기의 이마를 핥아본다고 한다. 만약 짭짤한 맛이 느껴지면, 그 아기는 곧 아파서 죽을 운명에 이른다는 것을 경험적으로 알고 있기 때문이었다. 아기의 땀에 염분이 과도하게 많이 함유된 것은 아기가 낭포성 섬유증(cystic fibrosis)에 걸렸을 때 나타나는 증상 중 하나다. 이 병은 땀샘을 비정상적으로 작동하게 하고, 폐와 소화기관들에 진하고 끈끈한 점액들이 들러붙게 하여 생명을 앗아가는 치명적인 질병이다. 이런 점액은 세균들에게 훌륭한 서식처를 제공한다. 그래서 낭포성 섬유증에 걸린 환자는 폐렴과 같은 치명적인 폐 질환을 막기 위해 하루에 몇 시간씩 가슴을 두들겨 주어야 하는데, 그렇게 하면 점액이 떨어져 나갈 수 있다. 또한 낭포성 섬유증 환자는 항상 항생제를 복용하며 살아가야 한다. 이러한 조처들에도 불구하고, 환자들 대부분은 폐 질환이나 심장마비로 서른 살 이전에 사망에 이른다.

1980년대 초반까지만 해도, 의사들은 이 치명적인 질병이 환자의 목숨을 앗아가는 메커니즘에 대한 단서조차 얻지 못했다. 그들이 알아낸 사실 중 하나는 이 병이 가족들 사이에 퍼진다는 것이었다. 실제로 낭포성 섬유증은 튀르키예 동쪽 캅카스 지방의 어린이와 젊은이들 사이에서 가장 흔하고 치명적인 유전병으로 알려져 있다. 캅카스 지방에서 태어나는 신생아 2,500명 중 한 명이 이 병에 걸리는데, 안타까운 것은 유전병에는 낭포성 섬유증만 있는 것이 아니라는 사실이다.

현재까지 약 4천 가지의 유전병이 존재한다고 알려져 있는데, 이들 유전병 대부분은 잘 알려지지 않았거나 매우 희귀하다. 이러한 유전병에는 종종 전형적인 증상을 나타내는 기묘한 이름이 붙은 경우가 많다. '행복한 강아지 증후군(happy puppet syndrome)'이라고 불리는 앙겔만병(Angelman's syndrome)에 걸린 환자는 상당히 오랫동안 웃음과 함께 강아지의 동작을 연상시키는 경련을 시도 때도 없이 일으킨다. '유전성 경기 증후군(herediary startle syndrome)' 환자는 갑작스러운 접촉이나 소리에 쓰러지면서 근육이 뻣뻣해진다. 단풍설탕 배뇨병(maple syrup urine disease)은 비정상적인 소변과 함께 졸도와 혼수 상태를 일으키고, '레시-니한 증후군(Lesch-Nyhan syndrome)'은 자기 입술과 손가락을 물어뜯는 증상을 보인다. 이러한 질환들은 아주 드물게 나타나는 병이지만 혈우병이나 근위축증, 겸형적혈구 빈혈증, 헌팅턴병(Huntington's disease) 등의 유전병 환자는 수백만 명이나 된다.

오늘날 많은 유전학자가 유전병을 의학적으로 조사하면 그 질병을 일으킨 물질을 정확하게 밝혀낼 수 있다는 믿음을 가지고 있다. 대개의 경우 그 원인이 결함이 있는 단백질이기 때문이다. 그런데 우리 몸속 세포들이 만들어내는 온갖 종류의 단백질은 각각 특정 유전자의 지시를 받아 만들어진다. 유전학자들은 결함이 있는 단백질의 구조를 밝혀내 그 유전자의 암호를 해독할 수 있고, 결국에는 그것이 어느 염색체상에 존재하는지까지도 알아낼 수 있다. 정상적인 유전자로 대체되어야 할 '살인 유전자'를 찾는 것이다.

다시 말하면, 유전학자들의 최종 목표는 결함이 있는 유전자를 정상적인 유전자로 대체하는 것이라고 할 수 있다. 이렇게 가장 기본적인 세포 수준에서 유전병을 치료하는 것을 '유전자 치료(gene therapy)'라고 부른다. 언뜻 보기에는 별로 대단한 진보를 이룬 것 같지 않지만, 유전자 치료는 최근 들어 공상과학을 방불케 하는 첨단 의료 기술의 대표적인 주자로 부각되었다. 유전자 연구 덕분에 우리는 지금까지 절망적이라고 여겨온 유전병들을 치료할 수 있다는 희망이 생겼다.

최초로 치료에 성공을 거둔 대표적인 유전병 가운데 하나는 겸형적혈구 빈혈증이다. 이 빈혈증은 아프리카 흑인들에게서 주로 나타나는 병으로, 몸이 심하게 쇠약해져 종종 죽음에까지 이르는 병이다. 이 병의 이름은 보통 현미경으로도 볼 수 있는 적혈구가 낫 모양으로 붕괴하는 데서 비롯했다. 이 병의 증상은 빈혈증과 함께 몹시 고통스러운 경련과 타 질환의 감염 위험성 증가로 많은 기관에 손상을 입히는 것으로 나타난다.

1945년경 겸형적혈구 빈혈증의 원인은 헤모글로빈에 결함이 생긴 적혈구 때문이라는 사실이 밝혀졌다. 겸형적혈구 빈혈증에 걸리면 헤모글로빈에 이상이 일어나 헤모글로빈 분자가 이상한 모양으로 뒤틀리고 서로 엉기면서 적혈구 세포가 일그러진다. 헤모글로빈에 일어나는 이러한 변형은 과학자들을 깜짝 놀라게 했다. 헤모글로빈은 아미노산이 특별한 순서로 결합된 α-사슬과 β-사슬이 각각 2개씩 모여 이루어진 4차 구조의 단백질인데, 겸형적혈구 세포에서는 β-사슬의 146번 위치에 있는 오직 하나의 아미노산이 다른 아미노산으로 대체되어 있었기 때문이다. 이러한 대체가 일반적으로는 대체로 큰 문제가 없지만, 헤모글로빈의 경우에는 오직 하나의 아미노산 대체만으로도 헤모글로빈 분자의 구조를 파괴하기에 충분하다.

1978년에 헤모글로빈의 아미노산 서열과 유전정보의 지식을 이용하여, 그 정체를 알기 어려웠던 헤모글로빈 유전자를 추적하여 밝혀내는 데 성공했다. 몇몇 주요 유전병을 일으키는 유전자를 밝혀낸 최초의 사례였다. 그로부터 몇 년 후에는 출산 전에 겸형적혈구 빈혈증에 대한 검사가 가능해졌다. 오늘날에는 약 75가지의 유전병에 대하여 출산 전에 검사를 시행할 수 있다.

헤모글로빈에 생긴 조그마한 결함은 유전정보를 암호화하는 과정에서 일어난, 훨씬 더 미세한 결함 때문에 발생하는 것으로 밝혀졌다. 즉 그 유전자를 구성하는 1,720개의 염기 중 오직 하나에 결함이 있어 생기는 것이다. 유전병은 이처럼 단 하나의 염기에 변형이 일어나 발생할 수도 있다.

그렇지만 안타깝게도 유전병 대부분은 겸형적혈구 빈혈증의 경우와는 달리 연구자들의 뜻대로 호락호락 그 정체를 밝히지 않았다. 많은 유전병의 원인이 되는 결함 있는 단백질들을 분리해서 확인하기란, 불가능하지는 않다고 하더라도 사실상 매우 어렵다. 다행히도 과학자들이 접근할 수 있는 또 다른 방법이 있는데, 그것은 이들 유전병이 지닌 유전적 특성 때문에 가능하다. 문제의 근원인 결함이 있는 유전자를 먼저 찾아낸 다음, 그 유전물질이 만들어내는 단백질이 무엇인지를 역추적해서 밝혀내는 것이다. 그렇지만 이러한 역추적법 역시 말처럼 쉬운 것은 아니다. 인간은 엄청난 수의 유전자를 가지고 있으며, 이 유전자들은 엄청난 양의 정보를 암호화한다. 만약 인간의 유전정보 서열을 책으로 인쇄한다면 소설책 5천 권 분량을 가득 채울 수 있다. 특정 유전자를 찾아내기 위해 인간 게놈(genome, 전체 유전물질)을 샅샅이 훑어 나가는 것은, 마치 책들이 가득한 작은 도서관에서 하나의 문장을 찾으려는 것과 같다.

그렇다면 유전정보의 결함을 찾으려 할 때 어디에서부터 손을 대야 할까? 가끔 추적의 결과가 특정 염색체로 좁혀질 때가 있다. 특정 형질의 유전자가 성염색체에 위치하는 경우가 있기 때문이다.

성염색체 2개 중에서 Y 염색체는 크기가 작기도 해서 성 외의 다른 형질을 나타내는 유전자가 많이 존재하지는 않는다. 예를 들어 귀에 털이 많이 나는 것과 관련된 유전자는 Y 염색체에 위치한다. 이러한 특정 형질은 그 유전자가 Y 염색체에 존재하므로 성과 연관된 형질로서 쉽게 확인할 수 있다. 즉 이들 형질은 한성유전(sex-limited inheritance)을 따르므로 남자에게서만 발견할 수 있다. 한편, X 염색체에 특정 유전자가 존재할 때는 반성유전(sex-linked inheritance) 현상을 보인다. 최초의 반성유전 형질로 판명된 것은 1911년에 X 염색체와 관련이 있는 것으로 밝혀진 적록 색맹이다. 색맹 유전자가 포함된 X 염색체를 가진 남자는 색맹이 되지만, 여자의 경우는 2개의 X 염색체 모두에 색맹 유전자가 존재해야만 색맹이 된다. 대머리 역시 반성유전 형질이다. 대부분의 반성유전 형질은 건강에는 특별한 해를 끼치지는 않지만, 근위축증(muscular dystrophy), 혈우병과 같은 반성유전병은 생명을 위협하기도 한다.

근위축증은 신체의 근육이 위축되어 마비되는 무서운 병이다. 이 병에 걸리면 대개 스무 살을 전후하여 사망하는데, 사망 원인은 심장근이나 호흡 관련 근육들이 너무 약화되어 제 기능을 다하지 못하기 때문이다. 이것이 성과 관련된 질병이라는 사실이 밝혀짐에 따라, 이 질병을 일으키는 유전자가 X 염색체에 존재한다는 사실이 알려졌다. 그런데 X 염색체상에만도 1억 6,600만 개의 염기쌍들이 존재하며, 수천 개의 유전자가 존재한다. 과연 DNA 나선 위의 어느 지점에 근위축증 유전자가 존재할까? 이것을 찾아내는 것은, 한 도시 안에 우리가 찾는 집이 존재한다는 사실만 가지고 그 집을 찾으려고 하는 것과 같다.

1966년에 태어난 워싱턴주 스포캔 출신의 브라이어(Bryer, 1966~1983)라는 한 아이가 근위축증 연구자들에게 단서를 제공했다. 브라이어는 X 염색체의 이상으로 세 가지 유전 질환을 지니고 태어났는데, 그 중 하나가 근위축증이었다. 브라이어의 백혈구 세포 내 염색체를 현미경으로 자세히 관찰한 결과, X 염색체 중 미소한 부분이 상실되었음이 발견되었다. 그러자 도시 전체를 찾아 헤매던 작업은 십여 개의 블록을 조사하는 것으로 좁혀졌다.

이후의 조사가 어떻게 진행되었는지를 파악하려면, 먼저 유전자의 기본 물질인 DNA를 다시 한번 이해하지 않으면 안 된다. 앞에서 설명한 것처럼 DNA는 이중나선 구조로 이루어져 있으며, 두 가닥의 DNA는 각각 대응하는 염기쌍으로 짝을 지으며 연결되어 있다. 그런데 이 두 가닥에 있는 염기들은 임의로 배열된 것이 아니다. 이들은 한쪽에 존재하는 염기서열에 따라, 상보적으로 다른 쪽 가닥의 염기서열이 결정되기 때문이다. 즉 한쪽에 A 염기가 존재하면 여기에 연결되는 반대쪽에는 반드시 T 염기가, 그리고 C 염기에 대응해서는 반드시 G 염기가 존재한다. 따라서 한쪽에 염기들이 ATTTAACCGT

의 순으로 배열되면, 다른 쪽에는 TAAATTGGCA의 염기들이 배열된다.

염기들이 짝을 지을 때 나타나는 이러한 선택적 특성 덕분에, 과학자들은 살인 유전자를 색출하는 데 일말의 단서를 얻었다. 과학자들은 20여 개의 염기들로 이루어져 있는 '프로브(probe, 탐사자 또는 탐침)'를 이용했다. 프로브는 한 가닥으로 이루어져 있는 특성으로 인해 자신의 염기서열에 대응하는 다른 쪽 가닥의 DNA 부분에 가서 결합할 수 있다. 대응하는 두 가닥의 DNA가 이렇게 결합하는 것을 '교잡(hybridization)'이라 부른다. 조사 대상인 염색체로부터 추출한 많은 한 가닥의 염색체 조각들과 프로브를 섞어놓았을 때, 프로브는 자신의 짝을 정확하게 찾아서 교잡한다. '겔 전기 영동(gel electrophoresis)'이라는 방법을 사용하여, 우선 DNA 조각들을 전류로 이동시키고 이것이 젤라틴판을 통과하게 한 후, 방사성 또는 형광을 띤 프로브를 분리된 DNA 조각들 위에 투입함으로써 교잡시킬 수 있다. 그러면 교잡이 일어난 후 프로브가 위치하는 곳을 쉽게 찾아낼 수 있고, 이로써 DNA의 특정 서열은 염색체상에서 프로브와 같은 위치에 존재한다는 것을 알 수 있다.

이러한 강력한 도구들을 갖추고서, 유전학자들은 근위축증 유전자를 추적하기 위해 나섰다. 유전학자들은 먼저 브라이어의 X 염색체에서 빠져 있는 부분을 가지고 있는 건강한 사람의 X 염색체에서 그것을 떼어낸 후, 건강한 사람의 그것에만 교잡하는 프로브를 찾아내고자 했다. 많은 근위축증 환자들에게서 채취한 DNA와는 교잡하지 않는 프로브를 이용할 수 있다면, 근위축증 환자의 유전자에 일어난 변형을 확인할 수 있기 때문이었다.

마침내 하버드 의과대학의 한 연구팀이 많은 DNA 샘플들과 교잡하지 않는 하나의 프로브를 분리했다. 그 프로브는 약 200개의 염기들로 이루어진 한 가닥의 DNA였는데, 인간의 유전자는 상보적인 두 가닥으로 이루어져 있으므로 당연하게도 근위축증 유전자의 일부였다. 그리고 1985년에 이르러, 마침내 250만 개의 염기쌍으로 이루어진 거대한 DNA 조각인 전체 유전자가 밝혀졌다.

마지막 단계는, 유전자의 DNA 서열로부터 그것이 만들어낸 단백질을 밝혀내는 것이었다. 이것 역시 말보다는 훨씬 어려운 작업이었다. 유전자는 터무니없이 길지만, 필요한 근육 단백질을 만들어내는 암호에 관여하는 부분은 1%도 채 되지 않기 때문이다. 유전자 대부분은 '인트론(intron)'이라고 하는, 단백질로 번역되지 않는 영역들로 구성되어 있다. 이러한 어려움에도 불구하고, 1988년 봄에 하버드 의과대학 연구팀은 근위축증을 일으키는 단백질을 밝혀냈다. 그들은 이 단백질에 '디스트로핀(dystrophin)'이라는 이름을 붙였다. 반년 후에는 쥐에게 디스트로핀을 주사하여, 쥐의 근위축증을 일시적이나마 치료할 수 있었다. 참고로, 결함이 있는 단백질을 대체할 정상적인 단백질을 주사하는 대신, 결함이 있는 유전자를 기능적으로 대체하는 유전물질이 포함된 유전자 치료제의 한 예가 '졸겐스마(zolgensma)'다. 1회 투여 비용이 18~25억 원으로 알려진 졸겐스마는 정맥으로 투여하는 척수성 근위축증에 대한 유전자 치료제다. 사멸한 중추신경세포를 대신해 운동 단백질을 생산할 유전자를 투여하는 것으로, 단 한 번의 치료로 정상적인 활동까지 기대할 수 있다.

한편, 낭포성 섬유증을 연구하는 과학자들은 근위축증 유전자를 추적한 사람들만큼 운이 좋지는 않았다. 낭포성 섬유증은 반성유전병이 아니고, 그 유전자가 상염색체에 존재하기에 특정 염색체를 지목하기가 아주 어려웠다. 또 현미경으로 염색체상의 이상을 발견하여 추적의 단서를 얻게 해주었던 브라이어와 같은 환자도 존재하지 않았다. 그렇다면 어디서부터 손을 대야 했을까?

먼저 낭포성 섬유증과 연관을 가진 특정 형질로, 그 유전자가 존재하는 염색체를 찾아내는 것부터 시작해야 했다. 이것은 1900년대 초에 모건이 초파리 유전자 수십 개의 위치를 밝혀낸 바로 그 방법이다. 모건은 함께 유전되는 형질들을 나타내는 유전자들이 똑같은 염색체상에 존재한다는 가정하에 그러한 형질들을 조사했다. 또한 그는 교차(crossover)가 일어나는 빈도를 조사해 염색체상 유전자들의 상대적인 위치를 알아냈다. 미지의 유전자를 알아내는 데 사용되는, 이미 알고 있는 유전자를 '표지 유전자(marker gene)'라고 부른다. 그런데 모건이 성공을 거둘 수 있었던 것은 수천 마리의 초파리들을 수많은 세대에 걸쳐 선택적으로 교배시킬 수 있었기 때문이었기에, 이러한 실험을 인간에게 행할 수는 없었다. 이것은 결함이 있는 인간의 유전자를 찾아내는 데 큰 걸림돌이 되었다. 그들이 기대할 수 있는 것은 고작 이 병의 발병률이 높게 나타나는 근친결혼 가계를 조사하는 것뿐이었다. 낭포성 섬유증이 아주 희귀하다는 것을 감안한다면, 그리고 그 위치가 정확하게 알려진 표지 유전자들이 충분할 정도로 존재하지 않는다는 것을 고려하면, 이는 결코 쉬운 일이 아니었다.

낭포성 섬유증 유전자를 추적하던 연구자들은 1980년대 초까지만 해도 이처럼 어려운 상황에 처해 있었다. 이들은 그 유전자가 어느 염색체상에 존재하는지조차 알지 못했다. 그러다가 갑자기 상황이 급변하여 인간 유전자 연구는 극적인 전기를 맞이하게 된다. 바로 1970년에 제한효소가 발견된 것이다. 제한효소는 유전자 재조합 기술에도 유용하지만, 살인 유전자를 추적하는 데도 매우 유용한 것으로 밝혀졌다.

제한효소는 세균들 속에서 자연적으로 발생하며, 침입하는 바이러스의 DNA를 분해하는 역할을 하는데, 바로 DNA를 난도질하는 것이 제한효소의 존재 이유라 할 수 있다. 종이를 자르는 가위처럼 이들은 기다란 DNA 가닥을 작은 조각들로 쪼갠다. 그런데 대부분의 제한효소는 조각들을 임의로 아무렇게나 자르지는 않으므로, 하나의 특정한 제한효소는 이중나선 DNA 내의 특정 염기쌍들이 배열된 장소만 선택적으로 자른다고 할 수 있다.

한편, DNA상 단 하나의 염기쌍에 일어난 변화가 완전히 다른 결과를 일으킬 수 있다. DNA상에 나타나는 어떤 차이나 변형을 다형성(polymorphism, 多形性)이라고 한다. 예를 들면 갈색 눈과 파란색 눈은 눈의 색깔 유전자에 나타나는 두 가지 다형성이다. 또한 A, B, O형 혈액형은 특정 혈액 단백질 유전자에 나타나는 세 가지 다형성이다. 이와 같은 다형성으로 인해, 제한효소가 두 가지 변형으로 나타나는 동일한 DNA 부분을 서로 다른 방식으로 자르게 되는데, 이를 '제한효소 절편 다형성(restriction-fragment-length-polymorphism)'이라 부른다. 유전학자들은 이를 줄여 종종 RFLP 또는 '리플립스(riflips)'라고 부르기도 한다. 리플립스는 인간 게놈의 어떠한 부분에서도 일어날 수 있다. 제한효소들이 점점 많이 발견됨에 따라, 유전학자들은 유전자의 발현 형질이 아닌 리플립스에 기반한 추적을 할 수 있게 되었고, 1985년에 낭포성 섬유증 유전자가 염색체 7번에 위치한다는 것을 알게 되었다. 그 후 더 풍부하고 훌륭한 리플립스를 사용해 그 유전자가 160만 개의 염기쌍으로, 분리된 2개의 표지 유전자 사이에 존재한다는 사실도 밝혀냈다.

그리고 1989년 여름에 연구자들은 마침내 그 유전자를 완전히 밝혀냈다. 근위축증 유전자만큼 크지는 않았지만 상당한 크기였는데, 유전자의 전체 길이는 단백질을 합성하도록 명령을 내리는 '엑손(exon)'이라 불리는 27개의 DNA 부분을 포함하여 25만 개의 염기쌍으로 이루어져 있었다. 이와 같은 연구 결과는 유전 질환을 앓고 있는 수십만의 환자들에게 새로운 희망을 주었다. 1993년에는 루게릭병(Amyotropic Lateral Sclerosis, ALS)의 유전자도 발견되었다. 1994년에 유전학자들은 인슐린에 의존해야 하는 당뇨병을 유발시키는 5개의 유전자와 유전성 유방암의 유전자를 찾아냈다.

그 밖에도 살인 유전자들을 계속 추적함에 따라, 그 성공 사례들이 보고되고 있다. 그렇지만 살인 유전자의 염기서열 위치를 결정하는 것만으로 일이 끝나는 것은 아니고, 질병을 치료해야만 궁극적인 목적이 달성되는 것이라고 할 수 있다. 앞에서 졸겐스마에 관해 짧게 언급하긴 했지만, 유전자 치료에 대해서 좀 더 살펴보도록 하자.

중국의 옛 격언에 이르기를, "가난한 사람에게 고기 한 마리를 주면, 하루를 먹여 살릴 수 있다. 그렇지만 고기 잡는 법을 가르치면, 그는 평생을 먹고살 수 있을 것이다."라고 했다. 유전병을 연구하는 유전학자들 역시 유전병에 대한 영원한 해결책을 찾고 있다. 근위축증 환자에게 단백질인 디스트로핀 주사를 놓거나 혈우병 환자에게 여러 혈액 성분이 복합된 주사를 놓으면, 그들은 며칠 동안은 무사할 수 있다. 그렇지만 유전자의 잘못된 부분을 근본적으로 고치면, 그들은 평생 걱정 없이 살 수 있다. 유전자 치료는 이처럼 일시적인 치료가 아닌 평생의 치료를 보장하는 것이라고 할 수 있다.

유전자 치료의 목표는 아주 간단하고 명백하다. 유전자에 결함이 있는 환자의 세포에 정상적인 유전자를 집어넣어 대체(또는 추가)하는 것이다. 이 치료법은 ADA(Adenosine Deaminase) 결핍증이라는 아주 희귀한 유전성 면역 결핍증을 앓고 있는, 네 살짜리 소녀에게 최초로 시술되었다. 미국 내에서 환자가 15명 정도에 불과할 정도로 아주 희귀한 이 유전병은 결함이 생긴 유전자로 인해 필수적인 효소를 생산해내지 못해 발생한다. 그 결과, 면역체계의 한 부분을 담당하는 T세포들은 특정 종류의 독소를 제거하지 못해 문자 그대로 자멸하고 만다. 이는 트래볼타(Travolta, 1954~)가 주연한 1976년 영화 〈플라스틱 거품 속의 소년(The Boy in the plastic bubble)〉에서 주인공인 데이비드가 앓은 바로 그 병이다.

1990년에 ADA 결핍증을 앓고 있는 네 살짜리 소녀에 대한 유전자 치료가 시작되었는데, 치료에 착수하기 이전에 수년간의 연구가 선행되

ADA 결핍증을 앓는 소년을 소재로 한 영화 〈플라스틱 거품 속의 소년〉 © Sony Pictures

었다. ADA 결핍증을 유발하는 유전자는 1983년에 확인됐다. 제한효소들을 사용하여 인간의 DNA에서 필수 효소를 생산하는 정상 ADA 유전자를 잘라내고, 이를 세균의 DNA 속에 집어넣었다. 세균이 번식하면서 자신들의 DNA를 세포분열 시마다 복제하는데, 이때 ADA 유전자도 세포가 분열할 때마다 함께 복제된다. 이러한 유전자 클로닝을 통해 충분한 양의 ADA 유전자를 확보했다면, 이번에는 이 유전자를 인간의 세포들 속으로 주입하는 안전하고 확실한 방법을 찾아내야 한다. ADA 결핍증을 앓고 있는 네 살짜리 소녀에 대한 유전자 치료에는 바이러스가 사용되었다. 바이러스는 유전자를 운송하는 수단으로 기능할 수 있는데, 이는 바이러스가 다른 세포를 감염시키는 독특한 방법 때문이다. 바이러스는 세포 속으로 직접 들어가, 그 세포의 기구를 이용하여 더 많은 바이러스 단백질과 유전물질을 생산한다. 레트로바이러스는 자신의 유전물질을 숙주세포의 유전물질 속에 집어넣어 숙주세포와 함께 복제한다. 이 레트로바이러스를 이용한다면 정상 ADA 유전자들을 제한효소를 사용하여 바이러스의 유전자 속으로 주입할 수 있고, 이렇게 준비된 바이러스는 숙주세포의 게놈으로 들어갈 수 있어서 원하는 정상적인 유전자를 발현시킬 수 있다. 물론 바이러스가 질병을 일으키지 못하도록 바이러스의 특정 유전자를 잘라내는 작업 등을 이전에 취해야 한다. 이러한 노력의 결과, 1990년에 ADA 결핍증을 앓고 있는 네 살짜리 소녀에게 유전자 치료를 할 수 있게 되었다.

한편, 치명적인 낭포성 섬유증에 대한 연구는 어떻게 되었을까? 이 병에 대한 유전자 치료는 어떤 성과를 거두었을까? 1993년에 미국 국립의료원에서 낭포성 섬유증 환자의 목을 통해 기관지경(bronchoscope)이라는 튜브를 집어넣은 후, 유전자 치료를 위한 바이러스를 폐 속으로 집어넣는 수술이 있었다. 그 바이러스는 정상적인 낭포성 섬유증 유전자를 가지고 있어서 이들 바이러스가 호흡계에 침입하면 항구적인 DNA 차원의 치료가 가능할 것으로 기대되었다. 이후 새로운 유전자 치료 실험이 뒤따랐지만 1999년에 당시 18세였던 겔싱어(Gelsinger, 1981~1999)의 대사성 간 질환을 치료하기 위해 고안된 실험적 유전자 치료로 인해 면역 체계가 과도하게 작동하여 사망하는 일이 있었다. 이와 같은 예상치 않은 사건으로 인해 유전자 치료 연구는 거의 10년간 정체되었다가, 미국 펜실베이니아와 메릴랜드의 연구자들이 백혈병이나 림프종 치료에 대한 시험 결과를 독립적으로 보고한 2010년대 초에 다시 새로운 출발을 하게 된다.

앞에서 살펴본 것처럼, 유전자 치료는 질환을 치료할 수 있는 유전자 정보가 담긴 DNA를 바이러스나 고분자 물질 등에 도입한 후 몸속에 투입해서 치료하는 방식이다. 그런데 몸속의 유전자를 편집할 수 있는 '유전자가위' 기술, 그중에서도 특히 미국의 다우드나(Doudna, 1964~, 2020년 노벨 화학상 수상)와 프랑스의 샤르팡티에(Charpentier, 1968~, 2020년 노벨 화학상 수상) 등이 개발한 '크리스퍼 유전자가위' 기술에 관한 관심이 아주 높다. 유전자가위 기술은 DNA의 특정 부위를 잘라내거나, 잘라낸 후 정상 DNA로 바꾸는 기술이다. 2019년 중국 베이징대학교의 한 연구팀은 학술지 〈뉴잉글랜드 저널 오브 메디신(NEJM)〉에 발표한 논문에서 크리스퍼 유전자가위 기술을 "AIDS 환자 치료에 적용해 안전성을 입증했다"라고 밝혔다. 과학자들은 크리스퍼 유전자가위 기술로 질병의 원인이 되는 유전자를 교정하면 근본적인 치료가 가능하다고 기대하고 있었는데, 2019년에 크리스퍼 유전자가위 기술로 질병 치료의 새로운 시대를 열 수 있다는 가능성이 사실상 처음으로 입증됐다.

2012년에 화려하게 등장한 크리스퍼 유전자가위는 특정 DNA를 찾아서 결합하는 유전물질인 가이드 RNA(guide RNA)와, 가이드 RNA와 상보적으로 결합한 DNA를 잘라내는 효소 단백질인 캐스9로 구성되어 있다. 원래 박테리아가 과거에 만난 바이러스를 잊지 않고 있다가 다시 그 바이러스가 침입하면 방어하기 위해 사용하는 보호 시스템인데, 이를 과학자들이 유전자가위 기술에 이용한 것이다. 크리스퍼 유전자가위를 이용한 임상시험 결과가 잇따라 발표되면서 새로운 치료제에 대한 시장의 기대감도 높아지고 있다.

우리는 왜 과학을 공부해야 하는가

이 책에는 많은 과학자가 등장하며, 이 순간에도 많은 과학자가 연구에 매진하고 있다. 한국에서 과학자의 삶을 선택하고 과학자로 살아가는 것은 쉬운 일이 아니다. 안정적인 직업을 가지기 위해, 연구비를 받기 위해, 받은 연구비를 올바르게 쓰기 위해, 쓴 연구비를 정산하기 위해, 수많은 논문과 서류를 읽고 작성하고 회의에 참석하면서, 자본주의 사회에서 많은 과학도와 과학자들이 과학자로 '살아가기 위해' 또는 '살아남기 위해서' 노력하고 있다.

이 책을 읽으면서 '왜 과학자가 되는가' '과학자는 왜 연구에 매진하는가' 또는 '과학자는 어떤 요인으로 연구를 하는가'라는 의문을 가질 수 있다. 자본주의 사회에서 금전적으로 안정적인 직장도 가지고 과학계에서 명성도 쌓으며 더 나은 인류의 삶을 위해 기여함으로써 세 마리 토끼를 모두 잡을 수 있는 직업이 있기 때문인가? 도대체 과학자들은 왜 연구하는 것일까? 책에서 과학을 하는 주체인 사람은 사회의 영향을 받을 수밖에 없다고 했는데, 도대체 어떤 사회적 요인에 의해 과학자가 되고 연구를 하는 것일까?

과학사학자 쿤이 이야기한 것처럼, '지식을 향한 사랑'만 있으면 자연의 이치를 탐구하거나 연구하는 것이 '재미있기 때문에' 과학자가 될 수 있다고 말하는 사람도 있을 수 있지만, 실제로는 그것만 가지고 과학자로서 과학을 하기는 어렵다. 대학원생이나 박사후연구원들에 대한 장학금 내지는 지원금을 받을 가능성과 그 지원금 규모가 과학 분야에 진출하는 사람 수에 영향을 미친다는 사실이 이를 뒷받침한다. 피라미드 구조로 이루어진 과학 분야의 연봉 등을 포함한 금전적인 인센티브 역시 영향력이 크다.

그렇지만 과학자에게 있어서 금전적인 인센티브가 동기 부여의 전부는 아니다. 금전 외의 인센티브는 과학자와 대학이나 연구소 양측에도 중요하다. 과학 분야에 종사하는 사람들로부터 '수수께끼 푸는 게 재미있다'라는 답변을 들을 때가 있다. '문제 해결의 즐거움'에서 오는 만족감이 크기 때문인데, 이 경우는 수수께끼를 풀고서 얻는 기쁨 자체가 연구에 따르는 보상의 일부인 셈이다. 하지만 이것이 다는 아니다. 과학자는 자신의 연구 결과를 인정받으며 연구 수행의 동기를 부여받기도 한다. 바로 '인정에 대한 욕구'라는 개념이다. 이 개념에 따르면 과학자가 소위 '공공재(public goods)' 성격을 가지는 과학 지식을 생산하도록 하는 가장 중요한 동기 부여 요인은 최초 발견자라는 '우선권'을 놓고 벌이는 경쟁이라고 볼 수 있다. 과학자에게는 최초의 발견이라는 우선권 확보를 통한 '명성'의 획득도 중요한 요인이다. 이 명성은 연구 결과를 최초로 발표함으로써 얻을 수 있는데, 이 책에서 살펴본 이야기들에 수많은 과학자가 등장한 이유이기도 하다. 그렇다면 일반적인 학문 분야와는 그 의미가 조금 다른, '승자독식'이라고도 볼 수 있는 과학 분야에서의 우선권이라는 시스템은 왜 생겨난 것일까?

먼저 과학 지식의 발전과 변화를 살펴보자. 비록 쿤은 '과학 혁명의 구조'에서 격변적 모형으로 과학의 발전을 설명하고 있지만, 경험주의자와 실증주의자들이 주장하는 누가적 모형이나 포퍼(Popper, 1902~1994)의 진화적 모형, 그리고 라우든(Lauden, 1941~)의 점진적 모형 등으로 과학 지식의 발전을 설명하고 있음을 알 수 있다. 그런데 과학 지식의 발전에 관한 어떠한 모형을 따르더라도, 과학 지식의 변화를 이끌기 위해서는 기본적으로 기존의 이론에 대해서 알고 있어야 한다는 점이 중요하다. 베이컨과 홉스의 '아는 것이 힘이다', 뉴튼이 그의 경쟁자였던 후크(Hooke, 1635~1703)와 공로에 관해 언쟁을 벌인 편지에서 쓴 것으로 유명한 '내가 더 멀리 보았다면 이는 거인들의 어깨 위에 올라서 있었기 때문이다'라는 표현, 그리고 '아는 만큼 보인다'는 격언처럼 말이다. 따라서 우선권을 과학자에게 인정함으로써 이러한 과학 지식의 발전 과정에서의 기여도를 인정하게 되었다.

과학자가 획득한 우선권에 대한 공로를 인정하는 방식을 살펴보면, 그 인정 방식은 과학계가 수수께끼를 풀거나 새로운 발견을 하기 위해 애착을 갖는 대상들만큼이나 다양하다. 최상위 우선권은 발견에 과학자의 이름을 붙이는 명명 방식이라고 볼 수 있다. 예컨대 허블 망원경은 1929년에 우주의 팽창을 발견한 천문학자 에드윈 허블의 이름을, 그리고 리히터 지진계[1]는 1935년에 미국 캘리포니아 공과대학에서 지진계를 고안한 리히터의 이름을 따왔다. 잘 알려진 것

1 Richter scale, 지진파의 진폭, 주기, 진앙 등을 계산해서 지진의 규모를 나타내는 척도.

처럼, 슈뢰딩거 방정식, 보일의 법칙, 패러데이 상수나 플랑크 상수 등 과학자의 이름이 붙은 수많은 방정식이나 법칙, 상수들이 과학 분야에는 매우 많다.

우선권에 대한 인정은 상의 형태로도 표현된다. 과학 분야에서는 노벨상이 가장 널리 알려졌지만, 상의 종류는 수백 가지에 달하며 해마다 새로운 상이 생겨나고 있다. 미국의 국립 아카데미 회원 선정 등의 형태로 과학자가 획득한 우선권에 대한 공로가 인정되기도 한다.

이처럼 과학자는 발견의 우선권 확보를 통해서 명성을 획득함을 알 수 있다. 그런데 과학자들이 자신의 발견을 적절하게 공유하도록 장려하는, 즉 우선권을 기반으로 하는 이러한 보상 체계는, 과학 지식이라는 것이 공공재 성격을 가짐에도 불구하고 매우 기능적이라는 점에서 특별하다. 일반적으로 지식이란 '공공재'로서의 특성, 즉 비(非)배제성(nonexcludable)과 비(非)경합성(nonrivalrous)이라는 특성이 있는데, 과학 분야의 우선권을 기반으로 하는 보상 체계는 경제학에서 이야기하는 시장에서는 줄 수 없는 인센티브를 과학자에게 제공하기 때문이다. 공공재의 고전적인 예는 등대인데, 등대를 설치하면 누구든 사용할 수 있으므로 비배제적이고, 동시에 사용자가 늘어나더라도 타인의 등대 사용 편익이 감소하지 않으므로 비경합적이다. 따라서 과학 지식도 공공재의 하나라고 볼 수 있다. 일단 연구 결과가 공표되면 다른 사람들이 지식을 사용하지 못하도록 배제하기 어렵고, 또 연구 결과가 공유된다고 해서 그 과학 지식이 고갈되지 않기 때문이다.

경제학자들이 주로 연구하고 언급하는 시장은 이러한 공공재 특성을 지닌 재화를 생산하기에는 적합하지 않다. 즉 재화 생산에 따른 이익 또는 인센티브가 없는데, 경제학자들은 이러한 경우에 대해서 '시장 실패'라는 개념을 사용한다. 공공재는 소비자가 대가를 내지 않고도 재화를 사용할 수 있으므로 무임승차를 불러올 수 있고, 타인의 접근을 제한하지 못하면 이익을 얻기 어렵기 때문이다. 유사한 무임승차 문제가 과학자들 사이에도 존재한다. 빵집 주인이라면 손님에게 빵이나 케이크를 팔면 되고 야구팀은 경기 티켓을 팔면 되므로 대가를 내지 않는 사람들을 배제할 수 있지만, 과학자는 연구 성과가 출판되어 공표되어 버리면 타인이 사용하지 못하도록 막을 방법이 없다. 연구 성과에 따른 이익이라는 가치를 평가할 길이 없는 셈이다. 더욱이 시장이 그 가치를 평가하든 안 하든 연구 성과가 실제 상품으로 완성되기까지 오랜 시간이 걸리는 기초 연구는 그 가치를 평가하기가 더욱 어렵다. 금전적인 인센티브가 부족하면 사회에 필요한 연구보다 매우 적은 연구가 수행되는, 즉 경제학자들이 '시장 실패'라고 일컫는 상태에 이를지도 모른다.

하지만 '시장 실패'의 가능성에도 불구하고, '사회는 시장보다 훨씬 영리하다'라는 말처럼—개인적으로는 경제학이 시장을 단순하게 정의했기에 일어날 수밖에 없는, 경제학이라는 학문의 객체로서의 시장과 실제 시장 사이의 괴리를 의미하는 표현으로 현재의 경제학이라는 학문의 한계점을 시사하는 표현 중 하나다—사회는 우선권 체계라는 지식의 생산과 공유를 장려하는 보상 체계를 만들며 진화를 거듭해왔다. 즉 과학자는, 앞에서 언급한 수수께끼 풀이와 같은 다른 동기들도 고려되어야 하지만, 발견의 우선권을 확보하려는 열

망으로 연구 수행의 동기를 가지며, 과학자들이 연구 결과에 대해 소유권을 주장하려면 자신의 발견을 다른 사람들과 공유해야 한다. 과학자들은 자신의 발견을 나눔으로써 그 연구 결과를 소유할 수 있다. 그 과정에서 과학자들은 전문가로서 명성을 쌓고, 그 명성은 좀 더 높은 연봉이나 컨설팅 기회, 공개적으로 기업과 거래하는 과학자문위원회와 같은 형태의 재정적인 보상 기회 등을 간접적으로 가져다준다.

그렇지만 과학자들이 우선권 획득을 위해 모든 것을 내준다는 의미는 아니다. 어떤 연구는 특허로 이어지기도 하고 어떤 연구는 연구 수행에 필요한 기술이 베일에 가려지기도 한다. 모든 과학 지식이 공공재의 성격을 가지는 것은 아니며, 특허나 비밀 등의 형태로 존재하기도 한다. 여기서 과학자의 노력에 의한 연구 성과의 전유성(appropriability) 문제를 살펴볼 필요가 있다. 전유성이란 기술 혁신에 대한 수익을 배타적으로 보호·확보할 수 있는 정도를 뜻한다. 특허, 영업비밀(secrecy), 시장 선점(first mover advantage), 보완적 판매 및 서비스(complementary sales & service), 보완적 제조(complementary manufacturing) 등 다양한 전유 장치(appropriability mechanism)를 통해서 연구 성과에 대한 전유성이 확보되기도 한다. 연구 성과의 전유성 문제를 우선권이 해결하는 경우도 있지만, 우선권 획득이 자원의 문제까지 해결하지는 못한다. 연구에는 비용이 많이 들게 마련이며, 과학기술 발전에 따른 기업의 성장과 국가의 경제발전을 도모하고 지식기반 경제에서 지속 가능한 경제성장을 이끌어내는 핵심 원동력으로 인식되고 있기 때문이다. 이처럼 특허, 저작권 등 지식재산권은 발명가에게 독점적인 권리를 부여하는 방식으로 전유성과 자원 문제를 해결하기도 한다.

국가의 성장동력으로서 발명과 특허를 존중한 결과 미국에는 발명가로 유명한 사람들이 꽤 많다. 발명가로 창업하여 성공을 이룬 기업가도 부지기수다. 발명가의 이름과 회사 이름이 일치하는 예로는, 엘리베이터의 오티스(Otis, 1811~1861), 타이어의 주재료인 가황고무를 발명한 굿이어, 에어컨을 발명한 캐리어(Carrier, 1876~1950), 자동차의 포드(Ford, 1863~1947), 롤 필름을 발명한 이스트만(Eastman, 1854~1932), 청바지 설립자 스트라우스(Strauss, 1829~1902), 에어브레이크를 발명한 웨스팅하우스(Westinghouse, 1846~1914) 등이 있다.

한마디로 과학은 우리가 사는 오늘날의 세계를 유지하고 발전시키는 중요한 원동력 중 하나이기에 과학자들이 과학에 평생을 바치는 것이다.

우리 삶에 없어서는 안 될 화학물질

지금까지 원자와 분자, 그리고 화학결합의 개념 등을 간단하게 이해하고 화학과 관련된 생화학·생물 이야기를 살펴보았다. 세상의 물질이 어떻게 이루어져 있고 어떤 역할을 하며 어떻게 변화하는지, 화학 관련 과학자들이 어떤 질문에 호기심을 가지고 어떤 연구를 했는지, 그렇게 해서 알게 된 과학적 사실을 이용하여 현대 과학이 어떤 발전을 이루었는지 알아보았다. 특히 물리학과 화학이 만나는 지점에서부터 화학과 생물학이 만나는 지점 사이에 있는 '연계 학문으로서의 화학' 관점에서 살펴보았다. 이 책에서 다루는 내용은 화학이라는 학문의 연구 분야 중에서 극히 일부일 뿐이며, 많은 질문에 아직

답하지 못한 것도 많다.

우리는 종종 인류의 미래를 비관적으로 말하는 지식인이나 산업 기술인의 이야기를 접하기도 하고, 그들의 지론을 뒷받침하는 여러 기관의 예측과 여론조사 결과를 접하기도 한다. 우리에게 다가올 수 있는 재앙들로 기후변화(지구온난화), 환경파괴, 천연·에너지 자원의 고갈, 식량부족과 분배, 건강과 질병 같은 과학적 문제와 과도한 인구 팽창, 사회경제적 불평등, 패권주의적 종교관, 폐쇄적 민족주의의 재확장 등 정치·국가, 종교적 갈등 등이 거론되고 있다. 인류의 지속 가능한 발전을 위해서는 이러한 인류의 당면 문제들이 반드시 해결되어야 한다. 특히 과학 문제 대부분이 화학이나 화학 기술과 깊은 관계가 있고 일부는 화학으로 인해 생긴 문제들이기에, 화학에서 그 답을 찾을 가능성이 크다.

우리가 사는 세상은, 아니 우주는 화학물질들로 이뤄져 있다. 이는 우주를 대상으로 하거나, 우주를 구성하는 물질을 이용하는 모든 과학기술은 화학과 연관될 수밖에 없다는 뜻이기도 하다. 일상생활은 더 말할 것도 없다. 아침에 일어나서 저녁에 잠자리에 들 때까지 우리가 보고 접촉하며 사용하고 먹는 모든 것이 화학물질임을 깨닫는다면, 화학이야말로 모든 과학과 과학기술의 중심에 있음을 알게 될 것이다. 생물체의 탄생과 사멸을 포함한 생명현상도 화학의 지배를 받는다. 1959년에 노벨 생리의학상을 받은 미국의 콘버그(Kornberg, 1918~2007, 1959년 노벨 생리의학상 수상)는 화학의 중요성에 대해서, "생명현상은 화학의 언어로 표현될 때 합리적으로 이해된다. 화학은 국제적 언어로 우리가 어디서 온 어떤 존재이며, 우리 주변이 어떻게 변할지를 설명하는 시공을 초월한 언어다. (…) 화학의 언어는 놀라운 아름다움을 지니고 있으며, 물리과학(physical science)과 생명과학을 연결해주는 역할을 한다."라고 말했다.

화학은 거시적인 현상을 분자 수준에서 이해하고 설명하므로 자연과학 분야에 근본적인 기초를 제공해주며, 다른 과학 분야를 연결하고 융합하는 중심적인 위치에 있다. 어디 그뿐인가? 화학은 언제나 실용 학문의 중심에 있으며 우리 삶의 질을 향상시키는 데 큰 기여를 했다. 비료, 농약, 염료, 의약, 합성섬유, 플라스틱, 요업, 금속 제품 등의 개발은 모두 화학의 힘에 의존해왔다. 1930년대에는 인간의 평균 수명이 35세에 불과했지만, 요즈음은 75세 이상으로 기대되고 있는데, 이는 바로 화학의 힘 덕분이라고 할 수 있다.

과학 또는 과학기술의 빛과 그림자를 철학적 관점에서 조명하며 과학자들의 자성을 요구하는 등 과학을 비판하거나 '과학 만능주의'를 경계해야 한다는 주장에도 물론 귀 기울여야 한다. 하지만 과학과 과학기술의 발전 덕분에 우리 인류는 엄청난 변혁을 경험했고 현재의 우리는 그 혜택을 받는 것이 사실이다. 특히 화학이 인류의 미래를 위하여, 지속 가능한 발전을 하기 위하여 풀어야 할 과제는 무궁무진하다. 자연과학의 중심에 있는 화학이야말로 공학·기술 분야와 깊은 관계를 유지하면서 인류의 당면 문제들을 해결하는 데 필요한 방법과 지식을 폭넓게 공급할 수 있는 학문이다. 어떤 분야에서 일하든지 새로운 조합 또는 융합에 대해서 고민하는 자세가 창조로 이어질 수 있고, 그럼으로써 보다 나은 세상을 만들 수 있기에 화학을 이해하는 것은 더 나은 세상을 여는 계기가 될 수 있을 것이다.